Que bobagem!

Pseudociências
e outros absurdos
que não merecem
ser levados
a sério

Consulte nosso catálogo completo e últimos lançamentos em **www.editoracontexto.com.br.**

Natalia Pasternak

Carlos Orsi

Que bobagem!

Pseudociências e outros absurdos que não merecem ser levados a sério

Capa e diagramação
Gustavo S. Vilas Boas

Coordenação de textos
Luciana Pinsky

Preparação de textos
Lilian Aquino

Revisão
Bia Mendes

Dados Internacionais de Catalogação na Publicação (CIP)

Pasternak, Natalia
Que bobagem! Pseudociências e outros absurdos que não merecem ser levados a sério / Natalia Pasternak, Carlos Orsi. – 1.ed., 2ª reimpressão. – São Paulo : Contexto, 2023.
336 p.

Bibliografia
ISBN 978-65-5541-279-6

1. Ciência 2. Pseudociência 3. Mitos I. Título II. Orsi, Carlos

23-3117 CDD 500

Angélica Ilacqua – Bibliotecária – CRB-8/7057

Índice para catálogo sistemático:
1. Ciência

2023

EDITORA CONTEXTO
Diretor editorial: *Jaime Pinsky*

Rua Dr. José Elias, 520 – Alto da Lapa
05083-030 – São Paulo – SP
PABX: (11) 3832 5838
contato@editoracontexto.com.br
www.editoracontexto.com.br

Sumário

Um modo de olhar para o mundo

Nos capítulos que se seguem, você encontrará diversas menções a expressões como "vieses cognitivos" e "testes clínicos". Para evitar repetição excessiva e o risco de redundância, definimos e explicamos esses termos ao longo desta introdução.

O mundo em que vivemos é este onde os emblemas e as credenciais da ciência são altamente valorizados: na maioria dos debates, da mesa do bar ao plenário do Congresso Nacional, ter a ciência ao seu lado é quase sinônimo de "estar certo". Não é por outro motivo que existe tanto autor de autoajuda que busca legitimar-se colando iniciais como "PhD" ou "MD", sugestivas de respeitabilidade científica, na capa de seus livros. Dizer-se "científico" é reivindicar atenção, prestígio, um espaço privilegiado na mídia e no olhar do poder público.

Como tudo que é muito valorizado, no entanto, a ciência também é alvo de falsificação. O prestígio a que a ciência faz jus vem de sua atitude fundamental de respeito pela totalidade da evidência – principalmente, pela parte que contradiz aquilo em que gostaríamos de acreditar – e de abertura à revisão crítica.[1]

Isso significa que, antes de pronunciar um resultado, o cientista deve levar em conta todos os dados relevantes para a questão que busca responder, não apenas aqueles que se conformam a sua hipótese ou que adulam seus preconceitos.

Além disso, caso outros estudiosos do mesmo assunto encontrem erros em seu trabalho, ou se novos dados invalidarem a conclusão obtida, essas críticas e novidades devem ser assimiladas de modo transparente e honesto, mesmo que o resultado seja a demolição de uma hipótese que já parecia bem confirmada.

É graças a essa atitude que a ciência pode reivindicar o posto de melhor descrição possível da realidade factual. Isso não significa que ela nunca erra, ou que uma descrição alternativa qualquer, obtida por outros meios, estará sempre, necessariamente, errada. Mas significa que, na maioria das vezes, havendo uma divergência entre descrições, aquela que foi produzida segundo a atitude científica é a que tem a maior chance de estar certa (ou menos errada).

Quando a atitude científica básica é posta de lado, o que se obtém – e não importa quantos PhDs, MDs ou Prêmios Nobel estejam envolvidos – é pseudociência: uma falsificação, uma impostura. Algo que se arroga a credibilidade, o prestígio social e a atenção pública devidos à ciência sem, de fato, merecê-los.

Os 12 temas abordados neste livro podem ser divididos, de forma um tanto quanto grosseira, em dois grupos: os baseados em pseudociência (isto é, que reivindicam, de modo ilegítimo, parte na família das ciências) e os que se dizem baseados em epistemes alternativas (isto é, que esperam ser vistos como descrições válidas e confiáveis da realidade factual e, ao mesmo tempo, proclamam-se isentos da obrigação de respeitar a atitude científica).

A divisão é grosseira porque a maioria desses temas tende a colocar-se simultaneamente em ambos os campos, enfatizando uma ou outra posição de acordo com a conveniência do momento. Uma mesma doutrina (homeopatia ou acupuntura, por exemplo) pode apresentar-se primeiro como "apoiada em estudos científicos" e logo em seguida, quando a qualidade de tais estudos é posta em questão, como "baseada em saberes tradicionais dotados de lógica própria", e isso sem que seus defensores gaguejem ou enrubesçam.

A constatação de que há "outros saberes" ou "outras epistemes" importantes para a vida humana, além da ciência, é muito verdadeira – ninguém pensa em conduzir um teste duplo-cego com grupo placebo antes de escolher um namorado, por exemplo (embora essa talvez fosse uma boa ideia).

Vamos pensar, por exemplo, em algo como um saber tradicional usado há séculos, em determinada comunidade, para tratar de algum tipo de doença. A área de saúde é uma em que a tensão entre os olhares da ciência e da tradição é constante, e infelizmente muitas vezes a preferência pela abordagem científica acaba sendo vista como arrogante ou desrespeitosa – às vezes com razão, outras vezes como mecanismo de defesa e reação a séculos de exploração e colonialismo.

Mas a verdade é que há vários motivos que podem levar uma determinada prática, ritual ou comportamento, culturalmente vinculado à saúde, a cristalizar-se como tradição; a real eficácia da prática no combate a certos tipos de enfermidade ou na manutenção da saúde é uma possibilidade, mas não a única.

Investigações antropológicas revelam, por exemplo, que tradições que giram em torno do tema da doença e da morte têm a capacidade de permitir que a comunidade discuta seus problemas, exponha ressentimentos ocultos[2] e reduza o nível, pessoal e coletivo, de tensão e de ansiedade.

Pode haver importantes relações simbólicas, políticas e até ecológicas codificadas em comportamentos culturais que, ostensivamente, servem para curar o corpo, o espírito e afastar a morte. Mas identificar, compreender e até mesmo respeitar essas funções sociais da tradição não responde à pergunta de se ela realmente beneficia o doente e alivia sua enfermidade.

Como o biólogo e ganhador do Nobel de Medicina Peter Medawar certa vez escreveu, ao disputar a ideia de que os mitos das culturas tradicionais seriam "tão verdadeiros" quanto fatos científicos, uma pessoa que sofre de dor de dente talvez prefira um tratamento que vai de fato eliminar a dor a um ritual mágico de profundo significado espiritual – mas que não fará nada para aliviar seu sofrimento no longo prazo.[3]

Não há nada de "racista" ou "supremacista" nessa constatação. Práticas discriminatórias baseadas em "saberes tradicionais" ou em sistemas sem nenhuma base científica existiram (e ainda existem) de modo abundante ao longo da história europeia e da colonização das Américas,[4] e são comuns no Ocidente contemporâneo, começando pelo uso de astrologia[5] e outras crendices em processos de recrutamento,[6] e chegando aos programas de autoajuda que recomendam romper amizades com pessoas "negativas", como se lê neste abominável conselho que serve de epígrafe para um dos capítulos de um *best-seller* que promete ensinar o caminho das pedras para o sucesso financeiro: "As pessoas ricas buscam a companhia de indivíduos positivos e bem-sucedidos. As pessoas de mentalidade pobre buscam a companhia de indivíduos negativos e fracassados". E, mais adiante: "A energia é contagiosa, e não quero me expor a influências negativas".[7]

Se o objetivo é solidificar (ou lubrificar) relações sociais, imbuir acontecimentos trágicos ou mundanos de significado profundo, oferecer consolo ou reduzir a vertigem existencial inerente à condição humana, o cardápio de saberes alternativos, dotados de lógica própria, é quase infinito – do animismo à crença na salvação por discos voadores. Trata-se, no fim, de uma questão de gosto.

Já a autoridade especial da ciência quando o assunto é descrever, controlar e prever a realidade factual e o mundo natural não é uma "questão de gosto". Nesse caso, a ciência não é apenas "mais uma lógica" entre outras: é o uso mais correto e refinado possível das ferramentas comuns que, de uma maneira ou de outra, sustentam todas as "lógicas" da humanidade.

Um bom exemplo disso é dado pelo filósofo Paul Boghossian, ao discutir a alegação de que os cardeais católicos que se recusavam a olhar pelo telescópio de Galileu e preferiam continuar acreditando na Bíblia – que dizia que o Sol gira em torno da Terra – estavam apenas seguindo "uma lógica diferente".

> Sim, o cardeal consulta sua Bíblia para descobrir no que acreditar a respeito dos céus, em vez de usar o telescópio; mas ele não adivinha o que a Bíblia diz, ele a lê usando os próprios olhos. Ele

> também não relê a Bíblia de hora em hora para ter certeza de que ela diz sempre a mesma coisa, mas confia na indução para prever que ela dirá amanhã o mesmo que diz hoje. E, por fim, usa lógica dedutiva para deduzir o que o texto implica sobre a composição dos céus.[8]

A constatação é de que o cardeal usa exatamente as mesmas ferramentas lógicas da ciência – confiança nos sentidos, indução e dedução. Se olhar para a Bíblia é a melhor forma de saber o que a Bíblia diz, por que olhar para o céu não seria a melhor forma de saber o que o céu é? Onde está a "outra lógica"?

Uma terapia que falha em mostrar benefícios para a saúde quando testada de forma rigorosa pela ciência pode desempenhar um sem-número de outras funções – emocionais, sociais, religiosas, artísticas, econômicas, espirituais, o que seja. Mas é certamente incapaz de realizar as curas que promete.

ERRO HUMANO

A mente humana é um instrumento maravilhoso, mas está longe de ser perfeita. É por isso que precisamos dos métodos, processos e da atitude da ciência: para filtrar nossa percepção do mundo e eliminar (na medida do possível) os erros provocados por nossas deficiências e falhas cognitivas. Essas deficiências e falhas costumam ser classificadas em três grupos: heurísticas, falácias e vieses. Esses grupos se conectam – heurísticas podem gerar vieses e falácias podem alimentar heurísticas, por exemplo.[9]

No dia a dia, operamos por meio de *heurísticas* – estratégias que permitem extrair conclusões rápidas a respeito do que acontece no mundo ao nosso redor. Dá para dizer que heurísticas são inevitáveis e necessárias à sobrevivência: se cada um de nós tivesse de parar para avaliar toda a evidência disponível e calcular as probabilidades conscientemente antes de tomar toda e qualquer decisão, provavelmente jamais sairíamos da cama. Heurísticas poupam esforço, são atalhos mentais que funcionam bem o suficiente a maior parte do tempo. Tornam-se deficiências quando nos deixamos guiar cegamente por elas. Como tudo na vida, seu uso requer atenção e moderação.

Porque "funcionar bem", nesse caso, significa: não nos matam e nem nos causam prejuízos enormes. Se essas conclusões estão certas ou não – isto é, se correspondem aos fatos –, é outra história.[10]

Uma heurística comum é a de representatividade: ela sugere que os membros de uma categoria devem ser todos semelhantes ao estereótipo (item representativo) da categoria, e que causas assemelham-se aos efeitos que produzem. Dito assim parece um bom princípio geral, mas sua aplicação irrefletida não só alimenta preconceitos, mas também superstições, como neste exemplo:

> Na China, morcegos moídos costumavam ser receitados para pessoas com problemas de visão, porque se acreditava, erroneamente, que morcegos enxergam muito bem. Na Europa, pulmões de raposas eram receitados para asmáticos, porque acreditava-se erroneamente que raposas tinham um excelente fôlego. [...] Nesses casos, a ideia subjacente é que, ao consumir algo, adquirimos suas propriedades. Você é o que come.[11]

Há ainda uma extensa lista de falácias (estilos inválidos de argumentação que tendem a produzir conclusões equivocadas) e vieses cognitivos (predisposições psicológicas) que indicam onde o raciocínio sai dos trilhos quando tentamos interpretar e fazer sentido do que nos contam ou do que vivenciamos. As principais, ao menos no que diz respeito aos temas tratados neste livro, são a falácia da afirmação do consequente, a *post hoc* e o viés de confirmação.

Afirmação do consequente é a falácia de inferir uma causa única a partir de um efeito que pode ter várias causas. "Se chover, o asfalto ficará molhado" não implica que "se o asfalto está molhado, então choveu". A água pode ter ido parar lá de muitas outras maneiras (adutora com defeito, caminhão-pipa, lavagem da rua). Do mesmo modo, "se esse remédio for bom, eu vou sarar" não permite concluir que "se sarei, é porque o remédio é bom".

O *post hoc* (nome completo em latim, *post hoc ergo propter hoc*, "depois disso, logo por causa disso") é a falácia de concluir que uma relação no tempo – uma coisa aconteceu depois de outra – implica uma relação de causalidade (o primeiro evento provocou o segundo).

Muitas vezes, raciocínios do tipo *post hoc* são induzidos por manipulação da atenção – por exemplo, uma pessoa supersticiosa pode, depois de quebrar um espelho, passar a atribuir todos os azares que tiver a esse fato. Ou uma pessoa que sara depois de tomar um remédio homeopático pode atribuir uma eventual melhora a esse produto específico, ignorando todos os demais fatores que podem ter contribuído para a recuperação.

O viés de confirmação é a tendência inconsciente de prestar mais atenção em exemplos que confirmam aquilo em que queremos acreditar, e ignorar ou tratar como irrelevantes os exemplos do contrário.

Assim como a heurística de representatividade, esse viés é um grande motor de preconceitos (qualquer erro cometido por algum representante do grupo de que o preconceituoso não gosta logo salta aos olhos, enquanto erros de grupos pelo qual ele sente afinidade são desculpados), mas também é o melhor amigo das terapias ineficazes: pessoas que se salvam depois de tomar o remédio inútil foram salvas por ele. As que morrem, ou tiveram azar ou fizeram alguma coisa errada.

Experimentos conduzidos por psicólogos indicam que a percepção ilusória de relações de causa efeito onde só o que existe é a reação temporal (o *post hoc*) são facilitadas ainda por dois tipos de manipulação – densidade de efeito[12] e densidade de causa.[13] No caso de questões de saúde, uma densidade de efeito significa que a doença em questão tem uma alta taxa de remissão espontânea.

Em outras palavras, as doenças tendem a resolver-se sozinhas, ou os sintomas passam por ciclos de amenização. É por isso que fundamentalmente qualquer remédio para resfriado "funciona", seja canja de galinha, pílula multivitamínica ou homeopatia: o resfriado ia passar de qualquer jeito!

Densidade de causa, por sua vez, acontece quando o número de pessoas tentando a pseudocura é elevado, o que aumenta a chance de surgirem, por acaso ou coincidência, exemplos de supostos "resultados positivos" que chamam a atenção do público.

Modismos como a fosfoetanolamina sintética encaixam-se aqui, bem como as curas pela fé e os benefícios atribuídos à maioria das psicoterapias, incluindo a psicanálise.

O PODER DE ESCULÁPIO

Para ficar num exemplo clássico: durante séculos, o templo de Esculápio em Epidauro, na Grécia, foi o principal centro de cura do mundo antigo. Doentes dirigiam-se até lá para se submeter a um ritual chamado incubação. Nesse rito, os afligidos passavam a noite dormindo numa área especial do templo, o abaton, esperando que Esculápio, o deus da Medicina, lhes aparecesse em sonho e ditasse o tratamento adequado.

Arqueólogos já encontraram inúmeras placas votivas, contendo depoimentos de pacientes satisfeitos que gravaram, para a posteridade, seus sonhos divinos e curas maravilhosas. Hoje, o templo de Epidauro está em ruínas. A despeito dos séculos acumulados de depoimentos positivos e relatos sinceros de cura, e do caráter obviamente tradicional do lugar, não se veem mais multidões ansiosas pela próxima incubação, e ninguém sugeriu (ainda) incluir passagem aérea pra Epidauro na lista de procedimentos financiados pelo SUS.

Além da ilusão de causalidade, outro fator que pode dar a impressão de que um tratamento inócuo (ou mesmo prejudicial!) está fazendo bem é a variabilidade natural da doença. O estado de saúde de uma pessoa oscila naturalmente: um dia você acorda melhor, um dia pior; gripes leves e resfriados passam por conta própria; hematomas desaparecem; ressacas passam; dores crônicas se acentuam, depois diminuem etc. A oscilação natural da doença pode dar a falsa impressão de que o tratamento é eficaz.

Se você está se sentindo mal hoje, há uma boa chance estatística de que vá estar melhor amanhã, ou depois, mesmo que não faça nada. Mas se você se submeter a uma sessão de acupuntura, a um passe de reiki ou tomar um preparado homeopático agora, talvez venha a atribuir essa melhora às agulhas (ou à homeopatia, ou ao passe, ou a tudo).

O raciocínio é o seguinte: o paciente tende a abraçar alguma terapia alternativa quando não aguenta mais – quando o desgaste de procurar ajuda lhe parece menor do que o sofrimento por que está passando, quando o senso de urgência para tomar uma atitude, "fazer algo a respeito", torna-se irresistível.

Caso o paciente não sofra de uma doença muito grave, já no estágio do declínio final, a mera variação natural da intensidade dos sintomas tende a levá-lo de volta a um estado menos desconfortável, e a melhora será atribuída ao tratamento. Caso o declínio se instale, basta dizer que a terapia foi aplicada "tarde demais", ou que o paciente teve azar, ou lhe faltou fé.

PLACEBOS

A todas essas ilusões, vem somar-se algo muito real, o efeito placebo: mudanças no estado de um paciente causadas pela percepção ou crença de que existe um tratamento em curso, mesmo que tudo não passe de simulação.

No final do século XIX, Ivan Pavlov estabeleceu um dos conceitos mais famosos da psicologia, o que chamamos hoje de condicionamento clássico.[14] O experimento que estabeleceu o princípio parecia muito simples: cães foram condicionados a associar uma pessoa, e posteriormente uma sineta, à presença de alimento. Com o condicionamento, a presença da pessoa – ou o som da sineta – desencadeava no animal reações associadas à presença de comida, como salivação, mesmo quando não havia alimento por ali.

Pavlov, no entanto, não estava interessado no comportamento dos cães. O objeto de estudo era a secreção de suco gástrico, que normalmente ocorria na presença do alimento. Pavlov percebeu que, depois de algum tempo, a comida não era necessária: a mera presença do tratador provocava secreção.

Vamos manter isso em mente: não é que o condicionamento apenas levava o animal a "pensar" que havia comida por perto. Uma reação fisiológica totalmente involuntária e inconsciente, a secreção de suco gástrico, também era desencadeada.

Depois de inúmeros experimentos replicando esse fato, Pavlov alterou o objeto para salivação dos cães – muito mais prático e menos invasivo – e aí, sim, inseriu outros fatores, como o som da sineta e campainhas, sempre com o mesmo resultado. Mais do que um comportamento, Pavlov havia condicionado uma resposta fisiológica nos cães. Os cães agora salivavam ao som de uma simples sineta.

O mecanismo que faz a fisiologia dos cães reagir ao som de uma sineta como reagiria, normalmente, à presença de comida é o mesmo que faz o organismo humano reagir a uma pílula de açúcar da mesma forma que reagiria a um analgésico. Condicionamento clássico é um dos segredos por trás do efeito placebo.

De fato, outro grupo de pesquisadores, alguns anos após o trabalho pioneiro de Pavlov, provou que é possível condicionar, em cães, a resposta à aplicação de uma droga.[15] Nossos amigos peludos costumam salivar também após receber injeções de morfina. Nesse estudo, depois de algumas aplicações da substância real, os cães passaram a salivar mesmo na ausência de morfina.

Placebos, portanto, são capazes de produzir mudanças fisiológicas reais e afetam também animais não humanos. Mas qual a extensão desse efeito? Um trabalho clássico que demonstra o poder do efeito placebo foi realizado por pesquisadores italianos, em 2001.[16] Pacientes em recuperação de cirurgia torácica (que envolve bastante dor no pós-operatório) receberam analgesia e também um acesso intravenoso contendo apenas solução salina. Foram divididos em três grupos, de acordo com a informação que receberam sobre o acesso intravenoso.

O primeiro grupo sabia que era só uma solução salina, o segundo grupo acreditava que podia ser salina ou um analgésico e o terceiro grupo acreditava se tratar de um analgésico potente. Em todos os grupos, os pacientes podiam pedir mais analgésico – real – quando quisessem.

O grupo 3, que acreditava estar recebendo remédio para dor direto na veia, foi o que menos pediu analgésicos extras, seguido pelo grupo 2, que não sabia se era analgésico ou placebo, e por fim pelo grupo 1, que sabia se tratar de uma solução inerte.

BIOQUÍMICA

Existe um mecanismo bioquímico para o efeito placebo. Não é algo que fica "só na cabeça". O trabalho mais elegante a respeito foi conduzido por outro grupo italiano, também em 2001.[17] Os pesquisadores demonstraram que o efeito placebo ativa receptores opioides no cérebro. Esses receptores estão envolvidos no controle da dor, e são ativados por analgésicos derivados do ópio, como a morfina.

Usando um bloqueador de receptores opioides, a naloxona, o grupo conseguiu desligar o efeito placebo! A naloxona bloqueia o efeito da morfina porque interfere na ligação da molécula nos receptores. E esse bloqueio impediu o efeito placebo de se manifestar.

O experimento envolveu uma série de controles, mas, para simplificar, mencionaremos apenas dois grupos de pacientes: um que recebeu um analgésico não opioide (que não depende dos receptores cerebrais que são bloqueados pela naloxona), sabendo que era um analgésico. Ou seja, os pacientes desse grupo tinham o efeito real do medicamento e também o efeito placebo, trazidos pela expectativa (a pessoa sabia que ia tomar um remédio para a dor) e pelo condicionamento.

Outro grupo recebeu o mesmo analgésico, mas acrescentou-se a naloxona, que bloqueia apenas receptores opioides, ou seja, não deveria interferir no efeito do remédio dado. E os pacientes não sabiam que a naloxona estava lá.

Pois bem, esse segundo grupo sentiu mais dor do que o primeiro, embora tivesse as mesmas expectativas. O efeito placebo havia sido bloqueado pela naloxona. Vamos analisar isso em detalhe: o segundo grupo, que recebeu um analgésico não opioide e um bloqueador de opioides, sentiu mais dor. Mas, se não havia opioides para serem bloqueados, por que isso aconteceu?

Lembre-se de que o alívio geral sentido pelo paciente é uma soma do efeito específico do analgésico e do efeito da expectativa, o efeito placebo. Como a naloxona é impotente contra o analgésico não opioide, ela só pode ter afetado o segundo componente do alívio: o placebo. Isso mostra que o placebo tem base bioquímica. O primeiro grupo teve o efeito analgésico do medicamento e também do placebo. O segundo, apenas o do medicamento, porque o placebo tinha sido neutralizado.

Foi possível bloquear um efeito, tido como psicológico, com uma droga, demonstrando um provável mecanismo de ação bioquímico.

Assim, temos a resposta: placebo não é apenas ilusão. A redução da dor é fisiológica. Mas, certamente, envolve condicionamento e expectativa.

Diversos estudos demonstram, ainda, que há diferentes graus de efeito placebo. Em geral, injeções funcionam melhor do que pílulas, duas pílulas funcionam melhor do que uma, pílulas coloridas funcionam melhor do que brancas, e qualquer tratamento teatral, que envolva manipulação do corpo, funciona melhor do que todos os demais.

Pode-se observar um pequeno efeito placebo mesmo quando o paciente sabe que aquele tratamento ou medicamento é inerte. O efeito é menor, mas existe, e é fruto do condicionamento, neste caso, separado da expectativa.

Placebos parecem realmente ser úteis na redução da dor e no controle de condições muito sensíveis ao estresse, como doenças respiratórias e alergias.

O efeito placebo torna-se, assim, o melhor amigo de práticas de medicina alternativa como as discutidas em alguns dos capítulos deste livro. A atenção especial dedicada ao paciente, comum entre as práticas alternativas, também funciona como um placebo. E, não por acaso, as práticas alternativas também parecem funcionar melhor para dor e doenças relacionadas a estresse.

Já sabemos que animais são suscetíveis ao efeito placebo. Crianças muito pequenas também são. Além disso, um efeito comum em animais de estimação e bebês é o que chamamos de "placebo por procuração". Tanto pais dos bebês como os tutores dos animais querem a melhora dos seus "filhotes". Iludidos pelo viés de confirmação, enxergam exatamente o resultado que esperam. Além disso, animais e bebês respondem a atenção e carinho.

Algumas histórias interessantes mostram como nossa relação com os animais pode gerar expectativas – neles e em nós mesmos – capazes de agregar efeitos do tipo placebo:

"Clever" Hans era um cavalo muito inteligente, que sabia aritmética. Ou pelo menos era inteligente o bastante para enganar o dono e grande parte da sociedade alemã do início do século XX. Quando seu dono ou qualquer outra pessoa dava uma operação matemática para o cavalo resolver, Hans batia um casco no chão até chegar ao número correto da resposta.

Após uma investigação minuciosa, o psicólogo Oskar Pfungst demonstrou que o cavalo só conseguia acertar o resultado quando podia ver o dono ou outros humanos. Quando vendado, Hans errava. O cavalo estava respondendo à linguagem corporal das pessoas. Cavalos e animais de companhia são extremamente sensíveis à linguagem corporal.[18]

No livro *No way to treat a friend*,[19] os autores contam a história de um teste clínico realizado com cavalos de corrida para verificar se suplementos vitamínicos influenciavam a performance. Um jóquei reclamou que seu animal estava apresentando comportamento agressivo por causa do teste. Os responsáveis removeram a dupla do estudo, e o animal voltou a ser dócil. No entanto, o cavalo fazia parte do grupo placebo – não estava recebendo suplemento. Provavelmente, apenas respondia aos sinais involuntários de medo e insegurança do cavaleiro.

Além disso, carinho e contato humano também funcionam como efeito placebo em animais, e temos estudos que demonstram que acariciar cães e cavalos reduz sua frequência cardíaca, e que o manuseio gentil de novilhas aumenta a produtividade de leite.[20]

Resta, então, a dúvida cruel: se o efeito placebo tem realidade fisiológica, realmente reduz a dor, e não tem efeitos colaterais, por que não prescrever placebos?

Aí entramos em uma questão ética delicada. Para prescrever placebos, o médico teria que deliberadamente enganar o paciente. E o placebo não cura nada. Até mesmo a redução da dor é menor do que seria com um analgésico de verdade. Além disso, o efeito é inconstante e inconsistente: algumas pessoas são mais (ou menos) suscetíveis.

Ninguém, sofrendo com dor intensa, vai melhorar com placebo em vez de morfina, e nenhum médico vai operar com placebo em vez de anestesia. Outro argumento importante é que utilizar placebos – assim como medicina alternativa – pode atrasar ou impedir diagnósticos e tratamento de condições mais sérias.

E, finalmente, o mais importante: sempre podemos nos beneficiar do efeito placebo em qualquer consulta médica ou tratamento, se o médico ou profissional de saúde for atencioso e carinhoso. Talvez esta seja a única grande lição que a medicina alternativa tem mesmo a ensinar.

É por reconhecer a influência dessas fontes de erro que a atitude científica abraça o princípio de que "o plural de caso isolado não é informação válida". Em outras palavras, não importa quantos exemplos de suposta "cura por X" você tem: sem a garantia de que não existe um número igual ou maior de contraexemplos, e sem o controle adequado dos demais fatores que poderiam ter influenciado o resultado, nem a maior pilha de "casos de sucesso" do mundo é suficiente para estabelecer um fato.

Talvez um dos maiores – e mais difíceis – esforços empreendidos ao longo do desenvolvimento da ciência, um esforço ainda presente e sempre necessário, seja o de libertar-se da ilusão de que boas histórias e experiências marcantes provam alguma coisa.

Isso não significa que experiências e histórias não sirvam para nada: muitas vezes, no dia a dia, são tudo o que temos e, na ausência de informações mais sólidas, se não nos guiarmos por elas, ficamos paralisados.

Mas significa que, para poderem ser tratadas como informação sólida, e não apenas como guias informais para situações extraordinárias, as lições da narrativa e da experiência precisam passar por filtros cuidadosos. Mais ainda: significa que seguir usando impressões, vivências e narrativas como guias, quando há informação científica disponível, é não só perigoso como também irresponsável. O direito à própria opinião não implica direito à negligência.

O TESTE CLÍNICO

A ideia de que para determinar os benefícios (ou malefícios) reais de uma conduta, tratamento ou medicamento para a saúde humana é preciso realizar uma comparação entre grupos é aceita, de forma intuitiva, desde a Antiguidade. Um exemplo rudimentar aparece no livro bíblico de Daniel, composto no século II a.e.c. Ali, logo no início, o profeta Daniel sugere um teste controlado para determinar se uma dieta vegetariana seria prejudicial à saúde:[21]

> 11 Daniel disse ao funcionário, a quem o chefe dos eunucos havia confiado Daniel, Ananias, Misael e Azarias: 12 "Faça uma experiência conosco: durante dez dias vocês nos darão de comer só vegetais e só água para beber. 13 Depois, você compara a nossa aparência com a dos outros moços que comem da mesa do rei. Então faça conosco o que achar melhor". 14 O funcionário aceitou a proposta e fez a experiência por dez dias. 15 No final dos dez dias, estavam com boa aparência e corpo mais saudável que todos os moços que comiam da mesa do rei.

Há vários problemas com o experimento proposto por Daniel, incluindo a falta de cegamento e de randomização, mas, assim como a lógica por trás de aceitar o que se vê pelo telescópio, a mera aplicação prudente do senso comum já permite chegar à noção geral de que o conhecimento sobre saúde emerge da comparação entre grupos.

É fácil ver por quê: testar o tratamento num número grande de pessoas reduz o risco de vermos benefícios ou problemas aparecendo por mero acaso (um paciente pode ter sorte de sarar por conta própria logo depois de tomar o remédio, mas o mesmo acontecer com dezenas ou centenas é mais difícil), e a existência de um grupo de comparação, o chamado "controle", permite cotejar a evolução dos pacientes tratados com a dos que adotaram uma estratégia alternativa, ou não receberam nenhuma intervenção.

Para ser realmente válida, no entanto, a comparação precisa ser justa.[22] No caso de Daniel, por exemplo, não faria sentido comparar o efeito da dieta na saúde dele e a de seus amigos à dos comensais do rei se o primeiro grupo fosse composto de jovens atléticos e o segundo, por idosos obesos. O teste já começaria viciado.

Em termos bem abstratos, o ideal seria que os grupos envolvidos na comparação *fossem exatamente o mesmo grupo*, formado exatamente pelas mesmas pessoas, vivendo em mundos paralelos – e onde a única diferença entre os mundos fosse a presença (ou ausência) do tratamento. Como não somos capazes de manipular universos paralelos, um modo de simular isso é a *randomização*: isto é, a destinação de voluntários para um ou outro grupo de forma aleatória.

A ideia de comparar grupos semelhantes para testar uma intervenção começa a ganhar relevância em saúde na metade do século XVIII, com um médico naval inglês chamado James Lind.[23]

Naquela época, o escorbuto – que hoje sabemos ser causado por deficiência de vitamina C – matava mais marinheiros do que as guerras. Os períodos prolongados no mar, sem acesso à alimentação saudável com frutas e verduras, eram o ambiente ideal para o desenvolvimento da doença. Vitamina C é essencial para a formação de colágeno, que por sua vez compõe o tecido conjuntivo. Também é necessária em vias metabólicas para produção de energia. A falta de vitamina C causa anemia, fraqueza, dores musculares, dificuldade de cicatrização, enegrecimento das gengivas e perda de dentes.

A Medicina da época, também chamada de Medicina heroica, era baseada na teoria dos humores: o sangue, a fleuma, a bile amarela e a bile negra, que correspondiam também aos quatro elementos da natureza, terra, fogo, ar e água, e às estações do ano. O sangue estaria associado à vitalidade e ao bom humor; a fleuma (cérebro), à calma e à compostura; a bile amarela, ao ódio e ao temperamento forte; e a bile negra, à depressão e à tristeza.[24]

Quando esses humores estavam em desequilíbrio, a pessoa ficava doente – originando a expressão mal-humorada. E, para curá-la, obviamente bastava equilibrar os humores. Com esse objetivo, utilizava-se a sangria,[25] além de métodos purgativos, para provocar diarreia e vômitos.

James Lind questionou se tudo aquilo fazia sentido e resolveu juntar toda a informação que havia sobre o escorbuto. Grande parte estava descrita em diários de bordo, e Lind encontrou descrições de cura com sucos de frutas e vegetais frescos, feitas por quatro cirurgiões de bordo durante a Guerra dos Sete Anos, que opôs as alianças militares lideradas por França e Inglaterra em meados do século XVIII. Ele fez o que chamamos hoje de uma revisão da literatura.

Assim, com a autorização do capitão do HMS Sallisbury, Lind desenhou seu primeiro experimento com 12 marinheiros em estágio avançado da doença. Os marinheiros foram divididos em seis grupos, e cada par foi alimentado com a mesma dieta básica, ficou alojado no mesmo local e recebeu os mesmos cuidados. A diferença era que: dois receberam um quarto de copo de cidra por dia; outros dois receberam vitríolo (uma combinação de compostos de enxofre); um par recebeu uma colher de vinagre, outro par recebeu 150 ml de água do mar; um par recebeu um limão e duas laranjas por dia; e o último, um preparado de noz-moscada.

Lind possivelmente foi a primeira pessoa na Medicina a realizar um "teste clínico controlado". O teste ainda era imperfeito, se pensarmos nos parâmetros de hoje, o número de sujeitos experimentais (marinheiros) era absurdamente pequeno, não havia grupo controle e muito menos um grupo placebo. Mas a ideia básica, de uma comparação justa entre grupos, estava ali. O resultado: a dupla que recebeu limões e laranjas, que hoje sabemos ser boas fontes de vitamina C, sarou de uma forma que pareceu quase mágica!

Com o aumento da conscientização sobre o efeito placebo, que pode ser estimulado até mesmo pela expressão facial dos profissionais de saúde,[26] cientistas perceberam que também seria importante separar esse efeito do chamado efeito específico do tratamento. É importante ressaltar que o grupo placebo usado nos testes clínicos tenta isolar não apenas questões de sugestão ou condicionamento, mas qualquer efeito que não possa ser atribuído especificamente ao medicamento testado, incluindo cura espontânea ou mero acaso. Neste sentido, talvez, chamar o grupo de "placebo" traga uma percepção equivocada, que poderia ser resolvida se chamássemos o grupo de "não específico".

Foram também adotados, ao longo da história, os chamados protocolos de cegamento, a fim de evitar que tanto os voluntários envolvidos no teste quanto os profissionais de saúde em contato com eles soubessem quem faz parte do grupo controle ou do grupo de teste (chamado de "grupo tratamento"). Uma terceira camada de cegamento também pode ser aplicada, atingindo os profissionais que vão analisar os resultados – assim, evita-se que as expectativas deles afetem o relatório final.

Assim, podemos resumir as diretrizes de um teste clínico controlado, randomizado e com grupo placebo, como se segue:[27,28]

1. Comparar um grupo controle com um grupo em teste – um grupo é tratado e comparado com um grupo que recebe um tratamento "de mentira". Pode ser uma pílula de farinha ou de açúcar, uma injeção de solução salina – a ideia é mimetizar a intervenção, de maneira que ela fique indistinguível da original.
2. Trabalhar com grandes amostras – amostras pequenas não são significativas, um trabalho feito com 3-4 pacientes não consegue prever como uma droga será aceita na população, que é diversa. Um bom teste de medicamento ou vacina envolve milhares de voluntários.
3. Distribuir os grupos de forma aleatória e randomizada – os participantes não podem escolher em que grupo estarão, e não devem ser escolhidos pela parte interessada no resultado, para evitar um agrupamento tendencioso.
4. Assegurar que os participantes não saibam em que grupo estão (isso se chama "cegar" os participantes).
5. Assegurar que os médicos ou aplicadores do teste não saibam em que grupo os participantes estão (quando "cegamos" também os aplicadores temos um teste que é chamado de "duplo-cego").

É com a adoção de estratégias como essas que as ciências da saúde buscam se manter fiéis à atitude científica – e, portanto, fazer por merecer o respeito e o prestígio especial com que a sociedade trata as afirmações e recomendações que se dizem científicas. As terapias que você encontrará neste livro rejeitam essas estratégias, por considerá-las inaplicáveis ou ilegítimas, ou as adotam apenas como aparência, da boca para fora: são foliões vestidos de almirante, tentando mandar no navio.

ESOTÉRICOS E ETS

Nem todas as 12 bobagens que destrinchamos nas páginas a seguir têm conexão direta com promessas de cura e saúde. Ênfase no "direta" porque mesmo doutrinas esotéricas, como astrologia, e mitologias contemporâneas, como a dos discos voadores, deuses astronautas e antroposofia, em algum momento tocam a perene preocupação humana com os sofrimentos do corpo e a longevidade. Ideias ruins – bobagens – convertem-se em doutrinas, ideologias, escolas e sistemas exatamente porque fazem aquilo que a ciência – por seu compromisso com a ética e a verdade – é incapaz de fazer: prometem curas, soluções e explicações, aqui e agora, para todos os males que afligem o ser humano.

A ciência é limitada pela nossa capacidade de ver, interrogar e interpretar a natureza. Pseudociências e "outras epistemes" são limitadas apenas pela imaginação, vaidade e, não raro, ganância de seus promotores. Por isso, seu poder de sedução é enorme. Esperamos que as páginas a seguir ajudem a identificar e escapar de algumas de suas armadilhas.

ASTROLOGIA

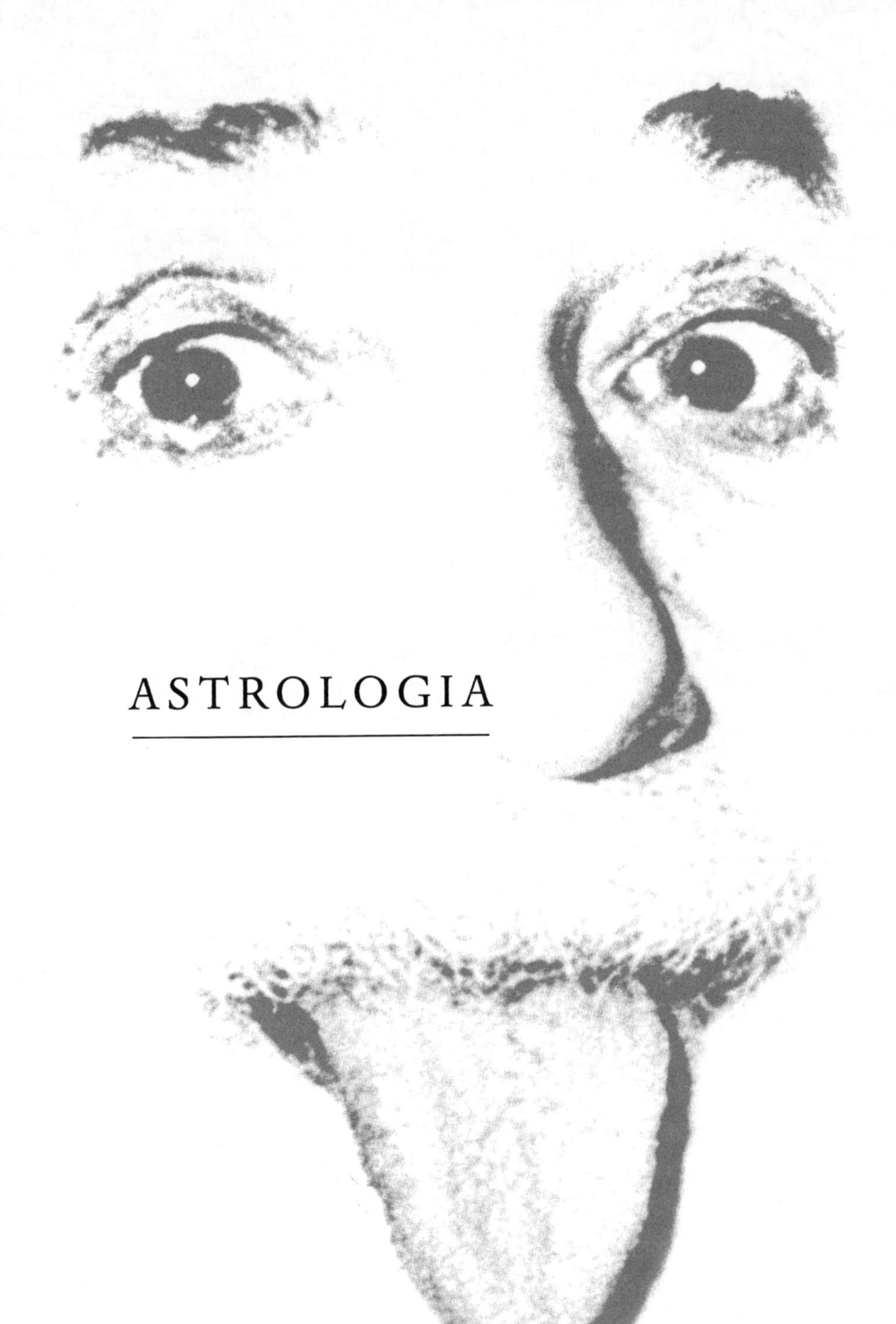

"Mães antecipam parto para escolher o signo dos filhos", noticiava um jornal de grande circulação nacional, em meados de 2014. Menos de dois anos depois, em janeiro de 2016, o mesmo veículo apontava que "Astrologia para empresas ganha espaço com incerteza econômica". E, em 2018, veio a apoteose: uma reportagem de seis páginas em suplemento dominical, com o título "Jovens abandonam profissões para seguir carreira na astrologia e brilham em redes sociais".[1]

Não se trata de fenômeno exclusivamente brasileiro. Já em 2012 a revista britânica *The Economist* notava a tendência crescente, entre famílias urbanas da Índia, de marcar partos por cesárea para dias e horários considerados auspiciosos com base em considerações esotéricas – incluindo recomendações de aplicativos de astrologia para telefones celulares.[2]

Em 2019, o jornal britânico *The Guardian* chamava a atenção para a presença de preconceito contra certos signos astrológicos em áreas tão diversas quanto mercado imobiliário e mercado de trabalho, com foco na situação dos Estados Unidos.[3] Mas, voltando ao Brasil, em 2020 tanto o serviço nacional da BBC[4] quanto o jornal popular *Extra*,[5] do Rio de Janeiro, publicaram material sobre a influência crescente da astrologia em programas de recursos humanos de empresas, principalmente no recrutamento de funcionários. Título: "Astrologia tem aparecido cada vez mais em seleções de emprego. Saiba como agir".

Astrologia é a crença de que a posição aparente de certos corpos celestes, no minuto do nascimento, permite prever traços definidores da personalidade e até quais serão os eventos mais marcantes da vida de uma pessoa. O diagrama que reflete essas posições é o que se chama, ao menos tradicionalmente, de horóscopo. Hoje em dia, no entanto, o nome mais comum é mapa, ou carta, astral.

Em parte por influência dos horóscopos publicados diariamente nos jornais, ao longo do século passado a palavra "horóscopo" foi sendo reservada para as previsões e interpretações feitas a partir do mapa astral, em vez de referir-se ao mapa em si. O profissional que se propõe a interpretar a carta e a realizar vaticínios com base nela recebe o nome de astrólogo. Além da crença no poder dos astros, astrologia também é o nome dado à arte praticada pelo astrólogo.

Trata-se de uma prática milenar, mais antiga do que o cristianismo: escavações arqueológicas conduzidas na Babilônia revelam previsões astrológicas que datam do segundo milênio antes da era comum. Essa astrologia original tinha um caráter religioso e conexão com assuntos de Estado. Como escreve o historiador canadense Roger Beck, "os astrólogos babilônios eram servidores públicos com uma tarefa específica, aconselhar as autoridades com base no que os deuses visíveis no céu pretendem para o Estado na Terra, e o que se pode prever de seus encontros e desencontros".[6]

Em vários momentos da História, a astrologia teve grande importância cultural ou política. Imperadores romanos[7] (e, mais tarde, líderes nazistas)[8] usaram-na como instrumento de propaganda e temeram seu uso pelos adversários: um horóscopo desfavorável poderia minar a confiança do público no grande líder ou abalar o moral das tropas às vésperas de uma batalha.

Na Idade Média e no Renascimento, a astrologia por vezes ligava-se intimamente à Medicina, a partir de uma complexa rede de metáforas que conectava as características mitológicas atribuídas a certos planetas (Saturno, "frio", Marte "quente") a sintomas, partes do corpo e ervas supostamente medicinais.[9]

No entanto, a despeito de suas raízes antigas, de sua importância histórica e de seu impacto social crescente nas últimas décadas, tanto a crença astrológica quanto a arte da astrologia carecem de qualquer tipo de validade objetiva: não têm nenhuma base na realidade.

A crença no poder dos astros é superstição e a arte de interpretá-los, pseudociência – definição aplicada a sistemas que buscam ser levados tão a sério quanto uma ciência (por exemplo, ao orientar decisões médicas, políticas e financeiras), que se apropriam dos adereços das ciências (linguagem especializada, carregada de jargão, recurso à matemática e à geometria) sem dispor do mesmo grau de validade e de comprovação das ciências legítimas. No caso específico da astrologia, o problema vai além da falta de comprovação e de validade: a prática é comprovadamente inválida, como veremos em breve.

É inegável, no entanto, que quando analisada de modo subjetivo – isto é, na chave da experiência individual de quem consulta um astrólogo ou lê um horóscopo –, a astrologia muitas vezes mostra-se capaz de gerar uma impressionante *ilusão* de validade. A prática não teria sobrevivido tantos milênios, afinal, se não fosse capaz de convencer alguns céticos e, mais importante, conquistar clientes.

A verdadeira natureza desse poder de sedução – que nada tem a ver com o poder dos astros – será o assunto da parte final deste capítulo, mas por enquanto podemos dizer que é fundamental o carisma pessoal do astrólogo e, mais crucialmente, o modo como a linguagem é usada e manipulada no discurso dos astrólogos e de seus manuais. Existe um *modo astrológico de expressão* que, parafraseando Marx e Engels, parece sólido, mas desmancha no ar.[10]

NA TEORIA

A crítica mais comum feita à astrologia é a de que o "mapa do céu" usado pelos astrólogos para fazer suas previsões e interpretações tem muito pouco a ver com o céu real, o que vemos sobre nossas cabeças e que os astrônomos estudam com seus telescópios.

Para entender o porquê disso, é preciso lembrar que o céu astrológico tem uma origem muito precisa: foi definido há cerca de 2.000 anos pelo matemático egípcio Cláudio Ptolomeu, o mesmo cujo nome foi aplicado ao "modelo ptolomaico" do sistema solar – aquele em que a Terra fica fixa no centro e a Lua, o Sol e os cinco planetas clássicos (Mercúrio, Vênus, Marte, Júpiter e Saturno) giram ao nosso redor, e que acabou derrubado por Nicolau Copérnico e Galileu Galilei.

Nesse modelo, as estrelas não são outros sóis, muitos deles orbitados por seus próprios planetas, mas pontos de luz fixados na superfície interna de uma enorme esfera de cristal, localizada, segundo os cálculos de Ptolomeu, a uma distância equivalente a 20 mil vezes o raio da Terra,[11] que é de 6.300 km. Isso colocaria o "fim do Universo" a cerca de 120 milhões de quilômetros de nós. Na verdade, a estrela que fica mais perto do Sol, chamada, de modo muito apropriado, Proxima Centauri, encontra-se a 40 trilhões de quilômetros daqui.

Mas esse céu de Ptolomeu, miúdo, anacrônico e ingênuo, acrescido de poucas adaptações – como a inclusão de Urano, Netuno e Plutão e, em alguns casos, dos maiores entre os asteroides localizados entre Marte e Júpiter, como Ceres e Vesta – ainda é, essencialmente, o céu dos astrólogos. Isso traz três problemas fundamentais para quem deseja levar a astrologia a sério: a posição real das estrelas, as fronteiras entre as constelações e o provincianismo das interpretações.

Todos aprendemos na escola que a Terra realiza dois movimentos no espaço, a translação (sua órbita ao redor do Sol, que dura cerca de 365 dias, ou um ano) e a rotação (o giro em torno do próprio eixo, a cada 24 horas). Existe, no entanto, um terceiro movimento, menos notável na escala de vida dos seres humanos: a precessão. Esse é um movimento do próprio eixo de rotação da Terra, que "bamboleia", como um pião.

Por causa dele, os pontos do céu para onde as extremidades do eixo apontam mudam com o passar do tempo: hoje em dia, um prolongamento do eixo terrestre, a partir do polo norte, cruza a vizinhança imediata da estrela Alfa da constelação da Ursa Menor, que por isso é chamada de "Polaris", ou Estrela Polar. Foi a precessão dos equinócios que levou a Alfa da Ursa Menor a assumir esse papel, em algum momento durante a Idade Média; a mesma precessão levará o polo norte para longe dela, no futuro.[12]

Um ciclo de precessão leva cerca de 26 mil anos para se completar. Também por causa desse movimento, o zodíaco – faixa do céu onde estão contidas as constelações que dão nome aos signos astrológicos – parece, quando visto da Terra, girar "para trás", mas muito devagar: só um pouquinho a cada ano.

Com a passagem dos milênios, no entanto, o efeito acumulado faz muita diferença. Hoje em dia, em 21 de março, quando, segundo os astrólogos, o Sol está entrando em Áries, no céu de verdade ainda se encontra lá pelo meio de Peixes. Além disso, a União Astronômica Internacional (IAU, na sigla em inglês) identifica 13, não 12, constelações no zodíaco. Entre Escorpião e Sagitário encontra-se o Serpentário, constelação solenemente ignorada nos horóscopos.

Para completar: enquanto, para a astrologia, o Sol passa cerca de 30 dias em cada signo, no céu real as constelações têm tamanhos diferentes e o astro-rei as percorre em tempos diferentes. Fica 45 dias (de 18 de setembro a 1º de novembro) em Virgem e apenas 6 (25 a 30 de novembro) em Escorpião.[13]

Seria injusto dizer que a comunidade astrológica, como um todo, ignora tudo isso. A maioria dos praticantes da arte talvez não saiba mesmo nada a respeito do céu real, mas há astrólogos muito bem-informados sobre astronomia.

Esses afirmam que os signos zodiacais e as constelações do zodíaco são coisas diferentes[14] – os signos seriam regiões fixas do céu, cada um deles correspondendo a um arco de 30° da trajetória que o Sol, aparentemente, percorre a cada ano. "Aparentemente" porque, claro, o que está se movendo é a Terra. Ao final de 12 meses, o Sol completa a volta de 360° e retorna ao ponto de partida, que é o signo (mas não mais a constelação) de Áries.

É uma explicação conveniente, mas que deixa em aberto a questão – por que esses signos? Por que os setores do céu começam e terminam nos pontos em que começam e terminam? Se a ideia é dividir uma faixa circular em 12 setores iguais, o primeiro corte pode acontecer em qualquer ponto. Por que o que corresponde à posição do Sol em 21 de março?

A resposta deixa claro o caráter primitivo e provinciano da astrologia: é porque 21 de março é a data tradicional do início da primavera do hemisfério norte. Primavera é, claro, um tempo poeticamente associado à renovação, juventude, esperança. Diz-se que o signo associado à data, Áries, transmite aos nativos características primaveris, como "dinamismo, pioneirismo, liderança".[15] Seu regente é Marte, o planeta vermelho – uma cor quente – e que se move pelo céu com relativa velocidade, associado mitologicamente ao deus da guerra.

Capricórnio, por sua vez, tem início em 22 de dezembro, próximo ao começo do inverno setentrional. Capricornianos são "determinados, responsáveis [...] controladores e cautelosos,"[16] características que evocam frieza de personalidade e, também, algumas qualidades úteis para enfrentar os invernos rigorosos de gelo e neve das regiões temperadas: uma época em que os dias são curtos e as noites, longas. O regente é Saturno, o mais lento dos planetas conhecidos na Antiguidade e o mais distante do Sol, portanto o mais frio.

Dá para ver como a simbologia astrológica está ligada, por meio de metáforas, às características da época do ano em que o Sol entra em cada signo – Áries é um signo primaveril, Capricórnio, invernal. Mas essa é uma correspondência que só faz sentido no hemisfério norte. No Brasil, dezembro é verão, tempo de praia e calor; e em março começa o outono, não a primavera. A suposta "sabedoria" astrológica é essencialmente provinciana, focada no umbigo do homem do Mediterrâneo, e primitiva, porque vê o céu e o mundo como se nada tivesse mudado, como se a humanidade nada tivesse aprendido nos últimos 2 mil anos.

Para completar a lista de objeções teóricas à astrologia, temos a ausência de um mecanismo de ação: não há modo plausível de o movimento dos planetas no espaço afetar a personalidade ou o destino de vidas individuais aqui na Terra.

Há quem tente dar um verniz de plausibilidade à astrologia mencionando as marés, produzidas nos oceanos da Terra pela gravidade da Lua e do Sol, mas esse "apelo às marés" falha por duas razões: a primeira é que a gravidade é uma força proporcional à massa dos corpos, e inversamente proporcional ao quadrado da distância que os separa. Isso quer dizer que dobrar a massa de um dos corpos envolvidos numa interação gravitacional dobra a força entre eles, mas dobrar a distância que os separa divide essa força por quatro.

Além disso, corpos de massa pequena, mesmo interagindo com outros de massa enorme, geram e sentem uma força gravitacional pequena. A atração gravitacional gerada pela interação dos 6 setilhões de toneladas do planeta Terra com o corpo humano não nos mantém paralisados, achatados e colados no chão – permite andar, correr, saltar. Mesmo a atração sofrida pelas 50 toneladas de metal na fuselagem de um avião comercial em voo é neutralizada pela mera sustentação do ar.

O segundo motivo é: mesmo se a atração gravitacional de corpos localizados a centenas de milhares (como a Lua) ou milhões de quilômetros (como o Sol e os planetas) de nós tivesse algum efeito perceptível sobre o corpo humano, como esse efeito poderia se traduzir em personalidades mais dinâmicas para pessoas nascidas em abril, e mais tímidas para os nativos de janeiro? Ou na data mais propícia para um casamento, ou para pedir empréstimo no banco? Não há lógica que ligue uma coisa à outra.

NA PRÁTICA

Toda essa teoria, no entanto, seria apenas mera curiosidade se a astrologia realmente funcionasse – isto é, se fosse um fato concreto, verificável, que (por exemplo) pessoas nascidas no início de janeiro (capricornianas) tendem a ter relacionamento difícil com quem é de meados de abril (arianas). Isso não acontece. Levantamentos estatísticos exaustivos já foram feitos e demonstraram que o signo astrológico não tem efeito nenhum sobre a personalidade e o comportamento humano, incluindo sobre a formação (ou dissolução) de relacionamentos.

Segundo Christian Rudder, criador do serviço de namoro on-line OkCupid, que agrega mais de 3 milhões de perfis individuais e cujo algoritmo busca prever a chance de "*match*" entre duas pessoas a partir das respostas dadas a um extenso questionário, signo zodiacal é uma característica que se destaca por "não ter efeito nenhum" sobre as chances de sucesso do casal.[17]

O mesmo resultado aparece em estudo conduzido pelo cientista social David Voas, cujos resultados foram publicados na revista *Skeptical Inquirer* em 2008.[18] Usando dados do censo da Inglaterra e País de Gales, Voas analisou as datas de nascimento de mais de 10 milhões de casais e não encontrou nenhum tipo de padrão que confirmasse a noção astrológica de signos compatíveis.

Há quem defenda que a astrologia baseada apenas no signo solar (aquele que aparece no horóscopo do jornal) oferece uma leitura superficial demais; que o que realmente importa é o mapa astral completo. Ainda que essa objeção fosse válida e a astrologia "de mapa astral" tivesse algum valor preditivo, um trabalho extenso como o de Voas, envolvendo mais de 20 milhões de pessoas, deveria detectar algum indício – um pequeno excesso, digamos, de casais formados por nativos de Touro e Virgem, signos solares tidos como altamente compatíveis.

Mesmo com todo o "ruído" que o restante do mapa poderia trazer – ascendentes, aspectos etc. – em uma amostra de milhões, algo que favorece compatibilidade deveria aparecer sob a forma de um número um pouco maior do que o esperado, um sinal perceptível, ainda que tênue, de casais compatíveis com a tal característica. O que não acontece.

Além de testes envolvendo grande número de pessoas e signos solares, existe uma grande literatura formada por testes que buscam, sim, avaliar a confiabilidade e validade de mapas astrais inteiros, em toda sua complexidade. Esses se dividem em dois tipos: de associação e de discriminação.

Testes de discriminação pedem a cidadãos comuns ou clientes de astrólogos que digam se uma determinada interpretação de mapa astral "bate" com suas personalidades. Resultados obtidos pelo menos desde a década de 1940 mostram que 80% das pessoas aceitarão afirmações lisonjeiras genéricas como específicas e precisas. Testes em que pessoas comuns escolhem, de um conjunto, qual a interpretação de mapa astral que melhor as descreve não atingem resultados melhores que o esperado pelo acaso.[19]

Um exemplo: em 1968, o psicólogo francês Michel Gauquelin enviou a mais de 500 leitores da revista *Ici Paris* perfis astrológicos gratuitos "personalizados" e pediu que os destinatários escrevessem de volta, informando se as interpretações de personalidade estavam corretas. Chegaram cerca de 150 respostas, e 94% delas consideraram o perfil "muito preciso" e "inteligente".

Uma das respostas, transcrita pelo psicólogo em um de seus livros,[20] dizia: "Reconheço-me facilmente nesse retrato psicológico, e são exatamente os meus problemas pessoais".

Mas Gauquelin havia pregado uma peça nos leitores da revista, enviando-lhes exemplares idênticos da leitura de um mesmo mapa astral – o do fraudador e assassino em série francês Marcel Petiot, responsabilizado por mais de 60 mortes e guilhotinado em 1946.

Durante a Segunda Guerra Mundial, com a França ocupada pela Alemanha, Petiot prometia ajudar judeus e outros cidadãos franceses perseguidos pelos nazistas a escapar para a América do Sul. Depois de receber o "dinheiro da passagem" dos clientes, Petiot lhes dizia que o governo do país que os receberia como refugiados exigia que todos fossem vacinados e, com esse pretexto, injetava-lhes veneno, matando-os.

Em seu livro *The Truth About Astrology* (A verdade sobre a astrologia), Gauquelin comenta que "todos tendemos a ver, no horóscopo, um espelho". E prossegue: "Mas ainda assim é perturbador que tantas pessoas tenham visto semelhanças com um perfil feito para servir a um único indivíduo – um assassino".[21]

O perfil, claro, não mencionava tendências homicidas. Na verdade, Petiot é descrito como alguém "banhado num oceano de sensibilidade que se difunde ao infinito e cruza correntes de amor pela humanidade".[22]

O trabalho de Gauquelin replicava, com um toque extra de ironia – o uso do mapa astral de um criminoso – experimento conduzido em 1937, também na França, pelo psiquiatra Louis Couderc. Ele publicou nos jornais um anúncio oferecendo horóscopos grátis para quem lhe escrevesse mandando data, hora de nascimento e um selo para o envelope da resposta. Recebeu centenas de solicitações, e respondeu a todas com exatamente a mesma "leitura astral". Mais de 200 de seus "clientes" replicaram comentando o material, com frases como "você leu minha vida como se fosse um livro".

Trabalhos assim mostram que não se devem levar a sério as defesas da astrologia feitas por fãs e clientes impressionados com a suposta "alta precisão" das avaliações biográficas e psicológicas feitas com base em mapas astrais. O caso de Petiot é especialmente instrutivo porque o assassino tinha uma personalidade muito peculiar – há relatos de que, na infância, torturava pequenos animais e já adulto, como combatente na Primeira Guerra Mundial, foi punido diversas vezes por roubar valores e objetos pessoais de outros soldados.[23]

Testes de associação, por sua vez, pedem que astrólogos associem corretamente mapas astrais a biografias ou perfis psicológicos. Se houver, por exemplo, dez mapas e dez biografias, e se o poder da astrologia de descrever personalidades for real, é de se esperar que, no mínimo, seis ou sete associações – com certeza mais do que apenas uma ou duas e, idealmente, todas as dez – sejam corretas: a chance de acertar pelo menos uma por pura sorte é de 90%.

Dezenas de estudos desse tipo, envolvendo centenas de astrólogos, conduzidos nos últimos 50 anos produziram resultados que são compatíveis com o esperado pelo acaso. O livro *Tests of Astrology*,[24] publicado na Holanda em 2016, é o maior e mais completo compêndio desses testes e análises.

Segundo os autores, entre 1950 e 2015 foram publicados 69 estudos em que astrólogos aceitaram o desafio de associar mapas astrais aos indivíduos para quem os mapas haviam sido traçados. Dependendo do desenho de cada teste, as características avaliadas podiam ser descrições biográficas completas ou apenas detalhes específicos, como profissão ou peculiaridades de personalidade. Uma análise estatística do conjunto mostra que a taxa de acerto é igual à que seria esperada se os astrólogos estivessem fazendo adivinhações ao acaso.

COMO FUNCIONA?

Nenhum desses resultados, no entanto, nega o fato de que, para muitas pessoas, a astrologia parece funcionar ou, às vezes, realmente *funciona* – no sentido de oferecer instrumentos e conceitos que ajudam o indivíduo a organizar suas ideias sobre o mundo, a vida e sobre si mesmo.

A primeira coisa a notar é que esse papel organizador e produtor de sentido da astrologia é compartilhado por inúmeras religiões, mitologias e ideologias. Todos esses são sistemas narrativos que têm em comum a característica fundamental de oferecer significado, conforto, orientação, *com ou sem base na realidade.*

Diferentes pessoas tiram benefícios, tanto sociais (amigos, trabalho, amantes) quanto emocionais (serenidade, senso de pertencimento, de identidade) ao aderir a sistemas ideológicos tão incompatíveis entre si quanto comunismo e liberalismo, e a religiões com metafísicas tão mutuamente contraditórias quanto cristianismo e budismo. O que importa não é se o sistema é verdadeiro – no sentido de suas alegações fundamentais corresponderem aos fatos –, e sim a presença de um esquema simbólico e de uma narrativa que mobilizem sentimentos profundos e ofereçam algum senso de coerência, ainda que apenas superficial.

A astrologia atende a essas demandas, além de contar com vantagens próprias (para si, não para seus clientes). Essas características especiais são duas: exaustividade e abertura. Vamos ver como é isso.

Todo mapa astral tem um número imenso de significantes em potencial: há, numa carta comum, milhares de pontos que se oferecem à interpretação, da posição do Sol e dos planetas em relação ao zodíaco, passando pela posição relativa dos planetas entre si, ângulos particulares, posições especiais etc. Isso garante que seja *possível ler qualquer coisa em qualquer mapa*. Uma leitura típica "contém cerca de quarenta fatores que interagem entre si, cada um com seu significado individual, todos sendo relevantes para a interpretação."[25] E esse número – quarenta – diz respeito apenas ao que há de mais básico na carta.

Quando o astrólogo conhece o cliente ou tem alguma informação sobre ele, isso permite dirigir a leitura para os aspectos que "fazem mais sentido" no contexto particular. Quando não conhece ou não tem nenhuma informação prévia, surgem as leituras genéricas que deixam escapar fatos cruciais – como a psicopatia de Petiot.

Um exemplo dessa infinita adaptabilidade das leituras de mapa astral aparece no livro *Recent Advances in Natal Astrology*[26] ("Recentes avanços em astrologia natal"), que registra como um profissional britânico, supondo analisar o mapa astral do líder soviético Vladimir Iliich Lênin, interpretou todos os aspectos e posições planetárias de modo perfeitamente consistente com a vida e a carreira do líder da Revolução Russa. Mas, na verdade, as posições planetárias usadas nos cálculos correspondiam a uma data 12 dias anterior ao verdadeiro nascimento de Lênin. "Dessa forma, pelo menos metade dos significadores estavam errados, mas ainda assim encaixaram-se com perfeição na vida e no caráter" do político russo, apontam os autores.

Esse infinito de possibilidades da leitura do mapa astral exaspera até mesmo a astrólogos profissionais. Escrevendo em 1982 para o *Astrological Journal* do Reino Unido, David Hamblin – que chegou a ser presidente da Associação Astrológica Britânica – comentava:

> Se encontro uma pessoa extremamente mansa e nem um pouco agressiva com cinco planetas em Áries, isso não me faz duvidar que Áries significa agressão. Talvez possa apontar o ascendente em Peixes, o Sol em conjunção com Saturno, ou o regente da décima-segunda casa; e, se nenhum desses álibis estiver disponível, posso simplesmente dizer que ela ainda não atingiu todo o seu potencial ariano. Ou argumentar (como já ouvi por aí) que, se uma pessoa tem um excesso de planetas num signo, a tendência será de suprimir as características do signo [...]. Mas se no dia seguinte eu encontrar alguém muito agressivo que também tem cinco planetas em Áries, minha conversa muda: direi que ela *tinha* de ser do jeito que é, por causa de seus planetas em Áries.[27] [Grifo no original.]

Já a abertura é uma característica daquele *modo astrológico de expressão* que comentamos mais cedo, e que aparece tanto nos mapas astrais quanto nos horóscopos de jornal. É o que faz com que centenas de pacatos cidadãos franceses se identifiquem com o mapa astral de um psicopata homicida e que milhares de leitores de colunas astrológicas publicadas pela imprensa aceitem as previsões feitas para seus signos.

É uma linguagem vaga que se estrutura em mensagens cheias de lacunas – lacunas que o leitor, já predisposto a ver alguma sabedoria ali, preenche por conta própria, com suas ansiedades particulares e detalhes autobiográficos, num processo conhecido como validação subjetiva.

Um exemplo é a previsão para 2022 do site Personare: "As previsões para 2022, segundo a Astrologia, indicam que vem aí um ano quente, com muitas coisas começando, novas frentes se abrindo e mais oportunidades".[28] Qualquer coisa, de trocar de namorado a adotar um gatinho a mudar de emprego se encaixa aí. Qualquer um, exceto talvez um prisioneiro trancado numa solitária, viverá algo que vai validar a previsão.

O mesmo Personare, em parceria com o jornal *Extra*, oferece a seguinte profecia para nativos de Touro: "A palavra de 2022 é reciprocidade

[...]. No trabalho, questionamentos podem surgir e você pode perceber que quer algo novo. Pode haver sobrecarga, estresse e insônia".[29] Além da presença dominante do verbo "poder", da expressão ambígua "algo novo" (Um cargo? Um horário? Uma sala? Um destino de férias? Mudar de empresa?), a frase "palavra do ano é reciprocidade" praticamente implora por validação subjetiva. E, claro, sobrecarga, estresse e insônia infelizmente são, no Brasil, rotina para assalariados e pequenos empresários.

QUAL O PROBLEMA?

Neste ponto alguém poderia perguntar: e daí que a astrologia é insustentável? Se há quem tire benefícios emocionais das consultas astrológicas, se há quem use as proclamações vagas e cheias de lacunas dos horóscopos para estruturar seus problemas pessoais, por que atrapalhar?

O primeiro ponto aqui é que quem decide recorrer à astrologia ou apoiar-se nela tem o direito de fazê-lo – mas tem também o direito de saber em que está se apoiando e a que está recorrendo, e de receber esse conhecimento de fontes que não estejam comprometidas com o violento marketing por trás de uma prática que movimenta um mercado global de bilhões de dólares.[30] Decisões responsáveis são decisões informadas, e decisões informadas requerem, com o perdão do pleonasmo, informação. O segundo é que, como mostram os exemplos no início deste capítulo, a crença na validade da astrologia está longe de ser inócua. Pode ter impacto importante sobre decisões de saúde e afetar oportunidades de trabalho e emprego. Pode até afetar políticas públicas: em 2015, um membro do Parlamento britânico propôs – a sério – que astrologia fosse adotada no sistema de saúde pública do Reino Unido como ferramenta auxiliar de diagnóstico.[31]

Não negamos que pode existir um "uso recreativo", inocente e até certo ponto inofensivo, de superstições e pseudociências, mas a linha que separa esse uso descontraído dos efeitos deletérios de se levarem bobagens "a sério demais" é muito tênue. No caso da astrologia, a única posição realmente segura é relegá-la aos livros de História.

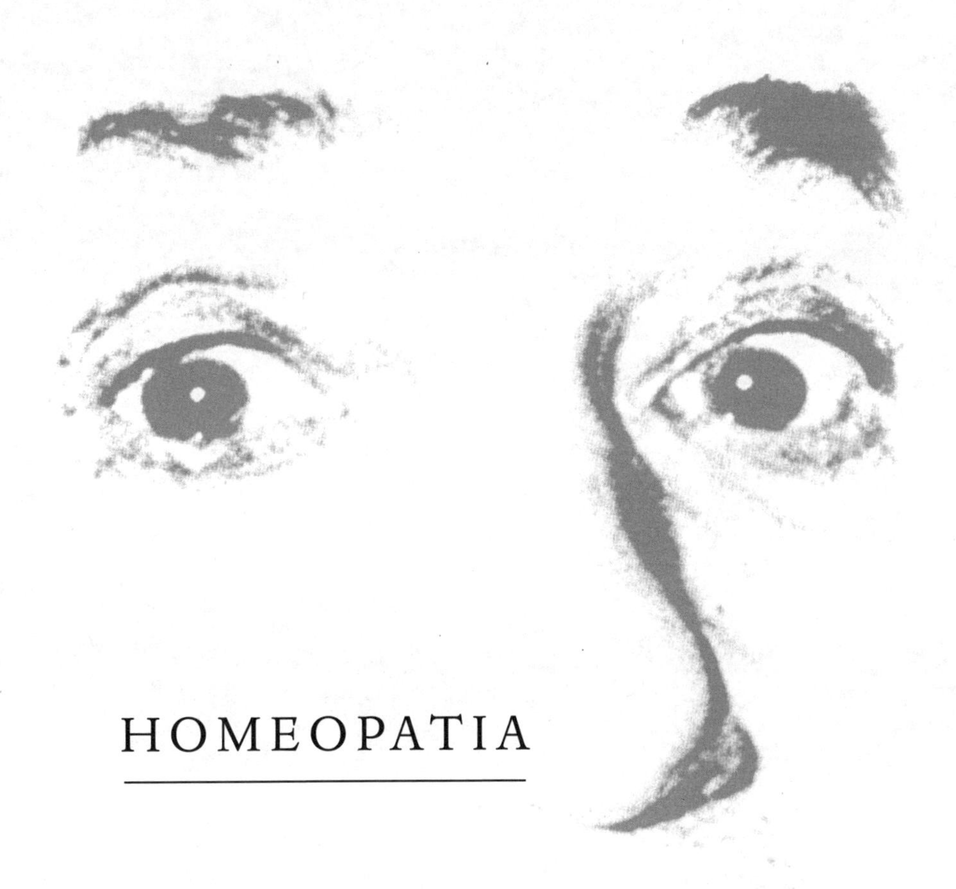

HOMEOPATIA

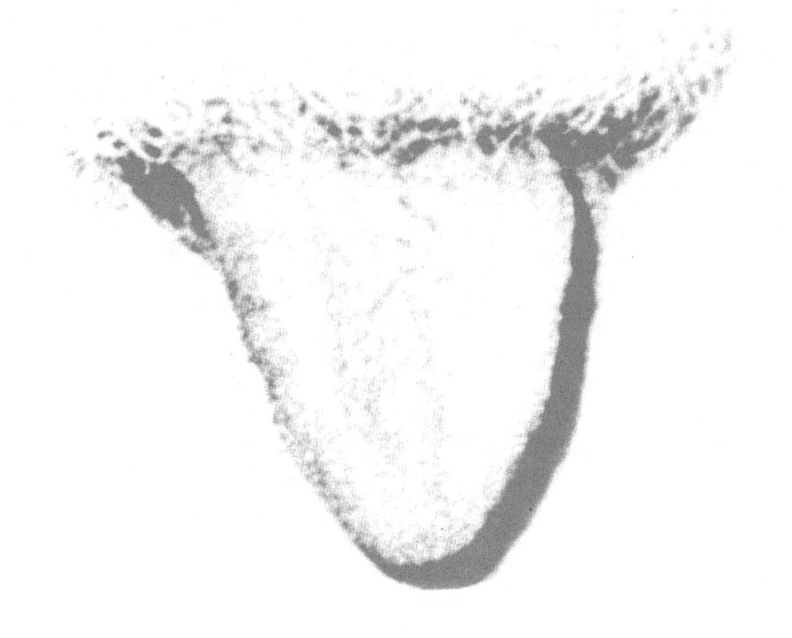

A homeopatia é uma das formas mais conhecidas de medicina alternativa. Goza de distribuição mundial e estimativas mais otimistas (para os homeopatas) apontam que movimenta um mercado de aproximadamente US$ 17 bilhões por ano nos EUA, com expectativa de crescimento para US$ 50 bilhões até 2028.[1] Estimativas mais conservadoras apontam movimentação de mercado de aproximadamente US$ 6 bilhões em 2020, com crescimento para até US$ 20 bilhões em 2030.[2] Análises globais mostram mercado mundial em torno de US$ 18 bilhões, com taxa de crescimento de 17,9% até 2030, concentrado na região da Ásia e do Pacífico, com atenção especial para China e Índia.[3]

Também bastante popular no Brasil, a homeopatia é amplamente utilizada por um público que na verdade não sabe muito bem do que se trata.[4,5] Pesquisa conduzida pelo

Center for Inquiry, associação sem fins lucrativos baseada nos EUA, mostrou que a maior parte das pessoas que compra produtos homeopáticos nas farmácias não sabe exatamente como são feitos, no que diferem de medicamentos convencionais e nem quais são os princípios da homeopatia.[6]

A pesquisa mostrou que quando os consumidores foram apresentados a esses dados, sentiram-se enganados e frustrados. Achavam que estavam adquirindo um remédio que foi testado e aprovado pela FDA (agência regulatória de medicamentos e alimentos dos EUA), da mesma maneira que qualquer outro produto.

Mas, afinal, o que é homeopatia? E por que se tornou tão popular, principalmente no Brasil, a ponto de receber o endosso do Conselho Federal de Medicina, como prática médica reconhecida, fato que a leva a ser ensinada em escolas de saúde como Medicina, Veterinária, Enfermagem, Saúde Pública, Nutrição e outras, nas melhores universidades brasileiras?

HISTÓRIA

A homeopatia nasceu em 1790, idealizada pelo médico alemão Samuel Hahnemann. Vale lembrar que, nessa época, a ciência ainda não sabia sobre microrganismos, doenças contagiosas e antibióticos, e não tinha sequer conhecimentos básicos sobre a importância da higiene na prevenção de doenças. A Medicina da época vivia um período de efervescência, com várias doutrinas e teorias disputando o posto de "verdadeira medicina científica". Entre os diversos paradigmas – ora em conflito, com alguns médicos considerando-os incompatíveis, ora em sinergia, com outros tentando conciliá-los –, havia o galênico, baseado nas ideias do médico grego Cláudio Galeno, que atribuía a doença a um desequilíbrio dos "humores", ou fluidos, do corpo humano (sangue, bile negra, bile amarela e fleuma), e o paracelsiano, baseado no pensamento do médico renascentista Paracelso, inspirado na alquimia, em que os elementos fundamentais da saúde eram enxofre, sal (cinzas) e mercúrio.[7]

O tratamento padrão dos galênicos era a sangria, para remover o excesso dos humores. Já os paracelsianos gostavam de poções contendo metais pesados tóxicos, como mercúrio. Hoje sabemos que nenhuma dessas condutas (sangrar o paciente ou fazê-lo ingerir metais tóxicos) é, em geral, benéfica para a saúde. Em 1790, a necessidade do ensaio clínico controlado (que discutimos da introdução deste livro) para testar a validade de uma hipótese ainda não era reconhecida.

A pratica da sangria consistia em fazer incisões em locais específicos do corpo – que estariam mais relacionados com este ou aquele humor – e permitir o extravasamento que restauraria o equilíbrio. Sanguessugas também eram utilizadas, assim como eméticos (para induzir o vômito) e laxantes. Já dá para imaginar que a emenda era pior do que o soneto, não? Muitas vezes, os pacientes morriam mais do tratamento do que da doença.

Durante a epidemia de febre amarela que atingiu a cidade americana da Filadélfia, em 1793, Benjamin Rush, um dos médicos mais renomados dos EUA, apesar de grande defensor da sangria, aceitou que seu uso era limitado e percebeu que precisava desesperadamente de uma alternativa. Infelizmente, convenceu-se de que usar purgativos era a melhor saída. Seu remédio preferido para tratar as vítimas da epidemia era o calomel, que contém mercúrio.[8] Os relatos autobiográficos de Rush contam maravilhas sobre o uso do calomel, quando na verdade a taxa de mortalidade dos seus pacientes durante a epidemia era altíssima, chegando a 50%, comparada à mortalidade média geral dos pacientes da doença na época, de 37%. Rush não era um charlatão querendo enganar pessoas. Na verdade, era um homem bem à frente do seu tempo, defensor dos direitos humanos e abolicionista. Muitos médicos fugiram durante a epidemia da Filadélfia: Rush ficou para tratar dos doentes. E morreu acreditando que havia salvado vidas com o calomel.

Nesse contexto de disputas teóricas ferozes e tratamentos estabelecidos que faziam mais mal do que bem, Hahnemann construiu um sistema alternativo para explicar as doenças e guiar seu tratamento. Nesse novo sistema, substâncias tóxicas, muitas já velhas conhecidas e tradicionais na medicina alquímica paracelsiana, eram administradas em doses extremamente baixas, altamente diluídas – hoje, sabemos que a maioria das diluições homeopáticas é tão intensa que não resta nenhum traço do suposto princípio ativo no medicamento administrado ao doente, que na verdade está consumindo apenas açúcar, água ou álcool, dependendo do caso.

Dá até para tentar um olhar caridoso, de que diante do absurdo da sangria e dos metais pesados justificava qualquer tentativa de tratamento menos desastrosa, e isso poderia explicar o suposto sucesso da homeopatia nesta época. O problema é que a história discorda. As ideias de Hahnemann nunca foram aceitas pela comunidade médica.[9]

Em 1842, o médico, poeta e ensaísta americano Oliver Wendell Holmes publicou um opúsculo com o título *Homeopatia e ilusões semelhantes*, no qual a prática é descrita como um "delírio" feito de "pretensões vazias".[10]

Hahnemann publicou seu primeiro artigo sobre homeopatia em 1796 e, em 1810, lançou a primeira edição do livro em que expõe os detalhes da doutrina, o *Organon da Arte de Curar*, que nessa edição original chamava-se *Organon da Medicina Racional*.[11]

Estes são os dois princípios gerais da homeopatia:

- **Princípio dos similares** – semelhante cura semelhante: algo capaz de provocar, numa pessoa saudável, sintomas análogos aos de uma doença deve ser capaz de curar essa mesma doença.
- **Princípio da diluição infinitesimal** – quanto mais diluído o princípio ativo, maior a sua potência.

Alguns homeopatas acrescentam um terceiro princípio:[12]

- **Princípio da experimentação em pessoas saudáveis** – os princípios ativos devem ser testados em pessoas saudáveis, para verificar se causam o efeito similar.

E outros apresentam ainda um quarto princípio:[13]

- **Princípio do medicamento único** – apenas um remédio homeopático deve ser dado por vez. Seria impossível aferir a eficácia de vários remédios dados ao mesmo tempo.

Os mais comuns, no entanto, e mais básicos para entender a homeopatia são os dois primeiros.

O princípio de que similar cura similar, ou seja, de que algo capaz de provocar os sintomas de uma doença pode ser a cura da mesma doença não encontra respaldo em nenhuma lei da Biologia ou Medicina. Além disso, a ideia, defendida em escritos de Hahnemann, de que as doenças deveriam ser encaradas apenas como conjuntos de sintomas, e que qualquer especulação sobre causas físicas internas, como danos nos órgãos, seria perda de tempo fazia algum sentido naquela época, quando os meios de investigar o funcionamento do organismo eram muito limitados. Assim, tratar dor nas costas com algo que causa dor nas costas em pessoas saudáveis ignora o fato de que a dor nas costas pode ser gerada tanto por uma costela fraturada como por uma pielonefrite (infecção que alcançou os rins). Os tratamentos indicados para essas condições são completamente distintos, e podemos identificar as causas e escolher o tratamento graças aos avanços da Medicina moderna. Para a homeopatia, a dor nas costas, independentemente da causa, poderia ser curada por algum princípio ativo que provoque dor nas costas, desde que ele seja diluído (para ficar mais potente).

Para encontrar os princípios ativos que seriam diluídos e utilizados como "semelhante" das doenças para tratá-las, Hahnemann e seus seguidores montaram um método para testar extratos de plantas, minerais e órgãos de animais. Esse método ficou conhecido como "prova" (não no sentido de prova matemática ou jurídica, mas de provar um doce, por exemplo). Vale lembrar que os conhecimentos farmacêuticos disponíveis naquela época eram parcos e, como o método científico de ensaio clínico ainda não havia se estabelecido, cuidados como a existência de um grupo controle (que não toma o princípio ativo, mas um placebo e também relata seus sintomas) ou o cegamento dos participantes (o participante não saber o que está tomando), por exemplo, não eram adotados.

O que Hahnemann e colegas faziam era observar sintomas em pessoas saudáveis após a ingestão das substâncias testadas, às vezes concentradas e às vezes diluídas poucas vezes.[14] Todos os sintomas manifestados (ou imaginados) pelos voluntários eram relatados durante três semanas. Essa informação foi compilada em um tratado intitulado *Materia Medica*. Alguns médicos homeopatas ainda seguem exclusivamente a edição legada por Hahnemann; outros aceitam versões ampliadas. Há no mercado algoritmos e aplicativos que permitem ao homeopata buscar eletronicamente o princípio que mais se ajusta ao conjunto de sintomas descrito pelo paciente.

Alguns exemplos de "princípios ativos" usados, originais de Hahnemann ou introduzidos mais tarde: arsênico para resfriados, influenza e diarreia; beladona para febre com convulsões e delírios; concha de ostra para indigestão; chá verde para insônia; fígado de pato para gripe; toxina de antraz extraída do baço de ovelhas doentes para furúnculos e gangrena; e petróleo para eczemas e doenças de pele.[15]

Mas não se preocupe se você já tomou algum desses remédios, pois eles seguem o segundo princípio da homeopatia e estão radicalmente diluídos. Embora haja algumas poucas exceções, o preparado homeopático típico dilui o princípio ativo até que não reste nenhuma molécula da substância original. Existem no mercado diluições que vão de 6X até 30C. O **X** romano, representando o número dez, significa uma diluição de uma parte de princípio ativo em nove de água. Ou seja, uma solução 6X foi diluída 1.000.000 vezes. Uma solução 30X está diluída 1.000.000.000.000.000.000.000.000.000.000 vezes.

O **C** romano, representando o número cem, significa uma diluição de 1/100. Uma solução 30C está diluída 10^{60} vezes, ou 1.000.000.000.000.000.000.000.000.000.000.000.000.000.000.000.000.000.000.000.000 vezes. Para se ter uma ideia, uma diluição desse tamanho, se não fosse obtida de maneira seriada, precisaria de um recipiente com mais ou menos 50 vezes o tamanho da Terra para receber uma só gota de princípio ativo, ou uma galáxia inteira para receber uma dose de medicamento equivalente a um copinho de café.[16]

Quando a diluição supera o grau de 10^{23}, é possível afirmar que não resta mais uma única molécula de princípio ativo no produto final. Ou seja, se algum produto homeopático perder o rótulo que vai no frasco, não há método analítico capaz de determinar qual o medicamento "presente" ali: qualquer teste vai detectar apenas o excipiente, porque é só o que existe. Isso gera também, entre outros problemas, a impossibilidade de fiscalizar a produção desse tipo de medicamento.

O princípio das diluições deve seguir também o pressuposto das sucussões, que agitam a solução. Hahnemann, nas diversas edições de sua obra, propôs diferentes regras para a sucussão, incluindo bater com o frasco na capa de uma Bíblia. A ideia geral é que as diluições precisam ser agitadas vigorosamente para que o "espírito" (ou "energia") do princípio ativo possa ser ativado. Alguns homeopatas modernos acreditam que as sucussões permitem que a água guarde uma "memória" do que foi diluído nela.[17,18]

Afirmar que, quanto mais diluído um composto, mais potente ele fica, contraria todas as leis da Química,[19] Física,[20] e Biologia.[21]

Quanto à memória da água: há mais de duas décadas, a revista *Nature* publicou artigo sugerindo que a água poderia preservar uma espécie de "memória" de materiais com que tivesse mantido contato,[22] mesmo na ausência do composto original.

Alguns homeopatas agarraram-se a essa hipótese como boia de salvação para sua doutrina, a despeito de problemas teóricos graves. Por exemplo, de toda a infinidade de moléculas diferentes com que cada gota d'água presente no planeta Terra já teve contato, como o preparado homeopático "saberia" qual a memória certa a preservar?[23]

A alegria dos homeopatas não durou muito: uma investigação conduzida no laboratório responsável pelos resultados demonstrou que o trabalho publicado na *Nature* havia sido produzido sob controles inadequados e não deveria ser considerado válido.[24]

Assim, vemos que alegar que a homeopatia gera benefícios específicos, para além do efeito placebo, é uma afirmação extraordinária. Não há qualquer explicação possível para uma suposta eficácia dessa prática que não contrarie completamente tudo o que sabemos hoje sobre ciência. Muito disso, Samuel Hahnemann ignorava – mas seus discípulos modernos não têm a mesma desculpa, e todas as tentativas de integrar conhecimentos modernos à prática, sem descaracterizá-la no que tem de essencial (a doutrina dos semelhantes e o suposto poder mágico das diluições) geram resultados grotescos.

Vamos tomar como exemplo um preparado homeopático comum, comercializado amplamente como um remédio para gripes, resfriados e, mais recentemente, claro, para covid-19. O Oscillococcinum, preparado da indústria homeopática francesa Boiron, é feito à base do fígado e do coração de um pato. Dadas a diluições usadas, da ordem de 10^{60}, é seguro afirmar que as pílulas de Oscillococcinum são 100% açúcar.

O suposto medicamento foi inventado há cerca de 100 anos pelo homeopata francês Joseph Roy, que acreditava ter descoberto o "germe universal" (que ele chamou de Oscillococci), uma bactéria responsável por causar, entre outras doenças, gripe, sífilis, reumatismo e câncer. Os Oscillococci existiriam por toda parte, mas, por alguma razão, Roy elegeu uma espécie de pato, *Cairina moschata*, como fonte ideal.

O fato de que Joseph Roy estava errado em tudo – gripe é causada por um vírus, não uma bactéria, os Oscillococci que ele acreditava ter visto no microscópio não existem, a ideia de um "germe universal" causador de todas, ou quase todas, as doenças é uma quimera – não impediu que sua invenção se convertesse num *best-seller*, e isso não parece incomodar em nada os homeopatas modernos, que deveriam estar familiarizados com o estado atual da teoria dos germes.

Trata-se, então, de um medicamento baseado num princípio ativo duplamente ausente: primeiro porque a própria diluição homeopática garante isso e, segundo, porque a bactéria que deveria estar lá, e que é a própria razão de ser do preparado, nunca existiu na realidade. É curioso notar que Roy tentava dar um verniz de atualidade à homeopatia, incorporando à prática um medicamento que parecia levar em conta a existência de microrganismos, algo ignorado no tempo de Hahnemann. Mas só produziu ridículo. Hoje, homeopatas que apelam para nanopartículas e Física Quântica agem da mesma forma, obtendo os mesmos resultados.

Encarando a ausência de plausibilidade biológica ou de qualquer traço de conexão com a ciência moderna, homeopatas argumentam que nada disso importa. Mesmo sem sabermos como funciona, e se funcionar? Não interessa o mecanismo, pode ser que no futuro a ciência explique, o que interessa é saber se há pacientes se beneficiando da prática.

Olhando para esse argumento, e ignorando o fato de que é importante, sim, desvendar mecanismos de ação, o fato é que a resposta para isso também é muito simples: a homeopatia já foi testada exaustivamente, e não funciona.

A HOMEOPATIA NOS TESTES CLÍNICOS

Como já vimos na Introdução, testes clínicos controlados, randomizados e com grupo placebo, os RCTs, são considerados o melhor método de avaliação de eficácia de medicamentos e terapias. Revisões sistemáticas e meta-análises são compilações de estudos, incluindo RCTs, que se forem feitas de maneira adequada, incluindo apenas estudos de boa qualidade, permitem uma visão geral de eficácia sobre o uso de medicamentos e terapias para determinadas condições clínicas.

A homeopatia já foi objeto de estudos de boa qualidade e falhou, miseravelmente, em todos, ao tentar mostrar-se superior a um placebo, ou seja, a uma pílula de açúcar ou farinha. O argumento de que mais estudos são necessários tem um limite: quanto basta? Duzentos anos já não é tempo suficiente?

Em 1998, a Colaboração Cochrane[25] conduziu uma meta-análise de remédios homeopáticos para asma, com resultados negativos. Uma meta-análise se propõe a analisar todos os trabalhos publicados sobre um determinado assunto, avaliar a qualidade de cada um e compilar os resultados para gerar um consenso sobre esse assunto. Outras revisões sistemáticas também concluíram que a homeopatia não tem efeito terapêutico nenhum além do placebo.[26,27,28]

Em 2005, a revista *The Lancet* publicou uma outra meta-análise, incluindo 220 trabalhos.[29] O resultado foi o mesmo: os autores concluíram que não há efeito da homeopatia além do placebo. Em 2006, o *European Journal of Cancer* demonstrou que a homeopatia não apresenta efeitos além do placebo em uma análise de seis trabalhos.[30] Até mesmo trabalhos produzidos por grupos de homeopatas (quando bem conduzidos) chegam à mesma conclusão, como um estudo publicado no *Journal of Alternative Medicine* em 2006, demonstrando a ineficácia de remédios homeopáticos contra diarreia.[31]

Também em 2005, houve uma tentativa da Organização Mundial de Saúde (OMS) de conferir endosso institucional à homeopatia. Os autores Cees N. M. Rencken, Tom Schoepen e Willem Betz, racionalistas da Bélgica e da Holanda, tiveram acesso ao documento da OMS e reportaram o caso na revista *Skeptical Inquirer*.[32] O documento, então ainda em fase de rascunho, argumentava em favor da homeopatia, para que se tornasse uma modalidade aceita pela OMS. Trazia referências já refutadas pela comunidade científica, como o infame artigo sobre a memória da água na *Nature*, e deixou de mencionar qualquer evidência ou revisão de literatura que apontasse que homeopatia não funciona. Talvez graças à denúncia dos céticos, o documento desapareceu num limbo e nunca se tornou política oficial da OMS.

Em 2009, o grupo Voice of Young Science, da ONG britânica Sense About Science (SAS), encaminhou uma carta aberta à Organização Mundial de Saúde, cobrando uma posição clara sobre o uso indevido de homeopatia para cinco doenças de circulação global e alto impacto em saúde pública: HIV, tuberculose, malária, influenza e diarreia infantil.[33] O diretor-geral respondeu confirmando que as respostas dos departamentos responsáveis por essas doenças expressavam claramente a opinião da OMS. Aqui, exemplos das respostas:

> Nosso tratamento e gerenciamento/diretrizes para tuberculose (TB) são baseados em evidências e nas Diretrizes Internacionais de Tratamento para TB. Não recomendamos o uso de homeopatia. – Dr. Mario Raviglione, diretor do departamento encarregado do programa de combate à tuberculose Stop TB, OMS
>
> O tratamento baseado em evidências para TB da OMS [...] não aceita medicamentos homeopáticos. – Dr. Mukund Uplekar, Estratégias e Sistemas de Saúde contra a Tuberculose, OMS
>
> O departamento de HIV/AIDS da OMS investe recursos humanos e financeiros consideráveis [...] para assegurar acesso à informação médica baseada em evidências e tratamentos para HIV com eficácia clínica comprovada [...]. Permita-me terminar congratulando os jovens médicos e cientistas da Sense About Science por seus esforços em garantir abordagens baseadas em ciência para tratar e cuidar das pessoas com HIV. – Dr. Teguest Guerma, diretor administrativo interino do Departamento HIV/Aids, OMS
>
> Obrigado por esta documentação excelente e por soar o alarme neste assunto [...]. O programa Malaria Global recomenda que o tratamento siga as diretrizes do guia de tratamento de malária da OMS. – Dr. Sergio Spinaci, diretor associado, Programa Mundial da Luta contra a Malária, OMS

> Nós não encontramos nenhuma evidência de que homeopatia traga qualquer benefício para o tratamento de diarreia em crianças [...]. A homeopatia não foca seu tratamento em prevenção de desidratação – em total contradição com a base científica e com nossas recomendações para o tratamento da diarreia. – Joe Martines, representante da Dra. Elizabeth Mason, diretora do Departamento de Saúde e Desenvolvimento da Criança e do Adolescente, OMS

Os trabalhos mais abrangentes e conclusivos foram feitos pelos governos da Suíça[34] em 2005; da Inglaterra[35] em 2010; da Austrália[36] em 2015, da França em 2019.[37] Esses resultados levaram ao fim do financiamento público da homeopatia na Suíça em 2005 e na Austrália em 2015.

A investigação australiana apresentou o seguinte resumo dos resultados:

> Baseado na avaliação dos resultados de efetividade da homeopatia, o NMHRC (Conselho Nacional de Pesquisa em Medicina e Saúde) concluiu que não há nenhuma condição de saúde para a qual a homeopatia se mostre eficaz. A homeopatia não deve ser usada para tratar condições crônicas, graves ou que possam se agravar. Pessoas que optam pela homeopatia estão colocando em risco sua saúde, ao recusar ou atrasar tratamentos que têm eficácia comprovada e são seguros.

Na Inglaterra, os hospitais públicos pararam de financiar homeopatia em 2018.[38] A França parou de reembolsar remédios homeopáticos em 2021.[39] É importante notar que a homeopatia não foi proibida nesses países. Ela apenas não será mais subsidiada pelo governo e os sistemas públicos de saúde não poderão mais prescrever remédios homeopáticos.

Os EUA, que não têm serviço de saúde pública de grande alcance, regulamentaram a homeopatia pela lei de direito do consumidor.[40] Produtos homeopáticos devem trazer na bula um aviso de que não são avaliados e aprovados como medicamentos pela agência regulatória de medicamentos e alimentos (FDA). De acordo com a regulamentação da Comissão Nacional de Comércio, órgão federal de defesa do consumidor contra fraudes e publicidade enganosa, a bula de homeopáticos deve conter os seguintes alertas:

1. Não há evidência científica de que este produto funcione.
2. As alegações deste produto são baseadas somente em teorias praticadas em 1700 e que não são aceitas pela medicina moderna.

No Brasil, em contraste, a homeopatia é considerada uma especialidade médica, reconhecida pelo Conselho Federal de Medicina, e faz parte da PNPIC (Política Nacional de Práticas Integrativas e Complementares), lançada em 2006. Segundo consta no site do Ministério da Saúde:[41]

> A PNPIC, instituída por meio da Portaria GM/MS nº 971, de 3 de maio de 2006, contemplou, inicialmente, diretrizes e responsabilidades institucionais para oferta de serviços e produtos da homeopatia, da medicina tradicional chinesa/acupuntura, de plantas medicinais e fitoterapia, além de medicina antroposófica e termalismo social/crenoterapia.

Dentro deste plano, a medicina alternativa ou integrativa/complementar é definida como:

> As Práticas Integrativas e Complementares (PICs) são tratamentos que utilizam recursos terapêuticos baseados em conhecimentos tradicionais, voltados para prevenir diversas doenças como depressão e hipertensão. Em alguns casos, também podem ser usadas como tratamentos paliativos em algumas doenças crônicas.

Já o Hospital Albert Einstein define:[42]

> Ela é focada na pessoa em seu todo, informada por evidências e faz uso de todas as abordagens terapêuticas adequadas, com profissionais de saúde e disciplinas para obter o melhor da saúde e cura (*health and healing*). A medicina integrativa propõe uma parceria do médico e seu paciente para a manutenção da saúde.

Mais adiante, acrescenta que "faz uso dos conhecimentos das medicinas tradicionais, como práticas meditativas, técnicas de respiração, relaxamento, atenção plena, uso de fitoterápicos, sempre baseados em evidências em relação à segurança e eficácia".

Parece complicado encaixar a homeopatia em conhecimento tradicional, já que se trata de prática inventada na Alemanha há aproximadamente 200 anos. Não há nada de tradição de povos originários ou indígenas do Brasil.

Outros países também parecem ter dificuldades de definir o que é medicina alternativa, onde práticas como a homeopatia estão inseridas.

A associação de medicina integrativa da Australásia usa a seguinte definição:[43] "uma filosofia de cuidados com a saúde focada no paciente como um indivíduo. Combina o melhor da medicina ocidental com terapias complementares baseadas em evidências".

Nos EUA, o Centro Nacional de Saúde Integrativa e Complementar (NCCIH) oferecia, até alguns anos atrás, a seguinte definição:

> Saúde integrativa oferece uma combinação de cuidados convencionais e complementares, de forma coordenada. Enfatiza uma abordagem holística, focada no paciente e sua saúde e bem-estar – geralmente incluindo aspectos mentais, emocionais, funcionais, espirituais e comunitários – tratando a pessoa como um todo, em vez de um sistema ou órgão. Busca o cuidado integrado entre terapeutas e instituições.

Hoje em dia é possível encontrar uma versão um pouco modificada, e ainda mais vaga, deste texto no site do Centro,[44] que admite que "os termos 'complementar', 'alternativo' e 'integrativo' estão em evolução constante" – basicamente (isso eles não dizem, mas não é difícil de deduzir) porque são inconsistentes e insustentáveis.

Assim, mesmo à luz de políticas de saúde pública que buscam valorizar o "conhecimento tradicional", a homeopatia não tem um encaixe adequado. Historicamente, a prática nasceu no meio médico europeu, seu criador estava envolvido nos debates científicos da época e pretendia estabelecer sua prática como a verdadeira ciência médica. Nesse sentido, o argumento de que seria injusto avaliar a homeopatia pelas regras do método científico é tão honesto quanto dizer que é injusto avaliar o desempenho do Brasil na Copa do Mundo pelas regras do futebol.

Quando os defensores da homeopatia são acusados de colocar a vida de pacientes em risco porque a lógica homeopática estimula o abandono de tratamentos convencionais, a culpa é daquele mau profissional específico que fez mau uso da homeopatia. Há evidências, no entanto, de que terapeutas alternativos em geral, e homeopatas em particular, formam a espinha dorsal de grupos que atentam contra a saúde pública, como movimento antivacinas[45] – o que, por pura questão de coerência ideológica, seria mesmo esperado.

MAS É SÓ COMPLEMENTAR!

Apesar de todas as evidências de que homeopatia não funciona, não tem plausibilidade biológica e não passa de um placebo, muitos praticantes continuam insistindo que, mesmo assim, a prática é válida porque "mal não faz" e porque integra o "melhor dos dois mundos" se for usada de forma complementar à medicina de base científica.

Argumentos recorrentes são de que a homeopatia não deve ser usada em substituição da medicina convencional, e que o médico homeopata que faz isso, usando apenas preparados homeopáticos para tratar o paciente, estaria sendo irresponsável. Nessa visão, o médico deve tratar doenças "sérias" com medicina de verdade, e doenças "menos sérias" com homeopatia. Não dá para deixar de indagar se essas doenças menos sérias não seriam na verdade doenças imaginárias, desconfortos passageiros ou uma série de doenças crônicas ou de resolução espontânea, de duração limitada pela própria natureza (como o resfriado leve que passa em uma semana com canja de galinha e em sete dias sem) ou especialmente suscetíveis ao efeito placebo.

O fato é que complementar um tratamento com açúcar e atenção não é necessariamente muito diferente de complementar com canja de galinha e abraço de mãe. Ou distrair e acalmar o paciente enquanto se espera a doença ir embora sozinha. Cuidados, compaixão e carinho são obviamente necessários e eficazes em qualquer atendimento de saúde e deveriam estar sempre presentes.

Na prática, o que vemos, principalmente na rede pública, são atendimentos apressados, profissionais sobrecarregados e pacientes que são mandados para casa após horas de espera, uma consulta de dez minutos e uma receita. Não é surpresa, pois, que os mesmos pacientes se sintam muito mais acolhidos e respeitados no consultório de um médico homeopata que lhes dispense atenção por pelo menos uma hora, mesmo que a receita do medicamento seja baseada em bolinhas de açúcar e pensamento mágico.

De qualquer modo, é falsa a ideia de que para tratar o paciente de forma holística, ou para dar-lhe protagonismo em seu tratamento, é preciso sair do universo da medicina dita "convencional". Todo bom médico está obviamente interessado em restaurar a saúde do seu paciente. Todo bom profissional também está interessado no bem-estar do paciente, o que inclui não só a queixa de saúde específica, mas todo o seu entorno. Todo bom profissional deve – ou deveria – estimular mudanças de hábitos para evitar doenças graves. Isso é o que os médicos fazem quando aconselham seus pacientes a parar de fumar, ter uma alimentação equilibrada e praticar exercícios físicos.

Se há falhas no sistema, seja por problemas de gestão (falta de tempo adequado para consultas, falta de insumos e centros de diagnóstico adequados) ou por falta de treinamento adequado (profissionais mal capacitados), deve-se trabalhar para aprimorar o sistema, e não "integrar" ali um outro sistema que, a pretexto de produzir algum conforto emocional, desperdiça recursos e legitima uma série de crenças e princípios sem base científica e que, se realmente levados a sério, podem produzir graves prejuízos, como no caso das doutrinas vitalistas que atribuem questões de saúde e doença a uma imaginária "força vital" e com isso minimizam a importância das vacinas, ou que defendem que todo tipo de doença pode ser curado ou evitado por meio de dietas e disciplina mental.

As PICs, incluindo a homeopatia, foram inseridas no SUS no início do século,[46] com o pretexto de que, ao promover bem-estar, ainda que não funcionassem como cura de coisa nenhuma, poderiam evitar doenças graves como câncer e cardiopatias, desonerando assim o sistema de saúde. No entanto, até hoje não há registro de um único estudo de acompanhamento para verificar essa alegação.

Nos EUA, em 1998, o Congresso incorporou o que era conhecido como o Office of Alternative Medicine (OAM), criado em 1992, ao

National Institutes of Health (NIH), dando origem ao National Center for Complementary and Alternative Medicine (NCCAM), com um orçamento anual de US$ 50 milhões. Esse orçamento aumentou para US$ 123 milhões em 2005. Em 2014, o NCCAM foi rebatizado como National Center for Complementary and Integrative Health (NCCIH), nome que preserva até os dias de hoje.

Em 2002, uma década após o estabelecimento do OAM, o editor da revista *Scientific Review of Alternative Medicine* disse:[47]

> Já é tempo de o Congresso extinguir os fundos para o NCCAM. Após dez anos de existência e mais de US$ 200 milhões de investimento, o centro não conseguiu comprovar eficácia de nenhum método alternativo. Encontrou evidência de ineficácia de métodos que já sabíamos, antes mesmo de sua criação, que não funcionavam. As propostas do NCCAM para 2002 e 2003 não são diferentes. Sua única conquista foi manter posições para docentes de faculdades de Medicina que estariam fazendo melhor uso do seu tempo em outro lugar.

Um artigo na revista *Skeptical Inquirer* (janeiro 2012)[48] também fez uma análise cuidadosa, 20 anos após a criação do OAM, e concluiu que colocar o Centro dentro do NIH foi uma estratégia para estudar cientificamente a legitimidade das práticas alternativas, mas que, depois de duas décadas e um investimento de US$ 2 bilhões, milhares de oportunidades de financiamento criadas e centenas de testes clínicos, ficara óbvio que a premissa era falsa. Não houve uma única descoberta de um novo – ou antigo – tratamento que se mostrasse eficaz. Os autores também indagam por que, após tanto tempo e tanto investimento, com nenhum retorno, o Congresso americano ainda não percebeu que o contribuinte está financiando um projeto inútil.

A "integração" das práticas alternativas, seja em programas públicos de fomento à pesquisa, como o NIH, seja na rede pública de saúde, como o SUS, confunde a população e pode desviar pacientes de seus tratamentos convencionais. Não há evidências de que tais práticas economizem dinheiro para os sistemas de saúde, mas há certamente evidências de que consomem dinheiro público, que poderia ser mais bem investido.

MAS FAZ MAL PARA O PACIENTE?

O preparado homeopático, se for bem-feito, e nas diluições mais comuns, não tem, como já vimos, uma única molécula de princípio ativo. Isso quer dizer que mesmo que o composto usado para fazer o remédio seja tóxico, o produto deve ser só água, álcool e/ou açúcar. Nesse sentido, não há dano algum em ingeri-lo. Tanto que é comum sociedades céticas pelo mundo organizarem brincadeiras midiáticas como "overdoses homeopáticas" em público. Uma das campanhas mais famosas foi a da Good Thinking Society britânica em 2010, que organizou uma "overdose" coletiva,[49] e batizou o movimento de Campanha 10^{23}, aproveitando para despertar curiosidade para a intensidade das diluições homeopáticas, justamente o "detalhe" da homeopatia que a maior parte da sociedade desconhece. O Instituto Questão de Ciência pegou emprestado o mesmo nome em 2019,[50] quando trouxe o diretor da Good Thinking Society da Inglaterra para lançar a campanha no Brasil. O slogan da campanha já diz exatamente que a "homeopatia é feita de nada". E "nada" não poderia fazer mal a ninguém, certo?

O problema não é o preparado homeopático em si, mas o que ele representa em mudanças de comportamento e aceitação do pensamento mágico como solução para problemas reais. Pacientes podem abandonar seus tratamentos médicos convencionais e optar por usar somente a homeopatia ou outra forma de medicina alternativa. Mesmo quando usada apenas de forma "complementar", pode fazer com que o paciente tenha menos aderência ao tratamento convencional, falte às consultas de acompanhamento, não cumpra todas as recomendações do médico e tenha menos confiança nos profissionais de saúde. O uso da homeopatia, por funcionar como qualquer outro placebo, pode mascarar sintomas e dar uma falsa impressão de melhora, atrasando diagnósticos de doenças que, se detectadas precocemente, têm alto potencial de resolução.

Em maio de 2002, a bebê de nove meses australiana Gloria Mary Thomas faleceu, acometida por uma doença dermatológica facilmente tratável, o eczema. O pai, médico homeopata fanático, recusou o tratamento convencional e tratou a bebê apenas com remédios homeopáticos.[51] Os pais foram condenados pela Justiça em 2009.

A atriz brasileira Dina Sfat foi diagnosticada com câncer de mama em 1986. Ela recusou cirurgia e tratamento e optou por se valer apenas de homeopatia, acupuntura e outros tipos de medicina alternativa. Faleceu em 1989, após metástases do câncer.

O menino de 7 anos Francesco Bonifazi morreu de encefalite após ser tratado exclusivamente com homeopatia, na Itália, em 2017.[52] Jacqueline Alderslade, de 55 anos, morreu na Irlanda após seu médico homeopata a ter aconselhado a parar com seus medicamentos para asma e seguir apenas com preparados homeopáticos em 2001.[53]

E, mesmo quando a homeopatia é usada apenas de forma "complementar", estudos demonstram que o uso – assim como o de outras práticas alternativas – impacta tratamentos e sobrevivência de pacientes com doenças curáveis, como diversos tipos de câncer que poderiam ser tratados.[54]

Não faltam tragédias e mortes em famílias que optaram por usar homeopatia e rejeitaram a medicina convencional, como relata o Primeiro Manifesto Global contra Pseudociências na Saúde, que conta com signatários de 44 países, incluindo a coautora deste livro, Natalia Pasternak.[55] O manifesto também cobra responsabilidade dos países e das organizações globais no combate ao endosso de práticas pseudocientíficas como a homeopatia.

COMO FICA A ÉTICA MÉDICA?

Artigos publicados em 2011 e 2012 no periódico *Bioethics*, de autoria do especialista escocês em Bioética Kevin Smith, defendem a posição de que a "homeopatia é eticamente inaceitável e deveria ser ativamente repudiada pelos profissionais de saúde".

Entre os pontos negativos da prática, Smith elenca a possibilidade de o paciente homeopático não procurar tratamento médico eficaz, "desperdício de recursos, promulgação de crenças falsas e um enfraquecimento do compromisso com a medicina científica".[56] Respondendo a críticos que atacaram suas conclusões, Smith reforça o fato de que a crença na eficácia da homeopatia é "marginal" na comunidade científica e não tem apoio em evidências.[57]

Outro aspecto ético relevante é o do consentimento informado, que pressupõe que o paciente seja adequadamente instruído sobre o tratamento ou o procedimento a ser realizado, sem sofrer nenhum tipo de coerção ou manipulação.[58] Essa informação clara e precisa sobre homeopatia não costuma aparecer nos consultórios, e a ética médica não admite a prescrição de placebos.[59]

Para fazer uma comparação, imagine que um médico, ao prescrever um antibiótico, deve explicar que esse remédio é indicado para o tratamento de infecções causadas por bactérias, para impedir que cresçam e se multipliquem. Essa informação, oferecida ao paciente para embasar a conduta médica, é lastreada em evidências científicas bem estabelecidas.

Agora imagine se um médico homeopata realmente informasse o paciente sobre o preparado homeopático. Talvez algo assim: "Para tratar o seu quadro gripal, eu vou usar um preparado baseado em uma teoria inventada há dois séculos na Alemanha. Essa teoria não tem base científica e contraria tudo o que sabemos hoje de Química e Física. O remédio que estou receitando é feito a partir do fígado de uma espécie de pato, dentro das premissas de que 'similar cura similar', e 'quanto mais diluído, mais potente'. Assim, acredito que o fígado do pato seja capaz de causar efeitos de gripe em uma pessoa saudável, e de acordo com a lógica da homeopatia, por isso deve ser capaz de curar doentes com os mesmos sintomas, como é o seu caso. Esse fígado de pato foi diluído na proporção de 10^{60}. Isso quer dizer que não tem mais nenhuma molécula de fígado na solução final, é só água. Mas a homeopatia acredita que a água tem memória, embora isso também nunca tenha sido comprovado cientificamente".

Será que, se as consultas fossem todas assim, ainda teríamos tantos usuários de homeopatia? Ou será que, assim como aconteceu com a pesquisa feita nos EUA pela ONG Center for Inquiry,[60] os pacientes, ao serem devidamente informados sobre o que é de fato a homeopatia, sairiam do consultório dizendo: "Mas que bobagem!".

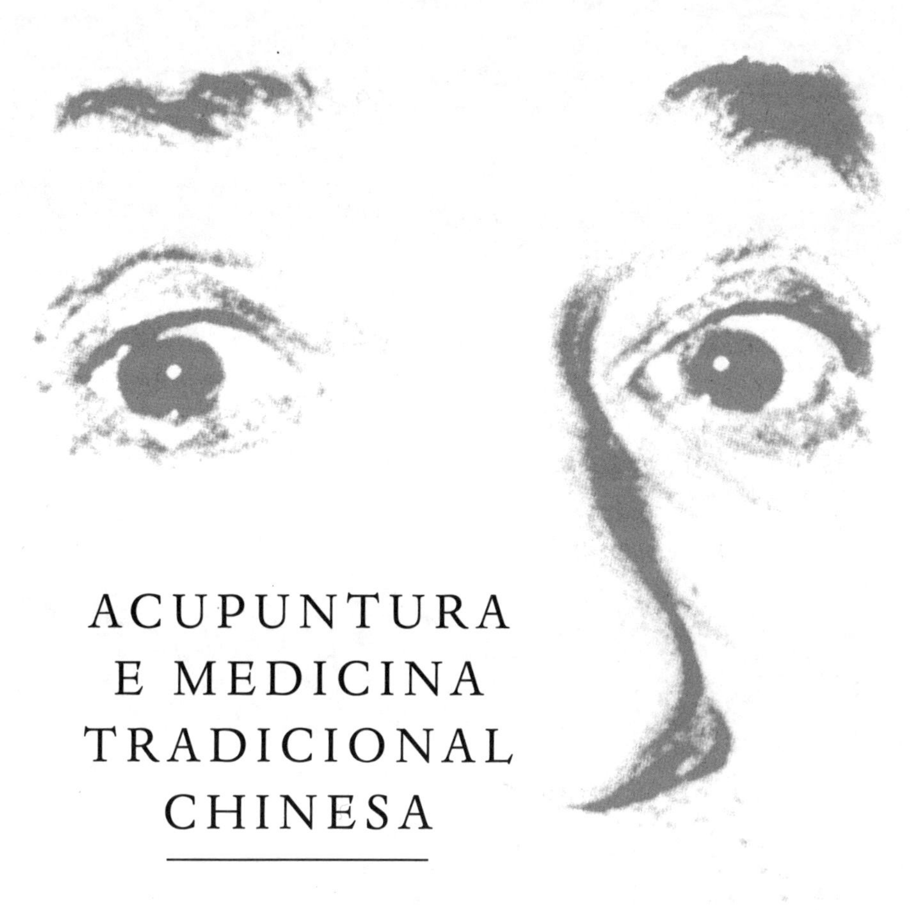

ACUPUNTURA E MEDICINA TRADICIONAL CHINESA

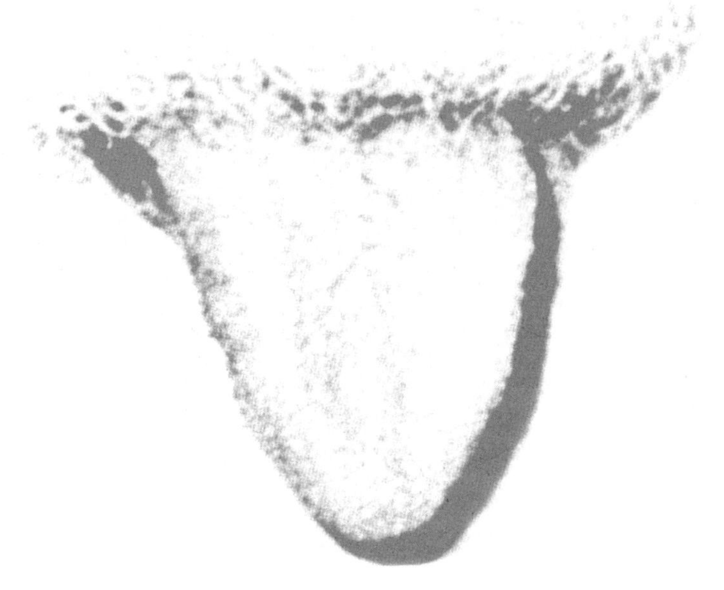

A "tradição" por trás do termo "Medicina Tradicional Chinesa" (MTC) é bem recente. A expressão foi cunhada por Mao Tsé-tung, líder da Revolução comunista que conquistou o poder na China em 1949, para agregar diversas formas de folclore sobre saúde e curandeirismo tradicional existentes no território chinês. Reúne práticas como acupuntura, uso de ervas e plantas tidas popularmente como curativas, "moxabustão" (compressa de ervas quentes nos pontos de acupuntura), práticas físicas como tai chi, qigong, e variações mais modernas da acupuntura, como auriculoterapia (acupuntura nas orelhas) e acupuntura com laser. Tudo isso, segundo os praticantes, funciona reequilibrando a energia vital (chi), o balanço entre yin e yang e a relação entre os cinco elementos do universo: madeira, terra, fogo, água e metal.

Existia inicialmente muito pouca consistência interna no sistema que foi construído ao longo de décadas de elaboração intelectual na China pós-Revolução. Como apontou editorial da *Revista Questão de Ciência* em outubro de 2019, na origem, a MTC seria mais ou menos como se a ditadura brasileira de 1964-85 tivesse resolvido juntar num mesmo balaio o passe espírita, a pajelança, a ayahuasca, as receitas de chá da vovó, as garrafadas, os rituais de benzedeira e chamar tudo de "Medicina Tradicional Brasileira".[1]

No site do Centro Nacional de Saúde Integrativa e Complementar dos EUA, encontramos a seguinte descrição:[2] "A Medicina Tradicional Chinesa (MTC) vem evoluindo há milhares de anos. Os praticantes da MTC usam abordagens psicológicas e/ou físicas (técnicas como acupuntura e tai chi) e remédios baseados em ervas para tratar condições de saúde".

Já o Ministério da Saúde no Brasil, na página das Práticas Integrativas e Complementares (PICs), define:[3]

> A medicina tradicional chinesa (MTC) é uma abordagem terapêutica milenar, que tem a teoria do yin-yang e a teoria dos cinco elementos como bases fundamentais para avaliar o estado energético e orgânico do indivíduo, na inter-relação harmônica entre as partes, visando tratar quaisquer desequilíbrios em sua integralidade. A MTC utiliza como procedimentos diagnósticos, na anamnese integrativa, palpação do pulso, inspeção da língua e da face, entre outros; e, como procedimentos terapêuticos, acupuntura, ventosaterapia, moxabustão, plantas medicinais, práticas corporais e mentais, dietoterapia chinesa. Para a MTC, a Organização Mundial da Saúde (OMS) estabelece, aos Estados-membros, orientações para formação por meio do Benchmarks for Training in Traditional Chinese Medicine.
>
> A acupuntura é uma tecnologia de intervenção em saúde que faz parte dos recursos terapêuticos da medicina tradicional chinesa (MTC) e estimula pontos espalhados por todo o corpo, ao longo dos meridianos, por meio da inserção de finas agulhas filiformes metálicas, visando à promoção, manutenção e recuperação da saúde, bem como a prevenção de agravos e doenças. Criada há mais de dois milênios, é um dos tratamentos mais antigos do mundo e pode ser de uso isolado ou integrado com outros recursos terapêuticos da MTC ou com outras formas de cuidado.

> A auriculoterapia é uma técnica terapêutica que promove a regulação psíquico-orgânica do indivíduo por meio de estímulos nos pontos energéticos localizados na orelha – onde todo o organismo encontra-se representado como um microssistema – por meio de agulhas, esferas de aço, ouro, prata, plástico, ou sementes de mostarda, previamente preparadas para esse fim. A auriculoterapia chinesa faz parte de um conjunto de técnicas terapêuticas que têm origem nas escolas chinesa e francesa, sendo a brasileira constituída a partir da fusão dessas duas. Acredita-se que tenha sido desenvolvida juntamente com a acupuntura sistêmica (corpo), que é, atualmente, uma das terapias orientais mais populares em diversos países e tem sido amplamente utilizada na assistência à saúde.

Na Organização Mundial de Saúde, encontramos o relatório de terminologias internacionais padronizadas para medicina tradicional chinesa,[4] que traz a definição de 3.415 termos de MTC, padronizados e definidos em inglês, para facilitar o uso da MTC por profissionais de saúde, tomadores de decisão em políticas públicas e público em geral. O catálogo traz definições de yin e yang, os cinco elementos e como se relacionam com saúde e equilíbrio energético, o "chi", e diversos diagnósticos envolvendo órgãos (reais ou imaginários) do corpo humano, observações da língua e "tipos" de pulsação, assim como sabores, sensação de calor e frio, emoções e condições ambientais (calor, seco, frio, úmido).

Exemplos das terminologias incluem descrições dos cinco elementos, e como se relacionam com as cinco estações do ano (primavera, verão, verão tardio, outono e inverno), as cinco cores (verde, amarelo, vermelho, branco e preto), os cinco sabores (doce, amargo, azedo, pungente e salgado), as cinco transformações (nascimento, crescimento, transformação, colheita e armazenagem) e até mesmo cinco notas musicais.

O documento também traz descrições dos seis órgãos internos "fu" (bexiga urinária, vesícula, estômago, intestino grosso, intestino delgado e "sanjiao", traduzido como "energizador triplo"), e os cinco órgãos "zang" (coração, fígado, baço/pâncreas, rins e pulmões). Descreve também como os órgãos se conectam e se regulam entre si e com os cinco elementos, cores, estações etc. Por exemplo, o coração abriga o espírito, e os rins abrigam a vontade. O coração se reflete na língua, e o seu "fluido" é o suor. Já os rins se refletem nas orelhas, e o seu fluido é saliva grossa. Na parte de diagnósticos, encontramos várias referências aos estados do "chi", e na parte de tratamento, o uso de plantas, alimentos e dicas de como tratar o paciente de acordo com a estação do ano, o local geográfico, a idade, tipo e constituição física e gênero.

Todos os diagnósticos e tratamentos são baseados em balancear calor e frio, seco e úmido, e variações que podem ser encaixadas em yin e yang e nos cinco elementos. Não há, apesar das tentativas de praticantes modernos de MTC, como desconectar a MTC da metafísica e da mitologia, e a tentativa dos defensores desse sistema de traduzir o discurso mitológico em realidade fisiológica e anatômica é forçada, irrealista e chega a soar como má-fé. Não faz mais sentido do que fingir que a doutrina dos três elementos postulada pelo médico renascentista Paracelso – enxofre, sal e mercúrio –, que mencionamos ao discutir o estado da Medicina ocidental na época em que a homeopatia foi criada, realmente tem relevância clínica inventando uma "Medicina Tradicional Europeia" a partir disso.

MTC é filosofia, ideologia, mitologia. Seus componentes certamente têm valor histórico e cultural. Mas não valor científico e/ou médico. Ela não tem plausibilidade biológica ou base em conhecimentos de Fisiologia, Anatomia, Microbiologia. Quando o órgão "aquecedor/energizador triplo" foi postulado, acreditava-se que era realmente parte da anatomia humana. O conhecimento anatômico evoluiu, mas diagnósticos de doenças associados ao órgão continuam fazendo parte da literatura e dos catálogos de termos técnicos internacionais. A existência da energia "chi" e dos meridianos supostamente ligados aos órgãos e funções humanas nunca foi demonstrada, e como hipótese só é útil por causa das práticas de MCT. É um círculo vicioso: diz-se que a MTC atua sobre o "chi" e os meridianos, mas a única razão para falar em meridianos e "chi" é porque a MTC os requer. É como se a única razão para acreditar que "ossos" existem fosse a palavra dos ortopedistas.

Apesar disso, em 2019, a MTC foi incluída no décimo primeiro volume da Classificação Internacional de Doenças (CID).[5] Em nota, a OMS diz que a organização não endossa a utilização da MTC, nem recomenda nenhum tratamento "tradicional" específico, mas que a inclusão dá aos médicos a chance de diagnosticar os pacientes utilizando tanto as categorias da MTC quanto as da medicina "ocidental".[6]

Ao incluir categorias de diagnóstico da MTC no principal guia global de doenças, a OMS oferece uma pátina de legitimidade à superstição dos meridianos e das forças vitais. Por exemplo, o diagnóstico SG26, presente no novo catálogo, permite atribuir sintomas que podem ser sinais de uma doença grave como meningite (dor de cabeça intensa, forte dor na espinha) a uma "disfunção do meridiano da bexiga".

Ou a "síndrome de sede debilitante", caracterizada por fome excessiva e aumento do fluxo de urina, explicada por um desbalanço nos fluidos "yin" do pulmão, rins e baço, e geração de calor no corpo. O tratamento recomendado é balancear o equilíbrio de yin/yang, calor e frio, com alimentos "frios", como chá de espinafre, aipo e grão de soja, além de acupuntura e moxabustão. Um médico convencional provavelmente veria os sintomas como um sério alerta de diabetes e pediria exames para confirmar. Atrasar ou impedir um diagnóstico de diabetes coloca a vida do paciente em perigo.

O efeito de uma fonte de referências que vem diretamente da OMS, um documento que usa mitologia para classificar milhares de doenças e diagnósticos, não deve ser negligenciado. O CID internacional influencia profissionais de saúde do mundo todo em como fazem seus diagnósticos, afeta como as seguradoras de saúde reembolsam procedimentos, o que será ou não coberto pelos planos de saúde e como os sanitaristas e líderes de saúde pública avaliam estatísticas de mortalidade.[7]

Não importa quantas desculpas e ressalvas os burocratas da Organização Mundial da Saúde ofereçam (por exemplo, ao alegar que o capítulo sobre MTC no CID-11 é de "uso opcional"): é quase impossível olhar para o novo CID e não imaginar que, para a OMS, mitologia, folclore, charlatanismo e mistificação agora têm o mesmo *status* que pesquisa científica séria.

De maneira análoga, aqui no Brasil o Conselho Federal de Medicina, um órgão de classe, fecha os olhos para a questão da legitimidade científica e reconhece a acupuntura como prática médica, assim como a homeopatia, como já vimos. E nosso Ministério da Saúde permite que o Sistema Único de Saúde patrocine mais de duas dezenas de terapias (são hoje 29 práticas integrativas e complementares oferecidas no SUS) cuja base de evidência é tão ou mais frágil que a da MTC.

MERCADO

O mercado internacional de MTC, incluindo comércio de plantas, animais, minerais e produtos derivados e / ou processados, utilizados com a premissa de prevenir ou tratar doenças, movimenta bilhões. Em 2019, o total de importação / exportação de *commodities* de MTC na China chegou a US$ 6,17 bilhões, sendo aproximadamente US$ 4 bilhões em exportações, com taxa de crescimento anual de até 2,8%, e total de importações em US$ 2 bilhões, com taxa anual de crescimento 15,9%.[8] O volume total de importações / exportações de MTC da China com outros países está em ascensão desde 2001, com a entrada da China na Organização Mundial do Comércio (OMC). Os anos de 2001 a 2014 foram considerados um período de ouro para produtos de MTC: o volume de comércio passou de US$ 394 milhões para US$ 3,1 bilhões em 2014, com taxa de crescimento ao ano de 17,89%. Depois de uma pequena queda em 2014, o volume voltou a crescer, mas de forma menos acentuada. Os principais mercados que exportam para a China são EUA e Índia, e os maiores consumidores de exportação são EUA e Japão.

No mercado global, a movimentação de MTC foi avaliada em US$ 201 bilhões em 2021, com projeções de expansão, chegando a US$ 310 bilhões em 2027.[9]

O número de hospitais oferecendo MTC na China cresceu de 2,5 mil em 2003 para 4 mil em 2015, segundo reportagem na revista *The Economist*. Desde 2011, o número de profissionais licenciados no país cresceu 50%, chegando a 452 mil. Aproximadamente 60 mil produtos de MTC foram aprovados pela agência regulatória chinesa, o que representa um terço do mercado farmacêutico da China.[10]

Há um esforço deliberado do governo chinês em promover a MTC, inclusive como ferramenta de *soft power* – isto é, influência cultural, diplomática e política. O presidente Xi Jinping é um dos maiores promotores e propagandistas da MTC. Em 2016, o governo publicou um documento exaltando as qualidades da MTC e seu "impacto positivo no progresso da civilização humana", também se referindo à MTC como uma "nova fonte de crescimento para a economia chinesa". Em 2017, uma lei foi aprovada requerendo que todos os governos locais da China incorporassem MTC nos hospitais, conferindo-lhe o mesmo tratamento e *status* oferecidos ao que chamam de "medicina ocidental".[11]

Durante a pandemia de covid-19, as tentativas de legitimar e incorporar a MTC ao tratamento da doença foram ainda mais agressivas: uma lei foi proposta pelo município de Pequim para punir e criminalizar declarações críticas à MTC.[12]

O projeto, divulgado em 29 de maio de 2020, dizia que a "difamação e calúnia contra MTC estão proibidas, e casos graves serão punidos de acordo com as leis criminais".[13] O artigo 56 estipulava que quem "denegrir[14] ou estigmatizar MTC será considerado culpado de perturbar a ordem pública, e sofrerá sanções administrativas aplicadas pelos órgãos de segurança pública locais. Se o caso constituir crime, a responsabilidade criminal será investigada de acordo com a lei penal". Reportagem do *Global Times*, um jornal em inglês publicado na China, de dezembro de 2020, traz a notícia de que após reclamações internas e internacionais sobre o projeto de lei, os artigos que puniam críticas à MTC foram retirados.

A propaganda da MTC ultrapassa fronteiras. O governo chinês promove sua mitologia através dos diversos Institutos Confúcio espalhados pelo mundo, inclusive no Brasil.[15] O primeiro Instituto Confúcio brasileiro foi criado na Universidade Estadual Paulista (Unesp). Há ainda Institutos Confúcio na Universidade Federal do Rio Grande do Sul (UFRGS), na Universidade de Brasília (UnB), Universidade Federal de Minas Gerais (UFMG), na Pontifícia Universidade Católica do Rio de Janeiro (PUC-Rio), na Universidade do Estado do Pará (UEPA), na Universidade Estadual de Campinas (Unicamp), na Universidade de Pernambuco e na Universidade Federal do Ceará (UFC).

A Universidade Federal de Goiás (UFG), por sua vez, conta com um Instituto Confúcio dedicado especialmente à MTC, inaugurado no fim de 2022.[16] *Soft power*, de fato.

HISTÓRIA

Em 1973, textos médicos foram descobertos nos túmulos de Mawangdui, na província chinesa de Hunan, datados de 168 a.e.c. Esses escritos descrevem técnicas similares ao que vemos hoje como parte da MTC, incluindo acupuntura, mas também rituais mágicos, encantamentos, práticas sexuais. O uso de pedras pontiagudas é recomendado várias vezes, assim como o da moxabustão. Não há referência a pontos específicos do corpo para aplicação das pedras ou das ervas, como hoje se vê nos guias de acupuntura.[17] A primeira referência à acupuntura em si data de 90 a.e.c., citada na biografia de um médico antigo que aparece no *Shiji*, livro de registros clássico de Sima Qian que se propõe a relatar 2 mil anos de história chinesa. Os textos de Mawangdui descrevem 11 vasos por onde acreditava-se correr sangue, e também chi.[18]

O primeiro manuscrito que descreve uma prática que poderia ser precursora da acupuntura moderna é o *Huang-ti Nei-ching*, ou *Clássico Médico do Imperador Amarelo*, que data aproximadamente do século III a.e.c.[19] O livro é escrito como um diálogo entre o imperador mitológico Huangdi e seu médico, trazendo uma visão da filosofia taoísta sobre a saúde, onde as doenças são causadas por desequilíbrio entre as forças vitais yin e yang, e influenciadas pelos cinco elementos terra, madeira, metal, fogo e água.

Esse livro descreve 12 vasos, e também o conceito de um agente causador de doenças: um demônio chamado Hsieh, que podia se alojar nesses vasos e interromper o fluxo sanguíneo. O conceito de chi – ou energia vital, como dizem os acupunturistas modernos – vem do termo *hsieh-chi*, ou influências malignas. Como era normal para a época, os chineses antigos acreditavam que as doenças eram causadas por demônios ou espíritos. O vento era considerado um demônio, e acreditava-se que esse espírito maligno residia em cavernas.

Nos textos em que a acupuntura começa a ser descrita como uma prática, os termos "cavernas" ou "túneis" são utilizados para designar buracos na pele por onde os demônios podem entrar e sair. A prática de inserir agulhas (ou objetos pontiagudos) nesses pontos deveria liberar os demônios e restaurar o equilíbrio e, logo, a saúde. Os acupunturistas modernos gostam de usar o termo "energia", mas o registro histórico deixa claro que a prática dita milenar acreditava em ventos e demônios, de forma bastante literal, e que o uso de agulhas – até porque nem tinham sido inventadas ainda – era inexistente. A maior parte das referências encontradas fala em uso de objetos pontiagudos e incisões em pontos específicos para provocar sangramento. Não há nada sobre meridianos e fluxo de energia.

Segundo o historiador Paul Unschuld, existem alguns elementos reconhecíveis na literatura chinesa antiga que poderiam ser precursores de um desenvolvimento multilinear que leva à acupuntura moderna: primeiro, a prática descrita nos textos antigos de abrir abcessos para sangrar, dentro do contexto de demonização. Segundo, nos textos do *Huang-ti Nei-ching*, a referência à sangria em pontos específicos para liberar o "sangue ruim". O praticante é claramente instruído ali a usar objetos pontudos para permitir o fluxo de sangue. Finalmente, a moxabustão é mencionada antes de qualquer tipo de agulha, possivelmente porque o termo "ch'i" também quer dizer "vapor subindo", sugerindo que o calor pode estimular sua saída.[20]

Durante o século XX, no Ocidente, também não há registro de pontos de acupuntura, as agulhas eram simplesmente inseridas próximas ao local da dor. A primeira pessoa a usar o termo "meridiano" ou "energia" para se referir ao chi foi Georges Soulie de Morant, na França, em 1939.[21]

No início do século XX, a acupuntura estava praticamente abandonada na China.[22] Os chineses assimilavam com entusiasmo a ciência moderna. Intelectuais chineses dessa época consideravam a acupuntura uma superstição, irracional e retrógrada. Mesmo o Partido Comunista Chinês, no início, via as tradições populares de saúde com desconfiança:[23]

> Nossos estudiosos não entendem de ciência, por isso usam conceitos de yin-yang e crenças nos cinco elementos para confundir o mundo [...] Nossos médicos não compreendem a ciência, não sabem nada de anatomia humana, assim como nunca ouviram falar sobre doenças bacterianas e infecções. O chi nunca será compreendido nem que vasculhemos o universo atrás de evidências. Todas essas crendices irracionais e superstições podem ser corrigidas na raiz pelo uso da ciência.[24]

Essa citação reflete bem o sentimento anterior à decisão de Mao Tsé-tung de promover a MTC. A prática da acupuntura ficou restrita às áreas rurais da China, com menos acesso à informação. No período de 1927-36, não houve uma única publicação sequer sobre acupuntura nas revistas científicas chinesas. Então, como foi que MTC se tornou popular no mundo todo e um dos principais produtos de *soft power* e importação/exportação da China?

Como dissemos no início do capítulo, essa mudança está associada à revolução médica do governo de Mao Tsé-tung. Foi uma revolução reacionária: Mao fez a medicina chinesa andar para trás.

Quando a República Popular da China se formou, após a vitória dos comunistas, a maior parte do país era rural e não tinha acesso à assistência médica profissional. Os hospitais estavam concentrados em grandes cidades e, mesmo assim, eram poucos. Mao Tsé-tung havia prometido prover saúde adequada para toda a China, mas não tinha recursos, nem pessoal capacitado. Ele resolveu então promover as práticas antigas e unificá-las, sob um termo inventado por ele mesmo: a Medicina Tradicional Chinesa (MTC).

Em seu livro de memórias, o médico pessoal de Mao, Li Zhisui, reproduz a seguinte fala, atribuída ao líder supremo da Revolução: "Embora acredite que devemos promover a Medicina Chinesa, eu mesmo não acredito nela. Não uso Medicina Chinesa".[25] Promover a MTC foi um ato político, não uma decisão científica.

Resolver a demanda por saúde pública passava pelo desafio da falta de recursos, e a promessa de Mao de levar atendimento gratuito para toda a China. A resposta encontrada foi promover a MTC dentro do programa dos "médicos descalços", que treinava camponeses e trabalhadores para atuar como médicos comunitários, com base em MTC.

Como medicamentos e insumos eram caros, usar acupuntura e remédios à base de ervas era uma combinação perfeita: tinha custo baixo e promovia nacionalismo. Alguns autores também defendem que dava à população um senso de participação ativa na ciência e na saúde, e a noção de que todos os cidadãos eram iguais. Mao Tsé-tung observara, no final dos anos 1940, que a China tinha 540 milhões de habitantes e 51 mil médicos treinados no Ocidente, que só conseguiam trabalhar com equipamentos e medicamentos caros e fabricados no exterior. No começo da década de 1950, Mao combinou praticidade com nacionalismo, e decidiu inventar a MTC. Em 1955, havia no país 70 mil médicos com formação científica e 360 mil praticantes de medicina chinesa. Em 1965, Mao alterou todo o treinamento médico, diminuiu o tempo necessário para conclusão dos estudos e modificou o currículo para incluir doutrinação política, treinamento físico e experiência rural.[26]

Se por um lado o treinamento dos médicos descalços incluía noções de higiene, saneamento básico, controle epidemiológico de doenças infecciosas, tratamento de água – o que realmente contribuiu para a melhora da qualidade de vida e diminuição de algumas doenças, como esquistossomose –, por outro, confiar em agulhas e ervas para tratar condições mais sérias não tinha como dar certo.

Como conta a historiadora Morgan Gross, "logo ficou óbvio que os médicos descalços eram a tempestade perfeita para imperícia médica. O conhecimento limitado, combinado à falta de supervisão, levava a frequentes erros de diagnóstico. A história oral sobre os médicos descalços conta que, em toda a China, o maior problema era falta de conhecimento". Um médico idoso de Shandong conta que, embora tenha estudado na escola de saúde, na prática sentia-se sempre perdido. Outro relata que praticou medicina nos anos 1960, mas sem nenhum preparo. Apenas em 1973 recebeu um treinamento de seis meses. A autora ainda acrescenta que a zona rural não tinha acesso a luvas, medicamentos ocidentais ou mesmo autoclaves para esterilizar materiais. O controle de contaminação e infecção era impossível.

Dos tratamentos oferecidos pelos médicos descalços, estimativas apontam para 10% de medicina nativa (definida como práticas folclóricas espontâneas, diferente da MTC, normatizada e promovida pelo Estado), 60% de MTC e 30% de medicina ocidental. Segundo o historiador Yang Nianqun, "os médicos descalços eram essencialmente herbalistas, com ênfase em MTC, para controlar os custos, e isso inevitavelmente levou a uma revitalização da medicina herbal".[27]

A promoção da MTC continua de forma agressiva mesmo no período mais brando da Revolução Cultural, na década de 1970, logo antes da morte de Mao Tsé-tung, em 1976. Em 1970, textos publicados em manuais de MTC indicavam tratamentos baseados em ervas e acupuntura, mas quase sempre em conjunto com medicamentos convencionais, tornando impossível para o paciente saber o que exatamente o curou. O neurologista Arthur Taub conta que em um desses livros há, por exemplo, uma descrição de epilepsia como "uma doença causada por subida do ar e congestão que tornam o coração entupido e confuso. Trata-se de doença do coração, fígado e bexiga. O tratamento deve ser desenhado para aliviar o fígado, impedir a subida do ar, eliminar a congestão e abrir a circulação entupida". O texto então indica uma mistura de ervas, três tipos de acupuntura e injeção de vitaminas, mas também indica fenobarbital, difenillidantoína e primidona, remédios sintéticos, de base científica, comuns para o tratamento de epilepsia.[28]

O médico também conta que visitou a China em 1974, como membro do grupo de estudo de acupuntura do Comitê de Comunicação Acadêmica com a República Popular da China, estabelecido pela Academia Nacional de Ciências dos Estados Unidos na década de 1960. Em visita ao Instituto de Acupuntura em Pequim, observou a técnica ser usada em diversas condições de resolução espontânea – isto é, em que já era esperado que o problema de saúde passasse sozinho –, com crédito atribuído às agulhas. Também observou o suposto uso de acupuntura como anestesia, algo que havia ganhado bastante publicidade no Ocidente após reportagem no *New York Times* publicada em 1971 pelo jornalista James Reston, contando como teve que ser operado de apendicite em sua visita à China, com uso de acupuntura para aliviar o desconforto abdominal no pós-operatório. Apesar de Reston nunca ter afirmado que a cirurgia em si foi realizada tendo somente acupuntura como anestesia, alguns veículos perpetuaram esse mito, como relatado por Kimball Atwood.[29]

Tanto Taub como Atwood contam que cirurgias realizadas rotineiramente com anestésicos locais somados ao uso de agulhas de acupuntura eram registradas como tendo ocorrido apenas com anestesia por acupuntura. No caso de Reston, não se pode concluir sequer que a prática tenha de fato aliviado o desconforto abdominal, já que essa também é uma condição que se resolve sozinha quando o intestino volta a funcionar normalmente.

Talvez os melhores relatos de como a anestesia por acupuntura foi usada nos anos 1970 para promover a MTC sejam os do médico anestesista John Bonica, considerado um dos pais dos estudos sobre dor e um dos fundadores da Associação Internacional para Estudo da Dor (IASP).[30]

Kimball conta, em sua série sobre anestesia por acupuntura no blog Science-Based Medicine[31], que Bonica foi selecionado pelo Comitê de Comunicação Acadêmica com a República Popular da China para participar da primeira delegação de médicos americanos a visitar o país após a Revolução comunista, em 1973. Sua missão seria avaliar o uso de anestesia por acupuntura. Como resultado da visita, publicou artigos científicos em dois periódicos renomados, dois no *JAMA* [32,33] (*Journal of American Medical Association*) e um no *Anesthesiology.*[34] Nesses artigos, Bonica comenta o uso de anestésicos locais e anestesia peridural na maior parte das cirurgias que presenciou. Ele estimou, de acordo com dados que lhe foram apresentados pelos médicos chineses, que o uso de acupuntura como anestésico representava menos de 1% das cirurgias realizadas desde o início da Revolução Cultural, em 1966.

Conversando com médicos chineses sobre o procedimento, reparou que respondiam com um discurso unificado, quase idêntico, como se fosse ensaiado. Observou pessoalmente 15 pacientes operados com acupuntura, e relatou que dois apresentavam óbvias expressões de dor e tremedeira. Outros, cerca de um terço, apresentavam alteração na frequência cardíaca, tensão muscular e rubor facial. Todos negaram sentir qualquer desconforto quando perguntados. Em um artigo do *JAMA*, o especialista é bem direto:[35] "Quando o paciente sentia algum desconforto, era encorajado a respirar, conforme as instruções recebidas, e mentalizar atitudes positivas, como os ensinamentos do Presidente Mao".

Os pacientes que iam realmente utilizar acupuntura como anestesia, na ausência até mesmo de anestésicos locais, eram cuidadosamente selecionados. Não podiam ser pessoas emotivas, nervosas, idosas, pessoas com doenças crônicas ou graves.[36] Mesmo assim, se a dor se mostrasse insuportável, anestésicos locais e mesmo anestesia geral seria utilizada. O médico, entretanto, chama atenção para o fato de que a anestesia geral é geralmente aplicada no início da cirurgia, justamente para evitar quaisquer complicações. Deixar para usá-la após o procedimento já realizado aumenta os riscos para o paciente.

Após a morte de Mao Tsé-tung, e o fim da Revolução Cultural, a MTC já não era tão agressivamente promovida como propaganda política, mas ganhou força no Ocidente graças em parte ao movimento "New Age", que renovou o olhar romântico e idealizado com que setores influentes da cultura europeia (e depois, norte-americana) tendem a contemplar, desde o século XIX, a suposta "sabedoria superior do Oriente", tema comum tanto à contracultura, em geral identificada com a esquerda e que rejeita o capitalismo tecnocrático, quanto ao tradicionalismo de direita, para o qual o Ocidente perdeu suas "virtudes espirituais" e deve buscá-las em fontes onde doutrinas e conhecimentos milenares encontram-se, supostamente, preservados.

A busca de comunhão com a natureza também é um ponto de confluência entre contracultura e tradicionalismo, fazendo com que qualquer técnica vista como "natural" e "livre de produtos químicos" seja recebida com bons olhos por uma fatia considerável do público.

Em tempos mais recentes, a crise dos opioides nos Estados Unidos colaborou para que qualquer alternativa a esses fármacos para o controle de dor fosse considerada. E a promoção agressiva da MTC, que havia diminuído após a morte de Mao, foi retomada a pleno vapor, neste século, pelo governo chinês como estratégia geopolítica de sucesso, tendo conquistado amplo mercado internacional e tornando-se uma ferramenta de projeção de *soft power*.

DIAGNÓSTICO E TRATAMENTO

Como tantas outras práticas antigas, devemos lembrar que os componentes da MTC surgiram em épocas em que o conhecimento do corpo humano e da verdadeira causa das doenças era precário. A dissecação de cadáveres e as cirurgias eram proibidas na China antiga, pois acreditava-se que o corpo devia ser mantido intacto para o encontro com os ancestrais na hora da morte. Por esse motivo, a punição mais severa para criminosos era a decapitação. Era um contexto cultural que requeria uma prática médica não invasiva e que não exigia conhecimento dos órgãos internos. Como não podiam estudar a anatomia humana, os sábios imaginavam órgãos e funções.

Além disso, não havia uma investigação sistemática sobre relações de causa e efeito. Se a pessoa se curava, qualquer coisa que tivesse sido administrada por último levava o crédito. Isso podia ser uma erva, um chá, a acupuntura, um apelo aos ancestrais, qualquer coisa.

O diagnóstico tradicional da acupuntura é baseado no pulso do paciente, mas não na frequência cardíaca medida pela medicina moderna. A ciência reconhece apenas um pulso, que pode ser sentido em diferentes regiões do corpo, no pulso, no pescoço etc. Os chineses antigos acreditavam que cada um daqueles 11 ou 12 vasos ou dutos, chamados meridianos pela síntese moderna da MTC, emitia um ritmo de pulsação diferente. Esse complexo de pulsações, juntamente com o histórico do paciente, o aspecto de sua língua e o clima (sim, se estava calor ou frio, úmido ou seco), contribuíam para o diagnóstico. Depois, o acupunturista escolhe os pontos a serem estimulados com agulhas, que devem, por sua vez, ativar a energia chi que viaja pelos meridianos.

Os textos mais antigos apontam a presença de 365 pontos. Não há nenhum registro sobre o porquê desses pontos, a não ser o fato de corresponderem aos 365 dias do ano. Além disso, há diferentes escolas de acupuntura. Algumas utilizam os 365 pontos, enquanto outras adotam mais de 2 mil pontos. O acupunturista Felix Mann, um dos fundadores da Sociedade de Acupuntura Britânica, disse que, se levarmos em conta todos os textos existentes, não sobraria um único centímetro de pele que não fosse um ponto de acupuntura![37]

Algumas escolas seguem o princípio dos cinco elementos básicos da natureza para explicar o desequilíbrio. Esses seriam água, fogo, metal, terra e madeira. Outras escolas discordam e adotam o equilíbrio yin e yang, dizendo que tudo na natureza é formado por opostos. Nada assim tão diferente dos quatro humores da medicina antiga, dos três elementos de Paracelso ou dos elementos da astrologia, certo?

Mais recentemente, um artigo científico publicado no *Journal of Acupuncture and Meridian Studies* demonstrou que os próprios acupunturistas não conseguem chegar a uma conclusão sobre onde os pontos estão localizados. Os autores avaliaram 14 trabalhos e perceberam uma notável variação nos pontos de acupuntura utilizados por diversos terapeutas.[38]

Fica um pouco difícil imaginar como um terapeuta vai escolher que pontos furar se diferentes escolas usam diferentes pontos, e mesmo entre os que estudaram nas mesmas escolas não há consenso.

Ainda há que se levar em conta, como diz a médica Harriet Hall em seu blog SkepDoc,[39] que, se as estruturas anatômicas variam de uma pessoa para outra, os pontos de acupuntura e os meridianos também não deveriam variar? As veias da sua mão, por exemplo, não estão em local idêntico às veias das mãos de outra pessoa. Em geral, seres humanos têm cinco vértebras lombares, mas algumas pessoas têm seis. Há quem nasça com um rim em vez de dois. E mesmo para tirar sangue na hora de um exame, sabendo onde as veias estão, é difícil acertar. Até profissionais experientes de enfermagem erram às vezes.

Por que os pontos de acupuntura deveriam ser tão mais fáceis de prever, encontrar e perfurar corretamente? É muito mais razoável supor que, na verdade, tanto faz, porque os pontos e meridianos são imaginários. E como veremos na seção de evidências deste capítulo, de fato a maior parte dos estudos feitos com "pontos falsos" de acupuntura como grupo controle mostram que o efeito de redução da dor obtido é o mesmo obtido quando se usam os "pontos corretos" preconizados por alguma escola de acupuntura. Ou seja, tanto faz onde se coloca a agulha.

MEDICINA DE ERVAS

A medicina chinesa antiga também reuniu conhecimento sobre ervas e plantas que eram usadas para fazer chás e remédios. Essa "medicina de ervas" passou a integrar a síntese da MTC, junto com Qigong, abordado em nosso capítulo de curas energéticas. Algumas ervas e extratos de plantas recomendados pelo conhecimento tradicional realmente continham moléculas com efeito farmacológico, como a efedrina, um conhecido estimulante, enquanto outros eram inócuos, e outros tantos, tóxicos.

A chamada superstição simpática – a intuição de que coisas que guardam semelhanças entre si devem ser ligadas por algum tipo de conexão mágica – sempre marcou presença em tradições de cura de todas as partes do mundo, e a China não foi exceção: plantas e partes de animais eram utilizadas porque seu formato lembrava órgãos ou funções humanas. Algumas dessas crendices persistem até hoje: por exemplo, o chifre do rinoceronte para o tratamento da impotência e seu uso como afrodisíaco. O rinoceronte negro está praticamente extinto no Leste Asiático por causa dessa crença. A bile extraída de ursos pardos vivos, num processo excruciante para os animais, também é "conhecida" por equilibrar o chi.

Antes do século XX, a medicina de ervas era tudo a que uma parte significativa da população chinesa, principalmente no campo, tinha acesso. E esse conhecimento tradicional fazia parte da cultura, integrando aspectos afetivos e emocionais, que eram passados de geração em geração. Negligenciar esses valores é errado, mas atribuir-lhes valor científico antes de testá-los, também. Da mesma maneira que as práticas que depois viriam a desembocar na acupuntura, o uso de ervas medicinais começa a ser descrito no *Huang-ti Nei-ching* e também em publicações como o *Tratado sobre Doenças Causadas pelo Frio*, de aproximadamente 206 e.c., e *Matéria Médica de Shennong*, 220 e.c.[40]

Os pesquisadores Gu e Pei definem bem a relação afetiva que os chineses tinham – e muitos ainda têm – com a medicina chinesa de ervas: "Similar a uma religião, a medicina chinesa de ervas é quase como uma fé de que as plantas são capazes de curar doenças e salvar vidas".

Os autores também exploram qual o racional por trás das atribuições de cura a determinadas ervas, e não outras. A razão apontada seria o que os autores chamam de "doutrina de assinaturas" – outra faceta da superstição simpática, e que também se manifesta na medicina popular de diversas partes do mundo. Nesse esquema, atribui-se a uma erva uma função biológica de acordo com seu nome, formato, cor ou outras noções figurativas e mitológicas. Como exemplo, apontam o ginseng, que em chinês quer dizer "essência do homem". Alguns também o chamam de "pequeno elfo", por causa do formato da raiz. Na sabedoria popular chinesa, utiliza-se a raiz para ajudar a recuperar a energia do corpo humano. Ou seja, narrativas culturais e relações poéticas, metafóricas, não experimentos controlados, determinam como as ervas serão utilizadas.

Entram nesse jogo de significados também o sabor da planta e sua relação com a sensação de quente / frio, com os cinco elementos. Por exemplo, temperos como pimenta, alho e chili são considerados quentes, e por isso acredita-se que ativam o chi. Já tomates e bananas são considerados frios, com efeito calmante sobre o chi. O sabor doce pertence ao elemento terra, e está relacionado a baço e estômago, o pungente seria metal, e serve para doenças do pulmão e intestino, salgado pertence à agua, trata rins e bexiga, e assim por diante.[41]

Alegações de que as propriedades medicinais de plantas preconizadas nos manuais de MTC já foram comprovadas pela ciência são frequentes, mas curiosamente apenas um caso é citado, talvez por ser realmente o único de sucesso conhecido: a artemisinina.

Derivada da planta *Artemisia annua*, também conhecida popularmente como *sweet wormwood* no inglês, doce absinto no português, a substância foi descoberta e isolada por uma equipe de cientistas formada nos anos 1960, com o objetivo de encontrar e comprovar cientificamente um tratamento para malária baseado em MTC. Youyou Tu, a pesquisadora principal, examinou mais de 2 mil ervas, selecionando 640 que poderiam ser promissoras.[42] Em 1971, ela e colaboradores escolheram a *Artemisia*, que mostrava um potencial de inibição do parasita causador da malária, mas tiveram muita dificuldade de obter resultados consistentes. Tu encontrou um tratado médico antigo que aconselhava preparar uma infusão das ervas com dois litros de agua fria, espremer bem o suco e tomar tudo, sem ferver, ao contrário da maior parte dos preparados da época, que consistiam em chás, feitos com as ervas e água quente.

A cientista imaginou que ao ferver, destruiria a estrutura das moléculas bioativas, e talvez por isso os escritos antigos falassem em água fria. Assim, resolveu adaptar a extração usando éter etílico. O extrato final foi bem-sucedido em inibir malária em roedores. Em 1972, o grupo conseguiu isolar o composto antimalárico, uma molécula com a fórmula química $C_{15}H_{22}O_5$, que foi então cristalizada em 1974. Após ter a estrutura molecular devidamente descrita, os cientistas desenvolveram a di-hidroartemisinina, que tinha maior eficácia. Essa estrutura foi resolvida em 1977. Em 1984, o Ministério da Saúde da China certificou a artemisinina, e em 1992, sua derivada di-hidroartemisinina. Tu recebeu o prêmio Lasker em 2011 e o Prêmio Nobel de Medicina em 2015.

Foram duas décadas de trabalho até os primeiros testes em animais, em 1985, e quatro décadas até o isolamento e desenvolvimento da molécula que realmente virou medicamento para malária.[43] A artemisinina é um exemplo de pesquisa cientifica séria e meticulosa, feita dentro da melhor metodologia da ciência moderna. Nesse sentido, representa muito mais um caso de sucesso do método científico do que da MTC.

Na verdade, não é muito diferente da história da aspirina, contada no capítulo de curas naturais. A aspirina também é um medicamento feito à base de uma molécula sintética, construída a partir do extrato de uma planta conhecida, tradicionalmente, por controlar dor. O conhecimento tradicional europeu sobre a casca do chorão deu origem à aspirina. E não vemos ninguém usar a aspirina como exemplo de medicina alternativa.

E, enquanto os defensores da sabedoria milenar usam a artemisinina como argumento, a história traz a contrapartida, um caso de fracasso e risco para a saúde: a aristolochia. *Aristolochia fangchi,* erva que faz parte da farmacopeia da MTC, era recomendada para perda de peso. No início dos anos 1990, na Bélgica, aproximadamente 100 mulheres desenvolveram doença renal progressiva que culminou em necessidade de diálise ou transplante de rim. A investigação do caso trouxe à tona a possível culpada: todas as mulheres estavam fazendo um tratamento para emagrecer com a erva chinesa.

Grollman e Marcus contam, em artigo publicado no periódico *European Molecular Biology Organization (EMBO)*,[44] que 1.800 mulheres ingeriram a erva durante 20 meses. Uma parcela significativa dessas mulheres desenvolveu doença nos rins e câncer de bexiga. Os autores também relatam que Jean-Pierre Cosyns, um patologista belga, já havia notado a semelhança entre o caso de nefropatia de ervas chinesas (CHN – Chinese Herb Nephropathy, em inglês), com outra doença renal crônica, conhecida como nefropatia endêmica dos Balcãs (BEN, na sigla em inglês).

BEN era comum na Bulgária, Romênia, Sérvia, Croácia e Bósnia-Herzegovina, mas sua causa permanecia um mistério. Um microbiologista belga chamou a atenção para o fato de que os métodos tradicionais dessa região para colher e moer o trigo, para fazer pão, utilizavam uma mistura com sementes de *Aristolochia clematitis*. Podia ser, portanto, que a ingestão de ácidos derivados da planta, associados talvez a uma suscetibilidade genética, estivesse causando a síndrome renal.

Investigações subsequentes confirmaram essa hipótese. Biomarcadores desenvolvidos no estudo de BEN foram usados para investigar casos de câncer de bexiga em Taiwan, onde a prevalência desse tipo de tumor, e também de doença renal grave, está entre as mais altas do mundo. Usando um banco de dados da seguradora de saúde nacional de Taiwan, pesquisadores confirmaram que, no período de 1997 a 2003, ao menos um terço da população recebeu prescrição de remédios de ervas contendo ácidos de *Aristolochia*, e a incidência de câncer era proporcional à quantidade ingerida. Uma mutação em um gene supressor de tumor também era frequente nessa população, completando o quadro. O mais surpreendente: pacientes de Taiwan que tinham sido expostos a altas doses pontuais da erva tinham quadro similar aos pacientes dos Balcãs expostos a doses baixas, diariamente, na alimentação.[45]

A erva foi usada por milênios, e demorou muito para alguém perceber sua toxicidade, principalmente porque os efeitos renais e tumores demoravam a aparecer. Os autores trazem uma reflexão importante no final do artigo: o quanto sabemos sobre os efeitos adversos das ervas medicinais em geral? Plantas não são sempre apenas benéficas. Temos atropina, morfina, nicotina e ricina como exemplos de compostos altamente tóxicos produzidos por plantas, possivelmente como um mecanismo evolutivo para controle de parasitas e herbívoros. Seria prudente, pois, inferir que muitas ervas podem trazer substâncias carcinogênicas para humanos.

EVIDÊNCIAS

Já comentamos na introdução deste livro que a melhor maneira de testar um medicamento ou tratamento é submetê-lo a um teste clínico controlado, randomizado e com grupo placebo, os famosos RCT. Mas como desenhar um estudo randomizado, duplo cego, para a acupuntura? Para a homeopatia foi fácil, já que são "medicamentos" ingeridos, onde é possível criar placebos com a mesma aparência e sabor do produto testado. Mas como fazer com que nem o paciente nem o médico saibam se estão aplicando acupuntura no paciente?

Por esse motivo, proliferaram estudos malfeitos para a acupuntura, que ficaram famosos por "demonstrar" eficácia. Na verdade, apresentavam falhas de metodologia e apenas demonstraram efeito placebo.

Alguns grupos conseguiram desenhar uma maneira de colocar a acupuntura à prova pelo método científico. Não foi exatamente um duplo cego, pois não havia como cegar os médicos ou aplicadores da prática, que, por manusear as agulhas, sempre sabiam tratar-se das agulhas falsas ou verdadeiras, mas o grupo liderado por Edzard Ernst, professor titular de Medicina Alternativa da Universidade de Exeter, Inglaterra, conseguiu desenvolver agulhas falsas retráteis, com as quais o paciente sentia a picada, mas as agulhas não eram inseridas na pele na profundidade necessária para supostamente alcançar os meridianos.[46,47] Essa tecnologia criada pela equipe de Ernst foi validada como uma boa metodologia de grupo placebo para acupuntura, que permite realizar ensaios em que o paciente/

voluntário não sabe se está recebendo acupuntura com agulhas reais ou falsas. As agulhas foram adotadas por grupos e estudos em diversas partes do mundo, a fim de investigar a eficácia da acupuntura.

Haake e colaboradores desenvolveram um estudo de altíssima qualidade, na Alemanha, em 2007, com uma amostra de 1.100 pacientes com dor crônica na coluna. Foram utilizadas agulhas falsas e também agulhas de acupuntura reais, mas aplicadas em pontos aleatórios, além de um grupo controle no qual os pacientes foram submetidos apenas a exercícios físicos e fisioterapia. Os autores demonstraram que o efeito obtido era exatamente o mesmo com agulhas verdadeiras ou falsas, sendo que em ambos os grupos se observou uma redução de dor de 45%, contra 25% do grupo que fez somente exercícios e fisioterapia.[48]

Melchart e colaboradores testaram a acupuntura em pacientes com dor de cabeça, em um estudo clínico randomizado e controlado. Os acupunturistas que participaram do estudo tinham no mínimo 10 anos de experiência. Um tratamento utilizando três pontos de acupuntura foi testado, contra um grupo controle feito com acupuntura superficial, outro grupo com pontos aleatórios, e um grupo sem tratamento. Não foi observada diferença significativa entre o grupo tratado e os grupos que receberam acupuntura superficial ou em pontos falsos.[49]

Linde e colaboradores testaram a acupuntura para o tratamento de enxaquecas em 308 pessoas, utilizando três grupos: acupuntura convencional, acupuntura falsa (placebo) e grupo sem tratamento. Não observaram diferença significativa entre o grupo que usou agulhas convencionais e o grupo que usou agulhas falsas. Ambos demonstraram efeito de redução de dor significativamente maior do que o grupo sem tratamento.[50]

Witt e colaboradores testaram a técnica para osteoartrite no joelho, com conclusões semelhantes.[51]

Cherkin e colaboradores estudaram o efeito da acupuntura em 638 pacientes com dor crônica na coluna. Os pacientes receberam acupuntura individualizada, em que as agulhas eram inseridas em pontos definidos subjetivamente pelo profissional após consulta; tradicional com pontos padrão, em que as agulhas eram inseridas em pontos recomendados por acupunturistas especializados em dor lombar; falsa, com palitos de dente que não perfuram a pele no lugar das agulhas; ou tratamento convencional. Nenhuma diferença foi encontrada entre os grupos que receberam tratamento individualizado, padrão ou falso.[52]

Lee e Ernst fizeram uma revisão de revisões sistemáticas sobre o uso da acupuntura para condições cirúrgicas e não encontraram evidências de nenhum efeito significativo.[53]

Smith e colaboradores verificaram a qualidade de revisões sistemáticas que estudaram o efeito da acupuntura em dores crônicas de coluna e de pescoço e concluíram que não há evidências de qualquer efeito analgésico da acupuntura para esses sintomas.[54]

A conclusão de todos esses estudos foi que não importa se as agulhas são de fato colocadas, nem onde elas são colocadas. O efeito observado nessas situações é o mesmo: os pacientes tratados com acupuntura, com acupuntura falsa ou com acupuntura em pontos falsos relatam diminuição da dor, e o mesmo não ocorre com os pacientes não tratados – ou seja, a acupuntura não demonstra eficácia além do efeito placebo, aquele que se pode esperar quando o paciente acredita estar sendo tratado, mesmo que não esteja.

Meta-análises e revisões sistemáticas, que agregam os resultados de diversos estudos em busca de uma conclusão comum, também já foram feitas à exaustão. Revisão de revisões sistemáticas publicada em 2013 avaliou 18 revisões anteriores, do período de 1991 a 2011. Não encontrou evidência suficiente para recomendar acupuntura.[55]

A mais recente, publicada em novembro de 2022,[56] conclui o mesmo que tantas outras anteriores: depois de examinar 434 revisões, os autores relatam que apesar do grande número de RCTs, revisões sistemáticas sobre o uso de acupuntura para saúde adulta trouxeram apenas uma minoria de conclusões que poderiam ser classificadas como evidência de qualidade moderada ou alta, mas eram quase todas comparações com agulhas falsas ou ausência de tratamento e não chegaram a uma conclusão sobre benefícios da acupuntura.

Um compilado da Colaboração Cochrane, publicado em 2018, avaliou o uso de acupuntura para mais de 60 condições de saúde. Não encontrou evidência de benefício para nada.[57]

O argumento de que a acupuntura é, pelo menos, útil para o controle da dor também já foi objeto de revisão sistemática.[58] O resultado é consistente com os demais: não há evidências suficientes de que a técnica funcione melhor do que um placebo para dor, em diversas condições.

Algumas meta-análises e revisões apresentam resultados inconclusivos e apontam a necessidade de mais estudos, e de estudos de melhor qualidade. Isso ocorre porque, apesar de esses apanhados de estudos terem critérios para decidir que tipo de estudo é bom o bastante para ser levado em consideração, muitas vezes acabam agregando trabalhos de baixa qualidade, muitas vezes sem os grupos controle ou randomização adequadas, ou com uma amostra muito pequena de participantes.

Outro problema a ser levado em consideração é o que chamamos de viés de publicação: um cientista tem mais chance de ver um resultado positivo ser aceito e publicado do que um negativo. Isso faz com que estudos que falham em mostrar, ou ao menos sugerir, benefícios acabem engavetados, varridos para debaixo do tapete, como se nunca tivessem existido. Isso é ainda mais grave num ambiente politicamente carregado, em que um governo autoritário tem como diretriz promover uma ideologia específica sobre saúde. Revisão sistemática sobre viés de publicação mostrou que quase 100% dos estudos de acupuntura publicados na China são positivos.[59]

Os estudos de boa qualidade disponíveis demonstram efeito placebo provocado pela acupuntura, ou a falta de informação adequada que permita uma conclusão firme. Não há nenhum estudo que demonstre, sem sombra de dúvidas, um efeito significativo, acima do placebo, dessa técnica para as condições que se propõe a tratar.

São necessários mais estudos? Essa parece ser a desculpa mais utilizada por proponentes de medicina alternativa. No caso da acupuntura, há tempos já poderíamos ter batido o martelo. Análise crítica publicada em 2013 por Steve Novella e David Colquhoun, intitulada "Acupuntura é um placebo teatral",[60] argumenta que após mais de 3 mil ensaios clínicos (naquela época) com resultados negativos ou inconclusivos, parece pouco provável que valha a pena investir em mais 3 mil.

RISCOS PARA SAÚDE E MEIO AMBIENTE

Em um distrito de Hong Kong, cavalos-marinhos secos são vendidos como remédios para curar problemas de disfunção erétil, ejaculação precoce e asma.[61] Esse mercado impacta a população de peixes. Registros de sociedades de conservação mostram um declínio de 30% a 50% na população de pelo menos 11 espécies.

Na África, um mercado que movimenta aproximadamente US$ 2 bilhões é um dos grandes responsáveis pela diminuição da população de asnos: da pele desse animal extrai-se uma gelatina que é vendida como remédio para conter hemorragia, combater tosse e câncer. Uma caixa de 250 g dessa panaceia, chamada de ejiao, custa algumas centenas de dólares.[62]

Pedaços dos corpos de tigres, ursos e rinocerontes também são utilizados para alguma finalidade terapêutica de acordo com os preceitos da MTC. Pó de chifre de rinoceronte, por exemplo, é item de luxo no Vietnã, misturado com álcool ou água como remédio para ressaca. Como já mencionamos, também é utilizado por homens que acreditam que o chifre, devido ao seu formato que lembra um pênis ereto, pode curar impotência.[63]

A bile de ursos extraída dos animais vivos não somente coloca a espécie em risco de extinção, mas carrega uma crueldade ímpar, apenas para cumprir a promessa de tratar febre, inflamação, "detoxificar" o organismo e controlar dor. Isso porque, segundo a mitologia agregada à MTC, a bile do urso é considerada um remédio "frio", com sabor amargo, que poderia tratar fígado, bexiga e coração, aliviando o calor excessivo e impedindo que o "vento interno" causasse convulsão.[64] Não satisfeitos com esse uso, durante a pandemia de covid-19 o extrato de bile também foi indicado para tratar a doença.[65]

Ossos de tigre são utilizados para tratar reumatismo e artrite, e, novamente, como afrodisíaco. No período entre 2000 e 2015, 1.750 produtos contendo partes de tigres foram apreendidos na Ásia.[66] Apesar de ossos de tigre e chifres de rinoceronte terem sido oficialmente removidos na farmacopeia oficial da MTC nos anos 1980, mercados clandestinos continuam operando.[67]

O fungo *Ophiocordyceps sinensis*, possivelmente o fungo mais caro do mundo, que cresce em lagartas no Himalaia, também foi levado à beira da extinção pelo uso como remédio para impotência, mais um pseudoviagra da MTC.[68] Chega a custar US$ 125 o grama.[69]

Além dos impactos óbvios para o bem-estar animal e a biodiversidade, a MTC também apresenta riscos diretos e indiretos à saúde. Os indiretos são os mesmos de tantas outras medicinas e tratamentos alternativos discutidos neste livro: atraso de diagnóstico, abandono e recusa de tratamentos realmente eficazes. Os riscos diretos são toxicidade, contaminação e riscos no manuseio das agulhas de acupuntura, que podem perfurar tecidos e órgãos.

Contaminação e desonestidade são comuns na farmacopeia de MTC, e, como na maioria dos países a modalidade recebe uma regulamentação relaxada – dado seu suposto caráter "cultural" e "tradicional" –, a fiscalização praticamente não existe. Estudo publicado em 2012 sequenciou o DNA encontrado em remédios "naturais" de MTC e encontrou material genético de *Efedra* e *Aristolochia*, plantas consideradas tóxicas e perigosas, e também DNA de ursos pardos asiáticos e antílopes.[70]

Outro estudo, de 2015, publicado no periódico *Scientific Reports*,[71] avaliou a presença de contaminantes, usando sequenciamento de DNA e rastreamento de metais pesados e compostos tóxicos em amostras de preparados de MTC adquiridos na Austrália, mas também disponíveis, internacionalmente, em lojas on-line. A análise genômica detectou DNA de animais e plantas não declarados em 50% das amostras, incluindo DNA de leopardo da neve, uma espécie ameaçada de extinção. Em 50% dos remédios de MTC, ao menos um componente não declarado foi detectado, incluindo varfarina, dexametasona, diclofenaco, ciproheptadina e paracetamol, todas moléculas com atividade farmacológica comprovada: um preparado de ervas contendo paracetamol oculto provavelmente vai reduzir febre – mas não por causa das ervas. Também os metais pesados arsênio, chumbo e cádmio, sendo uma amostra com níveis de arsênio dez vezes acima do permitido. No geral, 92% dos remédios de MTC avaliados apresentaram contaminação ou substituição.

Para ilustrar melhor, um exemplo: a amostra MTC2, descrita como um remédio para febre do feno e alergias nasais, continha efedrina (estimulante), ácido salicílico (analgésico e antitérmico), amoxicilina (antibiótico), metilefedrina (derivado de efedrina usado como descongestionante) e varfarina (anticoagulante). A combinação desses medicamentos tem efeitos difíceis de prever, principalmente se consumida por gestantes, idosos ou crianças.

Os autores também destacam que a contaminação não vinha ao acaso: remédios foram em sua maioria deliberadamente adulterados para "reforçar" sua função com medicamentos conhecidos e comprovados pela ciência. Por exemplo, o MTC18, descrito como estimulador de apetite para ganho de peso, continha dexametasona e ciproheptadina, usada justamente para abrir o apetite. A dose usual é de 2-4 mg, mas o remédio continha 8 mg do composto.

Outro estudo, feito em Hong-Kong em 2018, encontrou evidências de adulteração deliberada de remédios de MTC.[72] Foram investigados 404 casos, com o uso de 1.234 adulterantes, em sua maioria medicamentos aprovados, banidos, análogos de medicamentos e tecido tireoide animal. Os seis adulterantes mais frequentes eram anti-inflamatórios, anorexígenos (remédios para emagrecer), corticosteroides, diuréticos, laxativos, remédios para diabetes e, claro, medicamentos para disfunção erétil. Aproximadamente 65% dos usuários apresentaram efeitos adversos atribuídos a esses produtos, com 14 casos graves e 2 mortes.

Isso já dá uma boa ideia do quanto podemos confiar nas ervas comercializadas como MTC. Se não são partes extraídas de animais em extinção, podem ser compostos tóxicos desconhecidos, ou uma miscelânia de compostos conhecidos para causar um efeito real de controle de dor, febre, inflamação, mas em combinações e proporções que nunca foram avaliadas e aprovadas. E esses remédios são vendidos sob o manto de uma ideologia de curas naturais, milenares, em harmonia com a energia do planeta.

E as agulhas? Podemos dizer que mal não fazem? Infelizmente, não. Edzard Ernst, considerado hoje o maior especialista do mundo em estudos de medicina alternativa, relata que, apesar de termos que usar dados isolados, porque não existem estudos epidemiológicos sobre o assunto, complicações, efeitos adversos e até mortes têm sido atribuídos ao uso de acupuntura. Segundo o autor, em número de relatos de dano ao paciente, as agulhas só perdem para medicina herbal. Ernst, no entanto, faz a ressalva de que é mais provável que isso seja efeito do uso por profissionais mal preparados. Ainda assim, é preocupante. As fatalidades em geral são decorrentes de agulhas penetrando um órgão vital, causando pneumotórax ou hemorragia.[73]

Além desses riscos diretos, que podem ser minimizados com treinamento adequado do acupunturista, Ernst chama a atenção para contaminação de agulhas em locais sem a assepsia adequada, com transmissão documentada de hepatite, por exemplo, e também para o fato de que o acupunturista em geral não tem treinamento para fazer diagnósticos alinhados com a medicina moderna, podendo assim perder ou errar diagnósticos importantes, colocando a saúde do paciente em risco.[74]

Uma revisão sistemática dos efeitos adversos de acupuntura relatou casos de danos a tecidos e órgãos, sendo os mais comuns: pneumotórax, dano no sistema nervoso central ou coluna espinhal, hemorragia intracraniana e dano cardíaco. Mortes, ainda que raras, também aparecem. Infecções comuns associadas à acupuntura incluíram hepatite, abcessos, tétano, infecções auriculares, infecções locais, infecções por microbactéria e por *Staphylococcus sp*. Os efeitos adversos mais comuns foram dermatites de contato e reações alérgicas, sangramentos locais, dor no local da aplicação, e hematomas. Complicações reportadas incluíram náusea, vômitos, tontura e epilepsia.[75] O trabalho concluiu que, embora a maior parte dos efeitos adversos não seja grave, não se pode afirmar que acupuntura é sem riscos e assumir a postura de "que mal tem?".

Vimos que a MTC, com foco especial na acupuntura e na medicina chinesa de ervas, é apresentada por seus promotores como eficaz, milenar, baseada em evidências e em estudos clínicos controlados. É apresentada ainda para o público como uma técnica, uma arte, um tratamento "holístico", e que funcionaria principalmente, no caso da acupuntura, para o controle da dor. Uma opção segura, natural, e com preço acessível. Uma análise minuciosa e científica, no entanto, derruba todos esses mitos.

Existem várias razões para que um determinado comportamento, medicamento ou tratamento seja adotado por um povo e se torne tradicional. Ser capaz de, objetivamente, curar uma doença ou aliviar um sintoma é uma dessas razões, mas não a única, e nem a principal – significado cultural, valor simbólico, apego emocional, mesmo conveniência política e acidentes históricos também influenciam a formação de tradições.

Quando vasculhamos o patrimônio cultural humano buscando conhecimento sobre saúde, testes científicos adequados são a única forma de separar o joio do trigo. Quando produzem resultados positivos robustos – como no caso da artemisinina – o conhecimento, originado na fonte tradicional, é integrado ao patrimônio médico da humanidade, sem a necessidade de rótulos especiais. Medicina que funciona dispensa adjetivos ou gentílicos, é apenas medicina.

CURAS NATURAIS

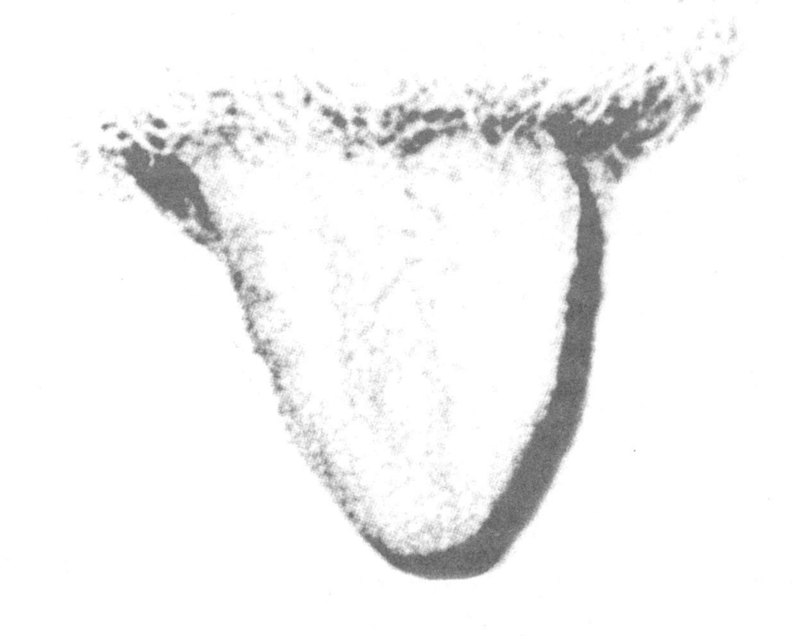

A relação do ser humano com a natureza é ambígua. O mundo natural estimula sentimentos de respeito e reverência, mas a necessidade de abrigo, segurança e alimento leva-nos a intervir nele e modificá-lo, muitas vezes de forma insustentável e predatória.[1] Diferentes culturas e ideologias buscam navegar entre esses impulsos contraditórios, tentando encontrar pontos de equilíbrio. No Ocidente, durante séculos, as ideias de "progresso" e "civilização" estiveram intimamente ligadas à subjugação do mundo natural e à exploração de seus recursos, sem muita atenção para as consequências.

Recentemente, a tomada de consciência de que recursos naturais são finitos e de que a interferência impensada e irresponsável em processos naturais, principalmente climáticos e ecológicos, pode trazer consequências desastrosas tem levado a uma revisão de valores e atitudes até pouco tempo atrás tidos como progressistas e civilizatórios.

Os desdobramentos desse debate são diversos, bem como os efeitos que a discussão tem produzido na consciência do público. Há os que se refugiam num saudosismo romântico, sonhando com o resgate de um passado de harmonia plena, edênica, entre humanidade e natureza, que nunca existiu. Outros simplesmente negam que haja um problema, apostando que as forças de mercado produzirão uma nova supertecnologia que, no último segundo, vai nos salvar pelas mãos de um messias bilionário. E há os que tentam resolver racionalmente a complexa equação do desenvolvimento sustentável.

Fluindo como um rio subterrâneo por baixo dessa complexa topografia ideológica, encontramos os que não estão preocupados em resolver as angústias do cidadão confrontado com os limites da natureza e os dilemas da vida moderna, mas sim em faturar com elas.

Certa vez, ao explicar para uma colega de trabalho sobre as origens da agricultura e por que a maior parte dos alimentos que consumimos foi de alguma forma modificado por atividade humana, um de nós (Natalia) ouviu: "Acho que quanto menos mexer (na natureza), melhor". O apelo à natureza, ou a produtos ditos naturais, é usado para vender alimentos, cosméticos, detergentes, livros, práticas médicas autorizadas e também curandeirismos. O mercado da marca "natural" é imenso, movimentando montantes ainda maiores do que os da indústria farmacêutica. O apelo desse rótulo, no entanto, baseia-se em uma falácia, um erro de raciocínio.

Isso porque a própria distinção entre "natural" e "artificial" é, ela mesma, largamente artificial. Pouquíssimos dos materiais e organismos com que temos contato ao longo de nossas vidas chegam até nós sem antes terem passado por algum tipo de elaboração por mãos humanas: por exemplo, os alimentos e medicamentos ditos "naturais" foram plantados, colhidos, preparados e embalados por alguém, a partir de variedades vegetais que em geral só existem porque seus ancestrais foram reconhecidos e selecionados por seres humanos, que alteraram o meio ambiente para favorecer a reprodução dessas espécies em detrimento de outras. Além disso, todos os produtos considerados "artificiais" têm como base recursos extraídos da natureza.

É possível dar lógica à distinção adotando uma espécie de escala de artifício – quanto mais etapas de elaboração humana, mais "artificial" e menos "natural" um produto se torna –, mas essa escala destrói a oposição rígida entre as categorias e deixa claro que não há nenhuma conexão necessária entre naturalidade ou artificialidade, de um lado, e qualidade e segurança, de outro.

Há matérias-primas que, no estado de manipulação mínima, são tóxicas e que, quando "artificializadas", tornam-se alimentos ou medicamentos perfeitamente saudáveis; e há processos de artificialização que destroem nutrientes e elevam o potencial tóxico da matéria-prima original.

Produtos, alimentos, atividades, tudo precisa ser avaliado em termos dos riscos e benefícios que oferecem. Essa é uma avaliação que deve ser feita caso a caso, num processo em que a escala "natural-artificial" é, de um ponto de vista estritamente racional, irrelevante. Mas decisões racionais baseadas em análise de risco não são o forte da humanidade. Somos movidos por heurísticas e vieses construídos pela evolução e enraizados na cultura. Infelizmente, muitos mercadores de bobagens se aproveitam dessas fortes "intuições" de que deveríamos sempre favorecer aquilo que é falaciosamente chamado de "natural" para vender sua ideologia. Também, claro, o livro, a newsletter, o vídeo. A falácia da superioridade do natural tem apelo em todos os pontos do espectro ideológico. Na extrema esquerda, fala à desconfiança das grandes indústrias farmacêuticas, e até mesmo à atitude de suspeita – muitas vezes justificada historicamente – mantida por grupos e minorias marginalizados, que foram enganados por uma indústria perversa em nome da ciência. Já na extrema direita, ao apelo religioso, ao respeito por tudo que vem de Deus, misturado a um forte senso de individualismo e busca por autossuficiência. Em tempos mais recentes, a extrema direita começa também a desconfiar da aliança entre o Estado e grandes corporações, que passam a ser vistas como cúmplices no controle das liberdades individuais.

O apelo à pureza da natureza e a resistência à interferência humana podem ser explicados pela hipótese das fundações morais, elaborada pelo psicólogo e pesquisador Jonathan Haidt, da Universidade de Nova York (NYU). Em seu livro *A mente moralista*,[2] Haidt sugere que seis valores básicos, que ele chama de fundações morais, norteiam a construção da ideia de certo e errado: cuidado, justiça, liberdade, lealdade, autoridade e pureza. Diferentes grupos sociais (ou mesmo indivíduos) dão diferentes pesos a cada um desses valores, considerando uns mais ou menos essenciais que outros, e a combinação desses pesos define uma visão particular da moral, do que é recomendável ou tolerável ou inaceitável. A falácia da superioridade do natural alimenta-se principalmente das fundações do cuidado e da pureza, e por causa disso são as que vamos explorar mais a fundo.

Cuidado: está associado à nossa noção de cuidar do próximo, o que no caso de alimentação, medicamentos e das vacinas, fala muito diretamente a pais e mães. Não é à toa que jovens pais e mães, principalmente os de primeira viagem, sejam alvos do movimento antivacinas, que se aproveita do apelo ao natural para vender serviços e produtos que, de acordo com a ideologia dos proponentes, seriam incompatíveis com as vacinas, que são produtos químicos, feitos por mãos humanas – e uma boa mãe deveria dar preferência a produtos naturais. Grande parte da propaganda antivacinas é direcionada especificamente para mães, como mostram Baker e Walsh (2022).[3] Esse tipo de apelo não está restrito às vacinas, mas aparece claramente nas vendas de produtos naturais para bebês,[4] que vão desde colar de âmbar para aliviar a dor da primeira dentição, chegando a determinações paranoicas e instiladoras de culpa em torno, até mesmo, do momento do parto.

Pureza/santidade: a natureza é vista como pura e sagrada. Qualquer interferência humana é maligna. Assim, vacinas, poluição, corantes, adoçantes e medicamentos sintéticos são categorizados como uma coisa só: produções ruins e perigosas de uma indústria afastada da natureza e do Criador. O corpo humano é visto como um templo, que não deve ser "violado" ou "poluído". Como, para essa ideologia, a natureza é essencialmente pura e boa, doenças não são vistas como ocorrências naturais, mas como sinais de alerta contra um mundo que perdeu o rumo. A pessoa que se alimenta e se exercita em harmonia com a natureza jamais ficará doente e não precisa "correr o risco" de vacinar-se.

Embora ninguém discorde de que é importante ter hábitos de vida saudáveis e uma alimentação balanceada, e de que poluição e degradação do meio ambiente devem ser evitadas, nada disso é garantia de segurança, longevidade ou proteção contra doenças infecciosas. Na análise de Baker e Walsh sobre o marketing do movimento antivacinas voltado para as mães, encontramos alusão à pureza nos estereótipos da mãe intuitiva e da mãe devotada, onde a relação entre mãe e filhos é construída de modo a invocar a "pureza" e a "santidade" da maternidade.

Não é por acaso, portanto, que as mães são o alvo preferido de campanhas antivacinas ou de produtos "naturais" para bebês e crianças. Entram nessa lista os remédios "naturais" para bebês, as fraldas de pano em vez das descartáveis, as comidas sem aditivos, entre tantas outras coisas. E tudo entra como um 'pacote único'. Se por um lado seria interessante estimular o mercado de fraldas de pano para evitar o acúmulo de lixo não biodegradável, por outro lado, bebês não precisam usar somente roupas de algodão orgânico e certamente precisam de vacinas para prevenir doenças infecciosas e de medicamentos comprovadamente seguros e eficazes.

Dentro das fundações morais de cuidado e pureza/santidade, também encontramos o "complexo de Frankenstein", descrito pela primeira vez pelo escritor de ficção científica Isaac Asimov,[5] como justificativa para a primeira lei da robótica em seus livros, de que "um robô não pode fazer mal ao ser humano, ou por omissão, permitir que um ser humano sofra algum mal". Asimov falava que a primeira lei lhe parecia necessária para que os personagens de suas histórias aceitassem conviver com robôs, caso contrário seriam acometidos pelo complexo de Frankenstein, o medo de que a criação se volte contra o criador, uma punição para o cientista que desafia as leis da natureza. A reflexão vem da ficção científica, mas ajuda a entender como a sociedade reage a interferências no que é tido como "a ordem natural das coisas". O complexo de Frankenstein aparece fortemente na questão dos alimentos geneticamente modificados e ressurge durante a pandemia de covid-19.

Paul Rozin, biólogo, psicólogo e pioneiro nos estudos sobre a relação psicológica do ser humano com o alimento, enquadra a preferência pelo natural dentro de quatro crenças instrumentais e duas ideológicas.[6]

As instrumentais referem-se à suposta superioridade funcional ou material de entidades naturais: a primeira estipula que natural é *sempre* melhor porque a intervenção humana *sempre* causa danos à natureza, que muitas vezes escalam para danos irreversíveis e maiores do que o esperado. A segunda é de que as entidades naturais são mais saudáveis ou mais eficazes, e isso vale para alimentos, remédios, roupas etc. Essa crença decorreria do sentimento de que o ser humano é inerentemente "mau". Outro aspecto que entra aqui, na segunda crença, é o viés de omissão. Há uma tendência humana de dar um peso de responsabilidade maior aos efeitos produzidos por aquilo que fazemos do que pela eventual decisão de nada fazer. Assim, danos causados por entidades sintéticas são registrados de forma mais aguda, simplesmente porque essas entidades são fruto da ação humana.

Uma terceira crença instrumental é de que o natural é mais agradável aos sentidos. Isso é particularmente visto na alimentação, na crença de que alimentos naturais ou orgânicos são mais saborosos. Curiosamente, um experimento – mais uma brincadeira, na verdade – apresentado no programa de TV por assinatura *Bullshit*, dos mágicos americanos Penn & Teller, testou se consumidores conseguiam perceber a diferença entre um tomate orgânico e um convencional, só pelo sabor. O resultado foi negativo.[7]

Além do tomate, o programa realizou um teste com uma banana cortada ao meio, sendo que cada metade era apresenta como se tivesse vindo de uma fruta diferente – uma orgânica, outra comum. As pessoas que se propunham a prová-las descreviam diferenças de sabor, e ficaram surpresas quando souberam que, na verdade, as duas metades tinham vindo da mesma fruta original.

E finalmente, ecoando as fundações morais de Haidt, a quarta crença é de que a natureza é simplesmente mais pura, e por isso, mais segura.

A segunda categoria de crenças, ideológicas, é baseada na superioridade moral e estética das entidades naturais. Dentro dessa categoria temos a crença de que existe uma hierarquia normativa no universo e a que a natureza está no topo, acima da intervenção humana. E, finalmente, a última crença é a de que natural é melhor e ponto final. É uma crença visceral, que independe de elaboração teórica ou justificativa.

Muito da preferência pelo natural e pela pureza são resultado do medo do contágio.[8] Algo que foi tocado por mãos humanas tende a ser considerado contaminado, enquanto entidades naturais são consideradas puras e intocadas. Como o ser humano é considerado inerentemente mau, tudo que for contaminado pelo toque humano, seja por processos de industrialização, seja por adição de produtos químicos e/ou sintéticos, carrega o elemento do contágio, como se a essência "ruim" da manipulação humana fosse transmitida para a entidade antes natural e imaculada.

OS FATOS

Não existe nada na literatura científica que comprove qualquer vantagem instrumental, material ou moral para produtos, comportamentos e ideologias ditas "naturais". Toxinas potentes derivadas de microrganismos ou venenos de animais peçonhentos encontrados na natureza podem matar em minutos, e medicamentos 100% sintéticos, como insulina humana feita a partir de bactérias geneticamente modificadas, salvam vidas. Ser natural não é garantia de ser seguro ou benéfico.

Além disso, a dicotomia natural/artificial ignora as questões centrais da toxicologia: dose e exposição. Toxina botulínica é natural e mata, mas em doses muito pequenas pode ser usada para prevenção de rugas e para relaxamento muscular. Luz solar é natural e pode ser benéfica em doses pequenas para fixar vitamina D, mas se a exposição ao sol for prolongada, os raios UV podem induzir alterações no DNA e causar câncer de pele.

Não é de hoje que cientistas tentam desmentir a falácia do natural. Em 1990, Bruce Ames, o cientista que desenvolveu o Teste de Ames[9] para detectar compostos mutagênicos e potencialmente carcinogênicos, escreveu uma revisão sobre a ocorrência de pesticidas na natureza, produzidos pelas plantas como mecanismo de defesa contra pragas. O cientista chamou atenção para o fato de que "a análise toxicológica de produtos químicos sintéticos como pesticidas e poluentes industriais, sem a mesma análise de produtos químicos provenientes do mundo natural, para usar como comparação, tem gerado um desequilíbrio entre a percepção dos dados e a percepção do perigo potencial para humanos". Ames e os demais autores do levantamento concluíram que o consumidor americano ingere em média 1,5 g de pesticidas naturais por dia, o que é aproximadamente 10 mil vezes mais do que os resíduos de pesticidas sintéticos.[10] O estudo de Ames se concentrou em ingredientes e produtos disponíveis no mercado americano, mas muitas das frutas e outros alimentos de origem vegetal avaliados são consumidos também no Brasil e em outras partes do mundo: café, repolho, manga, couve-flor, suco de laranja, maçãs, pêssegos e peras, por exemplo.

Ou seja, não faz sentido traçar uma linha entre pesticidas naturais e sintéticos, inferindo automaticamente que o natural é inócuo e o sintético faz mal. Isso vale também para medicamentos, alimentos, produtos de limpeza e roupas. Outro ponto essencial sobre o teste de Ames é que se trata essencialmente de um teste de potencial mutagênico. Ou seja, não é porque um composto é mutagênico (isto é, danifica o DNA) no vidro do laboratório que será mutagênico quando ingerido por um animal ou por uma pessoa, em qualquer quantidade, não importa o quanto for pequena. Existe uma curva de dose / resposta para estabelecer quando um composto potencialmente mutagênico pode realmente fazer mal. Ou, parafraseando o médico renascentista Paracelso, a dose faz o veneno.

Como calcular, então, quando algo se torna "venenoso", ou seja, quando um composto pode ser considerado tóxico para o ser humano, independentemente de sua origem? Avaliações de toxicidade baseiam-se, em geral, em pelo menos duas escalas: a dose letal de 50% (DL50), a ingestão diária aceitável (IDA). Para pesticidas agrícolas, utiliza-se também o limite máximo de resíduos permitido (LMR), que é calculado com base na IDA e fatores ambientais.

Para estabelecer esses valores, utilizamos mamíferos roedores e não roedores – ou seja, camundongos, ratos e cães – e fazemos curvas de exposição dos animais a doses crescentes do composto.

A DL50 indica a dose mínima em que metade das cobaias morreram. Assim, indica qual seria uma dose aguda perigosa. Ela define uma quantidade que, ingerida de uma vez só, traz risco de vida. Não serve, portanto, para indicar o possível efeito cumulativo de pequenas doses consumidas ao longo de um período de meses ou anos. Serve apenas como parâmetro de toxicidade absoluta. O índice é apresentado na forma mg/kg, ou seja, miligramas (do composto) por quilograma (de massa corporal).

Os experimentos usados para determinar o DL50 causam a morte de grande número de animais, o que gera complicações éticas. Por essa e outras razões, o teste foi banido dos países membros do OCDE em 2000.[11]

Ainda assim, para fins didáticos e só para mostrar como a falácia do natural é enganosa, se comparássemos a DL50 do paracetamol, um medicamento sintético, com a da cafeína, um composto natural, vamos encontrar o valor de 2400 mg/kg do paracetamol, para 190 mg/kg de cafeína. Ou 300 mg/kg do sulfato de cobre, que é um fungicida orgânico, liberado para o uso neste tipo de manejo justamente por ser de origem natural.[12] Pensando num ser humano de 70 kg, as doses letais seriam de 168 g (paracetamol), 13,3 g (cafeína) e 2,1 g (sulfato de cobre).

Vamos conferir a ingestão diária. A IDA é calculada submetendo as cobaias a concentrações crescentes do composto químico, por um longo período de tempo, até chegar à concentração em que um primeiro efeito adverso é observado. A maior dose que ainda se mostra inócua é, então, dividida por um fator de segurança de pelo menos 100 (divisor que pode aumentar, dependendo dos dados epidemiológicos disponíveis e da legislação). O resultado, em linhas gerais, é a IDA, ou seja, no máximo 1% da maior dose observada que ainda não causa nenhuma alteração detectável nas cobaias. Essas medidas costumam ser bastante conservadoras. O valor de IDA da nicotina (molécula natural, presente em plantas como o tabaco) é bem baixo: a ingestão diária aceitável é 0,008 mg/kg. Já o DDT, um inseticida sintético, apresenta um limite de 0,01 mg/kg. A vanilina, um aromatizante sintético de baunilha, tem IDA de 10 mg/kg. Aditivos alimentares sintéticos costumam ser alvos de campanhas pró-natural, e são vistos como tóxicos simplesmente por serem sintéticos.

DE ONDE VÊM OS SINTÉTICOS?

Define-se como quimiofobia o medo irracional de "produtos químicos", expressão que geralmente se refere a qualquer produto sintético, manipulado pela indústria química ou farmacêutica. Pessoas com quimiofobia tendem a exagerar os riscos de produtos sintéticos, que consideram perigosos em qualquer concentração ou dose, e a minimizar os riscos presentes em produtos de origem natural.[13]

Jon Entine, jornalista americano especializado em saúde e alimentação, explica que a quimiofobia na sociedade moderna tem diversas origens, mas destaca: o avanço da química analítica, que permite a detecção de resíduos cada vez menores de substâncias, na casa das partes por bilhão (ppb); a evolução da internet e das mídias sociais; o surgimento de organizações ambientais comprometidas com a defesa do meio ambiente, mas que infelizmente contam com poucos cientistas a bordo; jornalismo acrítico ou deliberadamente enviesado quando trata de alegações de que produtos químicos sintéticos apresentam riscos à saúde; a tendência das indústrias de buscar acordos judiciais quando seus produtos são atacados por ativistas, em vez de defendê-los; tendência dos governos de responder de forma política, mas nem sempre científica, a alegações exageradas sobre riscos; e, finalmente, o desgaste da confiança do público nas instituições, incluindo governo, indústria e comunidade científica.[14]

A expressão "produto químico" também costuma ser associada popularmente a câncer, toxicidade e morte,[15] e aparece não somente em produtos relacionados à saúde e alimentação, mas em materiais de uso doméstico, para limpeza e lavagem de roupas.[16]

Curiosamente, mesmo quando a síntese da molécula ativa de algum composto – seja medicamento ou detergente – é 100% industrial, o conceito, a ideia, a fórmula, quase sempre têm origem em algum composto natural. A verdade é que nós, seres humanos, não somos tão criativos assim. Apenas 30% das moléculas utilizadas em desenvolvimento de fármacos, nos últimos 25 anos, são completamente sintéticas. A maioria teve origem em algum composto de proteínas humanas, neurotransmissores, bactérias, fungos ou plantas.[17] Algumas histórias de produtos químicos sintéticos que vieram da natureza:

A aspirina, ou ácido acetilsalicílico (AAS), produzida desde 1897, é um dos medicamentos mais utilizados do mundo, e figura entre os dez medicamentos mais lucrativos da multinacional Bayer nos anos de 2020 e 2021.[18] Seu valor de mercado em 2020 foi de US$ 2,16 bilhões, com projeção de US$ 2,55 bilhões para 2027.[19] O remédio é certamente considerado um "produto químico" sintético. Mas ninguém tirou a aspirina do chapéu. Ela saiu, literalmente, de uma casca de árvore, a casca do chorão.

A história da aspirina é bem explicada no livro *Aspirin: the remarkable story of a wonder drug*.[20] Os antigos egípcios e sumérios já usavam a casca do chorão como analgésico há 3.500 anos. Há também registros de sua indicação por Hipócrates, para as dores do parto. Em 1763, em uma carta de Edward Stone, da Universidade Oxford, para o presidente da Royal Society, descreve a capacidade da planta de baixar a febre e diminuir a dor.

O princípio ativo, responsável por suas propriedades medicinais, só foi isolado em 1828, por Johann Buchner. Após purificar o extrato da planta em cristais amarelos, ele batizou o composto de salicina, em referência ao gênero da árvore chorão, *Salix*. Dez anos depois, Rafaelle Piria conseguiu isolar um composto mais potente a partir dos cristais: o ácido salicílico.

O composto, um fitoterápico típico, funcionava muito bem, mas tinha um inconveniente: provocava muita gastrite. Somente em 1852, o químico francês Charles Gerhardt conseguiu alterar a molécula, criando o ácido acetilsalicílico. Infelizmente, Gerhardt não conseguiu tornar o composto estável.

Em 1890, a empresa Bayer, na época uma indústria de tinturas para tecido na Alemanha, resolveu abrir uma divisão farmacêutica. Arthur Eichengrün, diretor da divisão, estava decidido a desenvolver um ácido acetilsalicílico estável. Junto com Felix Hoffman, eles trabalharam com várias estratégias diferentes até chegar a um processo bem-sucedido. O composto, agora com o nome aspirina, foi submetido a testes clínicos.

Apenas três anos depois da liberação para o mercado, mais de 160 artigos científicos já haviam sido publicados confirmando as propriedades terapêuticas do AAS. Seu mecanismo de ação foi desvendado só muito depois, resultando em um Prêmio Nobel em 1982.

AVALIANDO PERIGO E RISCO

Já que os dados de toxicidade não corroboram a intuição de que natural é sempre bom, sintético é sempre ruim, por que essa crença é tão frequente? Além da falácia do natural, das fundações morais e das crenças instrumentais, o fato é que fomos muito mal preparados pela evolução para avaliar racionalmente situações de risco. O exemplo é batido, mas vale repetir: o ancestral humano que considerava qualquer farfalhar na savana um sinal de perigo e se afastava, assustado, mesmo sem saber se a causa era o vento ou um leão, provavelmente viveu mais e deixou mais descendentes do que aquele que achava tudo perfeitamente seguro.

Um primeiro passo para corrigir isso é estabelecer a diferença entre perigo e risco.[21] Perigo é a possibilidade intrínseca de algo causar dano ao ser humano, a animais ou ao meio ambiente. Esse dano pode nunca vir a se materializar: o perigo diz respeito simplesmente ao potencial. Risco é a probabilidade concreta de o dano ocorrer, de acordo com a suscetibilidade e exposição ao perigo.[22] Para simplificar, dizemos que o risco = perigo + exposição.

Luz solar é perigosa. Os raios UV podem causar câncer de pele. Mas o risco depende da exposição ao sol, quanto tempo ficamos na praia, se usamos ou não protetor solar. O produto de limpeza que fica debaixo da pia da cozinha representa um perigo, mas só se torna um risco se uma criança ou um animal de estimação achar o armário aberto.

Um alerta de tubarões numa praia indica perigo. Mas só corremos risco de virar petisco de peixe se formos distraídos o bastante para entrar no mar bem ali, no local sinalizado. E, ainda assim, a probabilidade de o dano realmente acontecer ainda depende da quantidade de tubarões na área, se eles conseguem nadar até o raso, se estão com fome ou bem alimentados.

Da mesma maneira, dizer que uma substância é tóxica diz muito pouco sobre risco. Sinaliza apenas um perigo. O café contém diversos compostos tóxicos e mutagênicos, mas para esse potencial virar risco teríamos de consumir dezenas de litros de café diariamente, por um longo período.

Além disso, é preciso definir o que queremos dizer com "tóxico". Quando um órgão regulatório faz uma análise de perigo e risco, leva em conta todos os efeitos produzidos pelo composto. O café, por exemplo, causa insônia. Mas, em algumas situações, esse pode ser um efeito desejado, caso alguém queira permanecer acordado para terminar um trabalho. Isso só para dar uma ideia de tudo que entra na conta de uma análise de risco de toxicidade. E para qual a origem do produto, natural ou sintética, é irrelevante.

No entanto, mesmo com acesso à informação, os seres humanos avaliam risco de forma muito mais emocional do que racional. Tendemos a maximizar riscos de eventos raros como desastres de avião e ataques terroristas, e minimizar riscos reais, como acidentes de automóvel ou mudanças climáticas.[23] Grandes desastres, em que número elevado de pessoas perde a vida, são marcantes e deixam uma impressão emocional duradoura, embora sejam eventos raros. Pequenas tragédias do cotidiano, que se repetem com frequência, tendem a passar quase despercebidas para todos, exceto os envolvidos e seu círculo próximo. O risco de dirigir sem cinto de segurança é muito maior que o de sobrevoar o Atlântico num avião comercial, mas para muitas pessoas a intuição diz o contrário.

Outro fator que entra na equação é o controle que temos da situação. Podemos controlar a quantidade de café que tomamos e manter o armário de limpeza trancado. Mas não podemos controlar a quantidade de pesticidas presente no alimento. Assim, é natural que alguns riscos nos deixem mais desconfortáveis do que outros.

Alguns pesquisadores tentaram quantificar nossa percepção de risco, principalmente em relação à falácia do natural. Paul Rozin e colaboradores realizaram um estudo sobre a preferência pelo "natural" usando um grupo de estudantes de Psicologia e um grupo de cidadãos americanos convocados para serviço de júri.[24] Os voluntários responderam a um questionário sobre preferências de alimentos e medicamentos. Para alimentos, os autores consideraram naturais aqueles que não tinham sido transformados por ação humana: podiam ter sido colhidos e transportados por gente, mas só. Para medicamentos, natural indicava extratos de plantas e animais, e sintético indicava produzido por uma farmacêutica ou laboratório. A pesquisa enfatizava que, nas duas condições (remédio ou comida), os produtos natural e artificial seriam idênticos em sabor, eficácia e composição nutricional. Ambos os grupos de voluntários demonstraram maior preferência pela opção natural, mais em alimentos do que em medicamentos, mesmo diante da equivalência nutricional e de eficácia.

Em outro estudo, os psicólogos Michael Siegrist e Angela Bearth analisaram consumidores europeus, incluindo oito países (Áustria, França, Alemanha, Itália, Polônia, Suécia, Suíça e Reino Unido).[25] As respostas indicam um desejo irreal de viver em um mundo livre de substâncias químicas: 40% dos respondentes relataram que fariam todo o possível para evitar contato com substâncias químicas durante a vida e que gostariam de viver em um mundo onde "produtos químicos" não existam; 76% concordaram que ser exposto a substâncias químicas sintéticas consideradas tóxicas é sempre perigoso, não importa a dose, e apenas 18% concordaram que o sal produzido sinteticamente tem exatamente a mesma estrutura química (NaCl) do sal encontrado no oceano.

Os autores explicam que enquanto o toxicologista se vale de raciocínio analítico para fazer análises de risco, usando curva de dose-resposta, exposição e probabilidade, o público não especialista usa heurísticas simples: a falácia do natural (natural é sempre melhor), o medo do contágio e a heurística da confiança: quando não entendemos de um assunto, confiamos na opinião de pessoas ou instituições que vemos como semelhantes a nós em interesses e valores.

O psicólogo Brian Meier e a bióloga Courtney Lappas estudaram as escolhas de voluntários entre medicamentos naturais ou sintéticos, variando os dados de eficácia e a segurança.[26] Dos quatro testes conduzidos pelos autores, todos indicaram um viés de escolha pelo natural. No estudo 1, a maioria dos participantes disse que preferiria o remédio natural, mesmo sabendo que a eficácia e a segurança eram absolutamente idênticas nos dois tipos. Nos estudos 2 e 3, a opção pelo natural aumentou, mesmo quando a eficácia do sintético era maior ou quando a segurança do natural era menor. E finalmente, no teste 4, os participantes eram colocados em uma situação hipotética de hipertensão leve ou severa, e tinham a opção entre o remédio natural ou sintético, mas sem nenhuma informação sobre segurança ou eficácia. Deviam então indicar a preferência, mas também avaliar qual julgavam, intuitivamente, ser mais seguro e eficaz.

A preferência maior foi pelo remédio natural, mas também a indicação de que seria mais seguro. E, curiosamente, também que seria menos eficaz. Ou seja, os participantes indicaram preferir o natural, mesmo imaginando que seria menos eficaz, porque acreditavam que seria mais seguro.

O uso de atalhos mentais para tomar decisões não é novidade. Os psicólogos Amos Tversky e Daniel Kahneman[27] (este viria a ganhar o Prêmio Nobel de Economia em 2002) demonstraram que pessoas usam heurísticas, como disponibilidade ou representatividade, para elaborar juízos e tomar decisões. Essas heurísticas (que discutimos na introdução deste livro) podem alterar a percepção de risco e interferir em decisões sobre qual produto consumir, que remédio tomar, se devemos ou não nos preocupar com o aquecimento global.

No caso da falácia do natural, essas heurísticas dão margem justamente à sensação de que o natural é superior, mesmo que os dados digam o contrário. O psicólogo Paul Slovic, que estuda a forma como pessoas tomam decisões, sugeriu um novo conceito no início do século[28,29] que ajuda a compreender como as pessoas realmente decidem em temas que estão carregados de valores morais, ideológicos e políticos: a heurística do afeto, ou heurística afetiva, que descreve como a percepção de perigo pode desencadear emoções positivas ou negativas, que se transformam em juízos sobre esses perigos. Slovic ressalta a importância de considerarmos o risco como análise, como sentimento e como política na tomada de decisões.

Outros pesquisadores avaliaram como as pessoas usam a heurística do afeto para tomar decisões sobre perigos gerados pela natureza *versus* perigos gerados por seres humanos.[30] No geral, perceberam que as pessoas reagem mais fortemente aos perigos gerados por humanos, mesmo quando a informação fornecida sobre o risco é idêntica. Por exemplo, em experimento onde precisavam avaliar o número de pássaros mortos por um vazamento de óleo, o resultado era mais negativo quando o vazamento era causado por humanos do que quando era um acidente natural. O número de aves mortas era idêntico nos dois casos apresentados: 1.200 pássaros teriam morrido. Os participantes também acreditavam que os pássaros teriam sofrido mais no vazamento com causa humana.

Resultado similar foi obtido quando se pediu a voluntários que avaliassem os efeitos de um par de acidentes hipotéticos, um envolvendo energia solar e outro, energia nuclear. Os desastres teriam ocorrido durante a construção da usina nuclear ou dos painéis solares. O número de mortes era o mesmo. Detalhe: as mortes decorrentes dos acidentes no estudo eram de objetos caindo durante a construção, nada relacionado com vazamentos de radiação, por exemplo. Os participantes tinham que decidir qual era o valor da indenização a ser pago para as famílias dos trabalhadores que morreram, e o quão trágico eram os acidentes. A compensação sugerida para a usina nuclear foi o dobro da sugerida para os painéis solares, e os participantes consideraram o acidente muito mais trágico no cenário nuclear.

Esses resultados confirmam a heurística afetiva. Os participantes avaliaram de acordo com seus sentimentos sobre poluição causada por atividade humana, e o medo de desastres nucleares, muito embora a geração nuclear seja, do ponto de vista das emissões de carbono, uma forma de energia limpa.

Não é questão de considerar a racionalidade como sempre superior aos sentimentos, mas de entender como tomamos decisões e como a heurística afetiva direciona essas decisões. O público não especialista é afetado por considerações de natureza simbólica e emotiva, e isso pode prejudicar a capacidade das pessoas de entender avaliações de custo/benefício. E o que acontece quando essas heurísticas, essa "intuição" que favorece o natural e acusa o sintético, é transformada em ferramenta de marketing por um mercado inescrupuloso?

PRODUTOS E SERVIÇOS "NATURAIS"

Há um mercado perverso que lucra em cima da desinformação. Vendedores de ilusões empurram suplementos, remédios ditos naturais, livros, DVDs, práticas sem base científica que prometem curar desde unha encravada até câncer e depressão, oferecendo segredos sobre saúde que "eles" não querem que você saiba. Esses mascates cooptam as heurísticas que constroem, como vimos aqui, a falácia do natural. Assim, a promessa de uma solução em harmonia com a natureza, livre de produtos químicos sintéticos, sem efeitos colaterais, toca algo que o público quer muito que seja verdade, porque "sente", de alguma maneira, que é correto.

Agências regulatórias sérias, como a FDA nos Estados Unidos e a Anvisa no Brasil, fazem exigências de validação científica e impõem condições estritas para que produtos e práticas possam se promover alegando trazer benefícios para a saúde humana. Uma forma encontrada pelo mercado "natural" e "alternativo" para contornar essa regulamentação dura foi substituir a palavra "saúde" pela expressão vaga e difusa "bem-estar" ("*wellness*", em inglês), que além de incluir remédios e alimentos abarca ainda atividades de "integração mente-corpo", como meditação e yoga. Reportagem publicada no jornal britânico *The Sunday Times* em julho de 2022[31] apresenta um retrato da indústria internacional de *wellness*, avaliada em US$ 4,3 trilhões pelo Global Wellness Institute, com projeção para chegar em US$ 7 trilhões em 2025.[32] Para comparação, a indústria farmacêutica foi avaliada em US$ 1,4 trilhão.[33]

Transformada em arma pelo mercado de *wellness*, a falácia do natural mira em dois alvos: o medo e a vaidade, assim atingindo dois grupos distintos. O primeiro é composto de pessoas vulneráveis, assustadas, que passaram ou estão passando por momentos de vida difíceis: alguém próximo – ou elas mesmas – sentindo-se traído ou desenganado pelo sistema formal de saúde ou pelos próprios limites da ciência. Afligidas pelo desespero e, não raro, pela frieza e falta de empatia de algum profissional de saúde, essas pessoas se voltam para camelôs de sonhos que, junto com o remédio inútil, vendem o tempo e a atenção tão escassos no sistema médico.

E existe o consumidor por vaidade, que se sente num plano espiritual superior por causa da aula de yoga, meditação (estudos de psicologia indicam que atividades "mente-corpo" tendem a reforçar, e não suprimir, o narcisismo dos praticantes[34,35]) e do pedigree do tomate que põe na salada. Que quer pertencer a um grupo que faz yoga com roupas de grife, que só consome alimentos orgânicos e "limpos" e que é "empoderado e dono da própria saúde". É o grupo que "faz sua própria pesquisa". Esse perfil, em geral, não espera ficar doente para correr atrás do terapeuta holístico: engolir placebos faz parte do estilo de vida.

É o que em inglês se chama de "*the healthy unwell*", ou "os saudáveis incomodados", pessoas perfeitamente bem de saúde que esperam minimizar os incômodos inerentes à condição humana com simulacros de medicação e de "terapia".

Esses vaidosos perdulários são o destaque da reportagem citada. Bilionários frequentam retiros de *wellness*, descritos pela repórter do jornal como "Davos do bem-estar". Em uma ilha no mar Egeu, os ricaços podem experimentar terapia do trauma, jejum, "terapia exosossômica" e "guerrilha tântrica". O preço começa em US$ 10 mil pelo alojamento mais simples, e um protetor solar (de marca, claro), custa mais de US$ 250 na lojinha exclusiva.

Relatório da consultoria McKinsey de 2021 aponta uma tendência de crescimento do mercado de *wellness* de 5% a 10% ao ano até 2030, e divide o mercado em seis categorias: saúde, fitness, nutrição, aparência, sono e mindfulness.

O relatório do ano anterior, de 2020, trouxe ainda entrevistas com mais de 7 mil respondentes em seis países (EUA, Reino Unido, Alemanha, Japão, Brasil e China), e destacou que, dentro do setor de bem-estar, a categoria que movimenta mais o mercado é a de saúde, com o recorte de consumidores "socialmente responsáveis", que declararam estar dispostos a pagar mais caro por marcas e produtos que sejam sustentáveis e com ingredientes "limpos e naturais".[36]

A tendência a valorizar esse tipo de produto, principalmente cosméticos, suplementos vitamínicos e moduladores de sono aparece predominantemente no Brasil e na China. Nota-se também uma tendência à maior personalização dos produtos, com muitos consumidores interessados em receber formulações customizadas, como um suplemento feito sob medida, após o preenchimento de um questionário on-line.

A forte presença dos influenciadores digitais nesse mercado também não passa despercebida. Brasil e China, mais uma vez, saem na frente, com 45% a 55% dos respondentes dizendo que suas decisões sobre qual produto consumir foram tomadas com base em *influencers* que seguem nas mídias sociais.

Esquemas parecidos são oferecidos pela suma-sacerdotisa do mercado de *wellness*, Gwyneth Paltrow. O império da marca Goop, construído pela atriz ganhadora do Oscar, foi avaliado em US$ 250 milhões em 2021.[37] Os produtos mais conhecidos, como o ovo de jade para colocar na vagina e as velas com aroma de vagina, já apareceram em série da Netflix[38] e foram alvos de processos judiciais,[39,40] mas a empresa só cresce. Paltrow inclusive fez referência aos críticos do caráter pseudocientífico de seu empreendimento (que ela chama de "*haters*", "odiadores") em palestra na Harvard Business School, a escola de administração da Universidade Harvard. A atriz-empresária disse que "transforma tudo isso em dinheiro".[41] A empresa chegou ao absurdo de vender "adesivos energéticos curativos", que "reequilibram a frequência energética do corpo", e que seriam feitos com um material criado pela Nasa, supostamente usado nos trajes dos astronautas. A agência espacial negou a existência desse material. Mark Shelhamer, que já foi cientista-chefe da divisão de pesquisas humanas da Nasa, disse ao site Gizmodo, comentando o assunto: "Poxa, mas que monte de bobagem"![42]

A transformação do mercado de bem-estar em uma indústria milionária não aconteceu de repente. Foi resultado da exploração de problemas reais, sentidos principalmente por mulheres, e da oferta de soluções milagrosas.

A jornalista americana Rina Raphael traz algumas reflexões interessantes, além do relato de sua experiência pessoal, no livro *The Gospel of Wellness*[43] (O Evangelho do Bem-Estar). A autora descreve a promoção do bem-estar, ou autocuidado (do inglês "*self-care*") como um movimento individualista, que gira em torno do consumo e que, como muitos mercados alternativos de saúde, culpabiliza a "vítima": se você ficou doente, é porque, de alguma forma, "pecou" contra a natureza. Mas se você comprar este suplemento, fizer este curso, frequentar este retiro de meditação, comprar este livro, seus problemas vão sumir!

Raphael também pondera sobre a tendência de grande parte da comunidade médica, principalmente nos EUA, de ser negligente com as queixas apresentadas por mulheres, tachadas de exageradas, histéricas ou hipersensíveis. Outros grupos marginalizados também sofrem com discriminação e falta de atendimento médico adequado e respeitoso. Não que isso justifique a venda de produtos e serviços pseudocientíficos e absurdos, mas ajuda a entender de onde vem a demanda por um tipo de cuidado que, pelo menos em um primeiro momento, parece mais humano.

Só parece, na verdade: porque, por trás de uma ideologia aparentemente solidária e compassiva, encontra-se um estilo de vida autoritário, a ponto de caçar, como hereges e apóstatas, quem ousa questionar a validade da dieta "natural" e do *fitness* que trata "a alma, além do corpo". Reportagem no jornal inglês *The Guardian*[44] traz a história da influenciadora Jordan Younger, que viu sua saúde deteriorar a ponto de realmente entrar em perigo de vida após adotar uma dieta tão radical que a levou a desenvolver um quadro de transtorno alimentar e de imagem chamado ortorexia – a incapacidade de consumir qualquer alimento que não esteja classificado como "saudável" ou "puro".[45] Younger mantinha um blog e um canal no Instagram com 70 mil seguidores, a Loira Vegana.

Após perceber os cabelos caindo, uma intoxicação por excesso de carotenos que deixou sua pele laranja e diversos problemas de saúde, a influenciadora decidiu se afastar do estilo de vida radical e compartilhou sua decisão com os seguidores. O "carinho" dos fiéis veio sob a forma de exigências de devolução de dinheiro, ameaças de morte, xingamentos ("gorda", "preguiçosa") e, claro, da atribuição da culpa pelo transtorno alimentar à jovem, não aos objetivos impossíveis da alimentação "natural e limpa".

Se a Goop, de Gwyneth Paltrow, apela para mulheres que se consideram progressistas, femininas e sofisticadas, o site Natural News,[46] do autoproclamado Health Ranger, ou "Patrulheiro da Saúde", o americano Mike Adams mobiliza teorias de conspiração e racismo em nome da pureza do natural. Ali é possível encontrar desde bobagens mais ou menos cômicas, como a afirmação de que "batatas geneticamente modificadas ameaçam a pureza das batatas do mundo", a bobagens perigosas, como a alegação de que vacinas causam demência, propaganda racista (imigrantes do Congo trariam risco de epidemia de ebola para os EUA) e pura paranoia fascista, do tipo "se não protegermos crianças inocentes contra o aborto e as mutilações LGBT, Deus liberará fogo e fúria sobre os Estados Unidos".

Anúncios do Health Ranger promovem sabão em pó de lavar roupa e detergente lava-louças livres dos "mais de 60 produtos químicos tóxicos" que, segundo ele, são encontrados nos líquidos e pós de limpeza comuns. O material de sua loja usa "zero abrasivos, lixívia, fosfatos, alvejantes, perfumes ou produtos químicos sintéticos. Ingredientes checados em laboratório com relação à pureza e à limpeza".

Em 2020, a organização global IDS (Institute for Strategic Dialogue) publicou um relatório sobre Natural News.[47] A investigação descobriu 496 domínios afiliados ao site original, que compartilham o mesmo conteúdo. Alguns domínios sequer têm relação com saúde, e promovem extremismo e discurso de ódio. Os conteúdos mais compartilhados versam sobre o perigo de transgênicos, a ligação da origem da pandemia de covid-19 com a tecnologia 5G, o limão ser um potente anticancerígeno, o aquecimento global ser um mito e o alerta de que na cidade de Austin, Texas, sexo anal será ensinado para crianças a partir de 3 anos como estratégia de doutrinação para pedofilia.

No Brasil, para além do uso mais ou menos generalizado da falácia do natural no marketing de alimentos e cosméticos, talvez o mais próximo que tenhamos de uma plataforma empresarial dedicada exclusivamente a explorar e impor a ideologia do bem-estar e das curas naturais em nome do lucro seja a Jolivi.[48] Segundo o site da empresa, que vende livros, acesso a vídeos e newsletters, mas nenhum produto de saúde (remédios, suplementos) propriamente dito, "as causas do Alzheimer, segundo a medicina tradicional, ainda são incertas, acreditando que os casos aumentem principalmente por predisposição genética. Entretanto, a Jolivi afirma que a questão nutricional possui muito mais influência para com [sic] a doença, por conta disso, desenvolve e disponibiliza estudos sobre quais são as substâncias que podem agravar ou melhorar as alterações cerebrais".

A Jolivi "afirma" que o Alzheimer é causado por dieta e não pelos genes, mas por via das dúvidas (e, provavelmente, aconselhamento jurídico) oferece a seguinte ressalva:

> O leitor deve, para qualquer questão relativa à sua saúde e bem-estar, consultar um profissional devidamente credenciado pelas autoridades de saúde. O editor deste conteúdo não é médico ou pratica a medicina a qualquer título, ou qualquer outra profissão terapêutica. Apenas expressa sua opinião baseado em dados e fatos apresentados por agentes da saúde, ou conteúdo informativo disponível ao público, considerados confiáveis na data de publicação. Posto que as opiniões nascem de julgamentos e estimativas, estão sujeitas a mudança.

Entre os produtos vendidos pela companhia encontra-se *O grande livro da saúde natural*,[49] que traz todos os segredos para a cura de doenças como Alzheimer, câncer, AVC, diabetes... No livro, encontramos histórias como as de Francisco, que, diagnosticado com câncer, "tinha recursos suficientes para pagar por tratamentos que não são acessíveis à maioria de nós. Mas ele NÃO seguiu nenhum deles. Em vez disso, ele escolheu um caminho que fez muita gente o chamar de louco: Ele testou (com sucesso) o método da SUPRESSÃO ALIMENTAR".

O *Atlas da Saúde Natural*, outra publicação da Jolivi, desmente-se mesmo na página de direitos autorais: "As recomendações aqui apresentadas são embasadas em pesquisas científicas de instituições renomadas. Porém, a Jolivi não apoia a automedicação e a interrupção do tratamento sem o conhecimento de seu médico. Sempre converse com o profissional de saúde de sua confiança sobre qualquer questão relativa à sua saúde e bem-estar".

É só virar a página que começam as "recomendações baseadas em pesquisas científicas": na parte 1, sobre coração, temos erva daninha para pressão alta, suco no lugar da cirurgia e a bebida milenar que derruba o risco de derrame. Na parte 2, sobre Alzheimer, dicas de como superar a doença em 14 dias. Na parte 3, de diabetes, somos apresentados a um tempero milenar que reduz em 30% a taxa de açúcar no sangue: a canela! Segundo o livro, "ela altera a sensibilidade à insulina dentro das suas células, tornando-as mais eficientes no processamento de açúcar no sangue". O livro recomenda meia colher de chá antes das refeições. Na parte 4, mostra-se como matar suas células cancerígenas de fome com a dieta cetogênica. E a última parte do livro é dedicada somente ao mercado de suplementos. Para sono, memória, menopausa, próstata, emagrecimento, imunidade: tem suplementos para todos os problemas de saúde, reais ou imaginários.

ENSINO

Em apoio ao mercado gigantesco de produtos de bem-estar e curas naturais, existe um outro: o da formação de "profissionais de saúde" de naturopatia. Nos EUA, naturopatas são licenciados sob a sigla ND (*naturopathic doctor*), e em alguns estados têm o mesmo *status* profissional de médicos de verdade. No site da Associação de Acreditação de Escolas de Naturopatia Médica (AANMC), encontramos indicações de sete faculdades de naturopatia, duas no Canadá e cinco nos EUA.[50]

Segundo a associação, o médico naturopata:

> Concentra-se no bem-estar geral do paciente através da promoção da saúde e prevenção da doença, abordando a raiz da causa da condição do paciente. [...] São clínicos, autores, estudiosos, pesquisadores e empreendedores, e estão sob alta demanda em diferentes atividades. Oferecem terapias informadas por evidência, individualizadas, que equilibram as abordagens mais eficazes e menos prejudiciais, para facilitar a habilidade inerente ao corpo humano de restaurar e manter uma condição ótima de saúde. Médicos naturopatas são especialistas em medicina natural, e a educação em medicina naturopática é a melhor e mais eficiente estratégia para treinar um médico de atenção básica para se especializar em medicina natural.

Na Universidade de Bastyr, na Califórnia, interessados podem se formar como "doutor em medicina naturopática", com opção de dupla titulação como "mestre em aconselhamento psicológico", ou podem optar pelo grau de "mestre em nutrição". O programa tem duração de quatro a cinco anos, e o primeiro ano anunciado no site custa aproximadamente US$ 35 mil.[51] Homeopatia, Matéria Médica Botânica e Nutrição sobre Micronutrientes fazem parte do programa.

Nos EUA, a profissão de médico naturopata é regulamentada em 26 jurisdições, 23 estados mais o Distrito de Colúmbia, Porto Rico e Ilhas Virgens. Nessas jurisdições, o profissional licenciado pode atuar como um "*primary care physician*", ou um médico de atenção básica de saúde. Pode pedir exames, indicar vacinas e prescrever medicamentos.

No Brasil, a profissão não é regulamentada (ainda), mas não faltam escolas para formar terapeutas da especialidade. A prática faz parte da Política Nacional de Práticas Integrativas e Complementares (PNPIC) do Ministério da Saúde, e portanto pode ser oferecida no SUS. Está descrita no site do Ministério da Saúde como "prática terapêutica que adota visão ampliada e multidimensional do processo vida-saúde-doença e utiliza um conjunto de métodos e recursos naturais no cuidado e na atenção à saúde".[52]

Nas Faculdades INNAP (Instituto Nacional de Naturopatia Aplicada), pode-se fazer a pós-graduação em naturopatia em 18 meses.[53] A grade curricular inclui disciplinas como Oligoterapia, Iridologia Comportamental, Naturopatia Clínica, Alimentação Ortomolecular, Trofoterapia Cetogênica, Vegana e Proteica, entre outras. O site também promete ampla atuação de mercado. O curso pode ser feito todo no módulo on-line:

> O Naturopata pode atuar em todo o Brasil fazendo atendimentos terapêuticos para pessoas de diferentes idades e perfis. Ele faz uso de técnicas naturais para promover a saúde e tratamentos naturais de forma a complementar os tratamentos médicos, visando sempre o equilíbrio físico, energético e emocional. Com uma formação profissionalizante em Naturopatia, você também pode ter seu espaço terapêutico, fazer parcerias com clínicas médicas, terapêuticas ou mesmo com o SUS (Sistema Único de Saúde) além de poder abrir seu consultório terapêutico devidamente registrado.

Nas Faculdades Cruzeiro do Sul, a especialização pode ser feita em 12 meses. Na grade, disciplinas como Cristaloterapia, Aromaterapia, Geoterapia e Termalismo Social e Radiestesia.[54]

RISCOS

Em junho de 2019, a mídia de língua inglesa noticiou a morte da britânica Katie Britton-Jordan, de 40 anos, vítima de câncer de mama. Diagnosticada com a doença em 2016, Katie optou por não seguir o curso de tratamento recomendado pela Medicina e decidiu confiar sua vida a uma dieta vegana e a um combo de terapias "naturais". De acordo com o jornal australiano *The Sun*:[55]

> Ela foi orientada no sentido de que o melhor seria uma mastectomia, seguida de quimioterapia e radioterapia. Médicos disseram que a doença era tratável, mas que, sem intervenção médica, ela morreria. Mas, depois de pesquisar por conta própria, ela decidiu recusar isso e adotar uma abordagem alternativa, acrescentando que isso seria "a melhor opção para mim".

Essa "abordagem alternativa" incluía, além da dieta vegana, produtos caros e de base científica frágil ou inexistente, como injeções de extrato de visco, cúrcuma e o uso de câmaras hiperbáricas. Os custos estimados chegavam a dezenas de milhares de libras, e um sistema de "vaquinha virtual", ou *crowdfunding*, foi montado para sustentar o "tratamento" (a terapia convencional, se aceita, seria coberta pelo sistema público de saúde inglês).

Postagens em redes sociais deixam claro que Katie queria muito sarar da doença e viver. Mãe de uma menina de 2 anos, quando diagnosticada, ela disse que desejava ver a filha crescer. A criança ficou órfã de mãe aos 5 anos.

A decisão original de renegar terapias de base científica e buscar uma cura "natural e holística" fez de Katie uma celebridade nos tabloides britânicos em 2017. Jornais como *Daily Mail*[56] e *Mirror* publicaram perfis elogiosos, que punham em evidência o suposto caráter "heroico" da decisão. Mas, ao publicar o obituário de Katie, o *Daily Mail* destacou que ela havia recusado tratamentos que "comprovadamente salvam vidas".[57]

O caso de Katie está longe de ser único. Em 2015, a australiana Jess Ainscough, de 29 anos, morreu de um câncer que havia decidido tratar, por meios "naturais", três anos antes. Ela se tornou conhecida como blogueira, usando a alcunha de "Wellness Warrior" ("Guerreira do Bem-Estar").

Jess chegou a escrever um artigo para a mídia australiana explicando e defendendo sua decisão de "educadamente, recusar as ofertas de cirurgia, quimioterapia e radiação e iniciar a busca por tratamentos naturais de câncer", argumentando que "a abordagem natural busca tratar o corpo como um todo. Nutrição, meditação e exercícios trabalham juntos para fortalecer o sistema imune, e então nos tornamos mais capazes de combater a doença, sem nenhum efeito colateral danoso".[58]

Além de vidas perdidas, Katie Britton-Jordan e Jess Ainscough são vítimas de uma ideologia cruel, que causa dor e mortes desnecessárias.

Números publicados em 2019, pela Sociedade de Câncer dos Estados Unidos, mostram que, de 1991 a 2016, a mortalidade por câncer caiu 27% no país, taxa que se traduz num número de vidas salvas estimado em mais de 2,5 milhões.[59]

Na contramão desses avanços, estudo publicado no *Journal of the National Cancer Institute*[60] apontava que pessoas que desistem do tratamento convencional contra o câncer e optam por terapias "naturais", "holísticas" ou "alternativas" correm risco até seis vezes maior de perder a vida para a doença do que quem segue o curso recomendado pela Medicina.

Outro estudo, do mesmo ano, mostrava que o mero uso de terapias alternativas como estratégia "complementar" ao tratamento médico correto aumentava o risco de abandono desse tratamento – e, por consequência, o risco de vida.[61]

Desde risco real de perder a vida e desenvolver transtornos alimentares e de imagem, até riscos relativamente menos graves, como perder dinheiro, tempo e bom humor correndo atrás de soluções milagrosas para problemas que são sérios e necessitam de intervenções reais, ou imaginários, mas que surgem de insatisfações e desconfortos reais que fazem parte da vida, o mercado do natural e do bem-estar vai do perverso ao fútil, causando um estrago muitas vezes irreversível.

A verdade é que o estresse do dia a dia, decorrente de sobrecarga no trabalho, jornada dupla de mulheres que sentem as pressões da sociedade para serem mães, donas de casa, sexualmente atraentes e bem-sucedidas profissionalmente – tudo ao mesmo tempo e com perfeição –, não será "curado" com suco de couve, aulas de spinning ou meditação, mas com mudanças sociais que são demoradas e demandam um esforço contínuo de luta política e reinvindicação. A liberdade sexual e a igualdade social da mulher não serão conquistadas com ovos de jade na vagina, mas com movimentos organizados por direitos e salários iguais, e representatividade nos conselhos empresariais, acadêmicos e sistemas políticos e governamentais. O que humaniza um parto é o tratamento respeitoso dispensado à gestante, não o fato de ele acontecer em casa, ou num bosque, e sem anestesia. E a mulher que quiser parir fora do hospital deve ser devidamente informada de que os riscos para ela e para o bebê são maiores do que em um local devidamente assistido por profissionais de saúde.

Vale repetir que ninguém, em sã consciência, é contrário à alimentação saudável, ao exercício físico ou nega que algum nível de contato com a natureza seja agradável do ponto de vista emocional e psicológico. Mas os movimentos de bem-estar, de trilhões de dólares, não promovem isso. Promovem serviços e produtos desnecessários e perigosos, cujo único objetivo não é favorecer a saúde, mas levar à dependência de um estilo de vida que é altamente lucrativo para quem o vende e autoritário e manipulador para com quem nele embarca.

CURAS ENERGÉTICAS

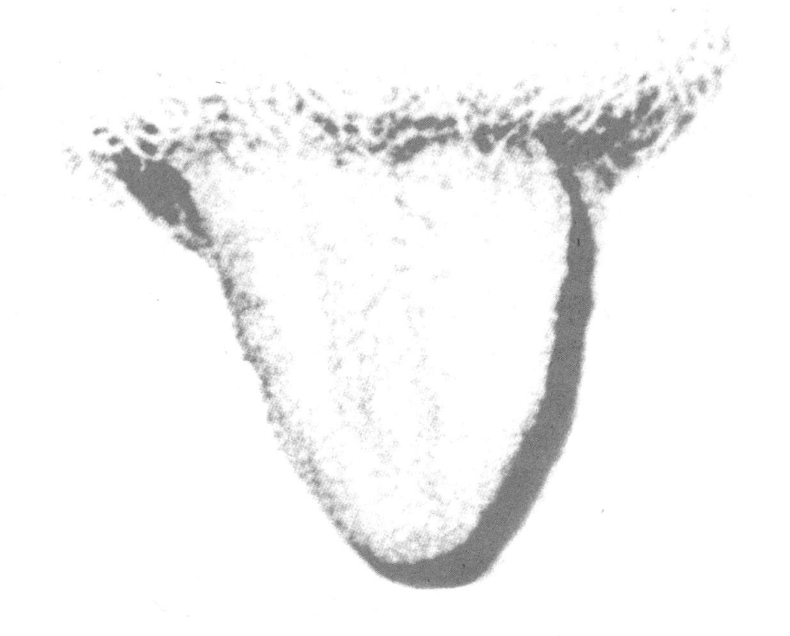

Expressões como "medicina energética", "cura de base energética" e mesmo "energia" são usadas de modo vago e muito pouco preciso no campo das chamadas práticas integrativas e complementares (PICs), categoria classicamente conhecida como a das "medicinas alternativas". Em linhas gerais, "energia" é uma espécie de conceito-tampão usado para preencher as sempre constrangedoras lacunas explicativas presentes na defesa dessas modalidades: se o mecanismo de ação proposto não faz sentido ou contraria princípios básicos da física, da química e do bom senso, ele ainda assim é apresentado como viável porque envolve algo difícil de entender, a tal "energia". Em termos retóricos, é o equivalente de interromper o jogo (ou, no caso, o questionamento) chutando a bola no mato.

Nesse aspecto, até mesmo modalidades cobertas em outras partes deste livro, como acupuntura ou homeopatia, poderiam ser tratadas como "energéticas" (e são, de fato, discutidas em obras de proselitismo como *Energy Medicine: The Scientific Basis* (Medicina Energética: A Base Científica, em tradução livre, de James Oschman[1]).

Neste capítulo, no entanto, vamos nos ater a terapias que pressupõem algum tipo de "fluxo energético" passando entre terapeuta e paciente, como reiki, toque terapêutico (TT), johrei ou a modalidade chinesa conhecida como qigong. Essas terapias têm em comum o fato de dependerem da chamada "imposição de mãos", isto é, a realização de movimentos manuais e de padrões de gesticulação que, em tese, detectam, controlam e dirigem certos fluidos invisíveis, supostamente capazes de alterar estados de saúde. O passe espírita, abstraída sua conotação religiosa, encaixa-se aqui também.

Esses movimentos e gestos tradicionalmente são feitos ao redor do corpo do paciente, quase sempre sem tocá-lo. Quando algum toque acontece, o local e a intensidade são determinados pela lógica da troca de "fluidos" entre terapeuta e paciente: a essência do tratamento é "a comunicação de energia vital", não qualquer efeito puramente mecânico de massagem. Entre os proponentes contemporâneos dessas modalidades há quem afirme que a energia curativa pode ser projetada por longas distâncias, ou mesmo via equipamentos eletrônicos de telecomunicação, como computadores conectados à internet e telefones celulares.

Há dois problemas com essa família de terapias. O mais evidente é que a suposta "energia" que seria ativada, mobilizada, desbloqueada etc., por essa série de práticas não existe.

Podemos afirmar isso por uma série de motivos. Sabemos que essa "energia vital" não pode estar relacionada a nenhuma das quatro forças fundamentais do Universo reconhecidas pela Física (gravidade, eletromagnetismo e as duas forças nucleares, forte e fraca), simplesmente porque, se estivesse, já teria sido detectada e medida por instrumentos durante a interação entre terapeuta e paciente.

O argumento de que as energias curativas são por demais sutis para serem captadas por equipamentos científicos não procede: qualquer interação forte o suficiente para deslocar um elétron dentro de uma molécula no corpo humano é também forte o suficiente para ser captada pelos instrumentos de que a ciência dispõe hoje.

Alguns autores, como o biofísico James Oschman, atualmente professor numa instituição de ensino à distância chamada Universidade de Medicina Energética, baseada nos Estados Unidos,[2] argumentam que os campos eletromagnéticos que realmente existem no corpo humano, como os gerados no coração e no sistema nervoso, poderiam ser a fonte dessas energias.

O problema é que esses campos têm intensidade extremamente baixa. Por isso que instrumentos projetados para detectá-los, como eletrocardiogramas (ECG) e eletroencelafogramas (EEG), requerem sensores em contato direto com a pele, e não antenas do outro lado do consultório médico.

A ideia de que o eletromagnetismo natural do coração, do cérebro ou dos nervos seria capaz de desencadear efeitos biológicos relevantes fora do corpo, ou no corpo de outras pessoas, não tem base científica e desafia um princípio fundamental da Física, o de que a intensidade do campo eletromagnético cai com o quadrado da distância: cada vez que se dobra o espaço entre fonte e receptor, a intensidade se reduz a um quarto. Se o poder da fonte já é baixo, qualquer distância mínima logo reduz a intensidade do sinal recebido a quase zero – ele efetivamente se perde no ruído de fundo.

Há quem apele para conceitos como "campo de consciência" ou "vácuo quântico" para contornar essa limitação – como se esses entes tivessem a capacidade de amplificar ou multiplicar os sinais de origem. Mas "campo de consciência" não existe, e o vácuo quântico não funciona do jeito que os proponentes da medicina energética imaginam. Se estiver curioso, tratamos desses dois personagens no capítulo sobre Poder Quântico e Pensamento Positivo.

Também se sabe que não há forças desconhecidas capazes de desempenhar esse mesmo papel, e pelo mesmo motivo: qualquer fenômeno, capaz de gerar os efeitos que os promotores de curas energéticas alegam observar em seus pacientes, já teria sido notado por instrumentos.

Dizer que há forças misteriosas em ação é como dizer que há um gigante invisível passando diante de nós. É verdade que não podemos vê-lo, por definição, mas se fosse real, sentiríamos o chão tremendo sob o peso de seus passos e veríamos suas pegadas. Não é o caso das supostas "energias sutis" invocadas pela parcela da comunidade de curas energéticas que acredita haver "algo além" do eletromagnetismo causando os efeitos que supõem existir.

Como escreve o físico Sean Carroll em seu livro *The Big Picture* (O Quadro Geral):[3]

> sabemos que não há novas partículas ou forças por aí, ainda a serem descobertas, que poderiam apoiar [poderes paranormais]. E não simplesmente porque ainda não as descobrimos, mas porque definitivamente já as teríamos descoberto, se tivessem as características necessárias para nos dar os poderes necessários.

Repare que Carroll não afirma que nenhum novo fenômeno físico jamais será descoberto; o que diz é que qualquer nova força, se relevante na escala humana, do cotidiano, já teria sido notada, caso de fato existisse. Outro físico, Victor Stenger, num artigo científico que discute exatamente quais seriam as bases de uma suposta força vital, "The Physics of Complementary and Alternative Medicine"[4] (A Física da Medicina Alternativa e Complementar), lembra que organismos vivos são feitos dos "mesmos quarks e elétrons que compõem uma rocha ou um rio", são alvo das mesmas forças, e que a ciência hoje é capaz de detectar efeitos eletromagnéticos infinitesimais – mas jamais captou indício de força vital ou poder psíquico.

Claro, o fato de a ciência ser incapaz de explicar um fenômeno não implica, necessariamente, que o fenômeno não existe. No século XVIII não havia explicação razoável para pedras que caíam do céu, e nem por isso meteoritos deixavam de aparecer. Mas aí chegamos ao segundo problema das terapias energéticas: quando tomamos todos os cuidados necessários para isolar as fontes de erro e engano que tendem a levar as pessoas a acreditar em coisas que não existem – tema discutido na introdução deste livro – fica claro que qualquer benefício atribuído às "curas energéticas" é na verdade causado pelos nossos velhos amigos efeito placebo, regressão para a média – quando uma piora súbita é seguida por um período de alívio, no curso natural da doença –, remissão espontânea, efeito de um tratamento convencional com remédios convencionais ou mera coincidência.

Em 1992, quando o Congresso dos Estados Unidos, cedendo ao *lobby* dos promotores de práticas terapêuticas sem base científica, decidiu que os Institutos Nacionais de Saúde (NIH), principais financiadores de pesquisa médica do mundo, deveriam estabelecer um Departamento de Medicina Alternativa (OAM), uma das áreas de estudo incluídas foi a de terapias de "biocampo". Esse novo termo, "biocampo", foi definido como "um campo desprovido de massa (não necessariamente eletromagnético) que cerca e permeia corpos vivos e afeta o corpo".[5]

Fora a curiosa semelhança com o conceito de "força" que aparece no filme *Star Wars*[6] de 1977 e em suas sequências, chama atenção qual a necessidade de introduzir, nas ciências da saúde, a hipótese da existência de um "biocampo", algo tão misterioso que pode estar até além das quatro forças fundamentais reconhecidas pela Física. A resposta oferecida é: o biocampo é necessário para explicar como coisas do tipo reiki, TT e qigong funcionam.

MAS QUEM DISSE QUE FUNCIONAM?

Emily Rosa tinha 11 anos quando conseguiu algo com que muitos cientistas com décadas de carreira apenas sonham: assinar um artigo publicado num periódico científico de primeira linha. Em abril de 1998, o *Journal of the American Medical Association* (*JAMA*) trazia a público o trabalho "A Close Look at Therapeutic Touch"[7] ("Um Exame Detalhado do Toque Terapêutico", em tradução livre), em que um experimento, desenhado por Emily dois anos antes para a feira de ciências da escola, demonstrava que praticantes de TT eram incapazes de detectar o tal "campo energético humano" (ou "biocampo"), de que suas supostas "curas" dependiam.

A metodologia adotada era de uma clareza solar: profissionais de TT (21 ao todo, alguns com mais de 25 anos de experiência profissional na área) tinham de introduzir suas mãos por um anteparo e determinar se, do outro lado, havia ou não a mão de outro ser humano. As chances de acerto, por pura sorte, eram de 50%. Se realmente houvesse um campo energético humano, "energia sutil" ou força vital detectável, o resultado deveria ser próximo de 100%. A real: 44%. O experimento publicado em *JAMA* foi composto de 280 testes individuais, e os participantes tinham, em alguns casos, quase três décadas de experiência em TT. Eram "sensitivos" tarimbados.

O toque terapêutico foi inventado, no início década de 1970, por uma ocultista holandesa radicada nos Estados Unidos, Dora Kunz, e uma professora de Enfermagem da Universidade de Nova York, Dolores Krieger.

Krieger era uma seguidora da teosofia (uma doutrina esotérica que mistura conceitos com sabor de ficção científica, como Atlântida e influências extraterrestres na história humana, a temas do espiritismo e do misticismo oriental, e da qual trataremos mais a fundo no capítulo sobre seu filhote mais famoso, a antroposofia). Kunz declarava-se vidente, curandeira e havia presidido a Sociedade Teosófica nos Estados Unidos.

O antropólogo J. Gordon Melton, especialista no estudo e na história dos movimentos religiosos nos Estados Unidos, escreve[8] que "Krieger sugeriu que o toque terapêutico funcionava com base numa teoria do fluxo de energia vital num corpo saudável [...]. Num corpo saudável, a energia vital flui livremente por caminhos preestabelecidos. Se a energia é bloqueada, a doença aparece. Muitos curandeiros afirmam 'sentir' o fluxo de energia. Praticantes de toque terapêutico trabalham com o campo energético e injetam nova energia em pessoas com fluxos energéticos sufocados".

A *Encyclopedia of Energy Medicine*[9] (Enciclopédia de Medicina Energética),[9] por sua vez, resume a abordagem do TT em "três princípios": "Seres humanos consistem de campos de energia, doenças são desequilíbrios desses campos e terapeutas treinados são capazes de intervir no campo de energia de um indivíduo para auxiliar o processo natural de cura".

O experimento de Emily Rosa põe todos esses "princípios" em questão.

Em artigo publicado em 1975 em *The American Journal of Nursing*,[10] Krieger dava como referências científicas estudos que, além de terem diversos defeitos metodológicos, partiam sempre do pressuposto de que a energia vital existia e seria a responsável por qualquer melhora identificada. A hipótese fundamental, de que a energia está lá, é manipulada pelo terapeuta e causa mudanças na saúde, não é questionada.

No mesmo artigo, ela menciona o conceito indiano de prana, que ela interpreta como energia vital. A professora escreve que "a literatura afirma que o prana é intrínseco ao que chamaríamos de molécula de oxigênio", e reconhece a dívida de sua técnica para com ideias e práticas originárias da Ásia.

QIGONG

Vamos, então, à Ásia. Dez anos antes da publicação de Emily Rosa, um grupo de pesquisadores dos EUA e do Canadá havia visitado a China, a convite de cientistas chineses, para auxiliar nos testes de práticas ligadas à medicina tradicional chinesa (MTC) e outros supostos fenômenos paranormais.

As aventuras desse comitê, do qual fez parte o ilusionista James Randi, são descritas num dos capítulos do livro *The Hundredth Monkey: And Other Paradigms of the Paranormal*[11] (O Centésimo Macaco e Outros Paradigmas do Paranormal). A que nos interessa, em particular, trata do teste de um certo doutor Lu, mestre qigong, uma forma chinesa de "cura" por imposição das mãos com (suposta) transferência, transmissão ou manipulação de alguma forma de energia vital.

Embora supostamente alicerçada em tradições milenares, a terapêutica qigong surge, com esse nome – "qi" significando algo como "espírito" ou "força vital" e "gong", "perícia", "habilidade" – em 1955, num centro de repouso para funcionários do governo comunista em Pequim. O primeiro tratado sobre o assunto é publicado em 1957.

O criador da prática, Liu Guizhen, era funcionário da administração da municipalidade de Nangong, na província de Heibei. Sua invenção assimilou algumas técnicas tradicionais budistas, taoístas e de origem folclórica envolvendo a relação entre movimento do corpo, exercício físico, respiração e saúde, mas numa leitura particular. Existe uma distinção entre qigong "interno" – que envolve técnicas de exercício, meditação e respiração – e "externo" – que trata da projeção da "energia vital" de um terapeuta para o paciente. Alega-se que, na prática do qigong externo, os dedos das mãos do terapeuta emitem uma radiação capaz de evitar ou curar doenças, incluindo asma, úlceras gástricas e câncer.[12]

O qigong interno, ao menos, tem alguma plausibilidade inicial: a ideia de que exercício físico, técnicas de relaxamento e de controle da respiração podem ser benéficos para a saúde não viola nenhuma lei da Física, da Biologia e nem mesmo o mero bom senso. Ainda assim, seu sucesso em estudos controlados tem sido decepcionante.[13]

O tratamento e a interpretação oficiais dados ao qigong, dentro da China, foram mudando com o passar do tempo, ao sabor das variações da política oficial do Partido Comunista Chinês (PCCh) em relação às tradições filosóficas, mágicas e religiosas encontradas no país, ora vistas como superstição e "entulho feudal", ora como símbolos da sabedoria natural do povo simples e trabalhador. O próprio Liu foi homenageado num certo período, caiu em desgraça por algum tempo e depois se viu reabilitado.[14]

O qigong teve papel importante nos debates travados dentro do Estado chinês sobre a validade da pesquisa científica sobre fenômenos paranormais ou sobrenaturais, uma possível fonte de atrito político, dada a ideologia marxista e materialista oficial do PCCh. Quando de sua aceitação inicial, nos anos 1950, a terapêutica foi "explicada cientificamente" pela teoria dos reflexos condicionados do russo Ivan Pavlov, o que, em termos atuais, pode ser encarado como uma admissão de que a terapia produz apenas um efeito placebo.

A partir dos anos 1980, no entanto, o influente cientista militar Qian Xuesen, um dos pais do programa espacial chinês, tornou-se um importante proponente da exploração "científica" dos supostos poderes paranormais dos seres humanos, e anexou o qigong a sua causa. "Ele propôs uma nova definição de qigong que sustentava que a prática seria não apenas muito eficaz na cura de doenças e na manutenção da saúde, mas também dava às pessoas poderes sobrenaturais",[15] como percepção extrassensorial e telecinese (o poder de mover objetos apenas com a força do pensamento).

Mas, voltando ao doutor Lu: numa demonstração inicial para o comitê de cientistas convidados, ele realizou suas manipulações energéticas sobre uma paciente, que reagiu de modo dramático, movendo-se "às vezes de forma lenta e comedida; às vezes, violenta e convulsiva", como descrito em *Hundredth Monkey*. O mestre qigong estava a dois metros e meio da voluntária.

Os norte-americanos sugeriram uma demonstração da prática sob condições um pouco mais rigorosas. O teste foi, como no caso de Emily Rosa, de uma clareza fantástica: mestre e paciente foram colocados em salas separadas, sem contato visual ou acústico entre si (doutor Lu tinha certeza de que sua capacidade de manipular e emanar qi funcionaria à distância e através de paredes).

Durante uma série de rodadas de duração predeterminada, o mestre iria emitir energia na direção da paciente ou se manter imóvel – o que aconteceria em cada rodada seria determinado por um lance de cara ou coroa.

Questão: será que a voluntária iria entrar em movimento, ou teria convulsões, nas mesmas rodadas em que doutor Lu estaria enviando energias? Caso a hipótese qi estivesse correta, a correlação temporal entre uma coisa e outra deveria ser próxima de 100%: sempre que o mestre projetasse sua energia através da divisória entre os quartos, o corpo da voluntária deveria responder. Sempre que o mestre estivesse parado, sem mobilizar seu qi, a voluntária deveria permanecer também imóvel ou agindo de modo normal.

Resultado, registrado no livro:

> durante um período, a moeda saiu coroa quatro vezes seguidas; isso significa que o mestre qigong não transmitiu qi por 14 minutos e 45 segundos. No entanto, a voluntária se contorceu ao longo de todo esse tempo. As duas únicas rodadas em que a voluntária se manteve imóvel foram rodadas em que a moeda havia caído cara e o doutor Lu tentava influenciar a paciente.

O relato em *The Hundredth Monkey* diz ainda que experimentos para tentar detectar a suposta energia que fluiria dos dedos dos mestres qigong já haviam sido realizados antes da chegada do grupo de investigadores norte-americanos, com resultados negativos.

REIKI E JOHREI

O reiki ("rei", divino, miraculoso; "ki", energia, sopro) foi desenvolvido no Japão por Mikao Usui, membro de um grupo espiritualista e de pesquisa paranormal chamado Rei Jyutsu Kai. Usui teria recebido a revelação do reiki após um jejum de 21 dias.[16] Uma versão da história diz:

> À medida que o tempo passava, ele ia ficando mais e mais fraco. Agora era março de 1922, e à meia-noite do vigésimo-primeiro dia [de jejum], uma poderosa luz penetrou sua mente de repente, a partir do topo da cabeça, e ele sentiu como se tivesse sido fulminado por um raio.[17]

O relato prossegue:

> Ao nascer do sol, ele despertou e percebeu que, embora antes estivesse se sentindo fraco e à beira da morte, agora encontrava-se repleto de um estado extremamente agradável de vitalidade que jamais experimentara antes; um tipo miraculoso de energia espiritual de alta frequência havia deslocado sua consciência normal, substituindo-a por um nível de percepção espantosamente novo.

A epifania levou Usui a sentir-se uno com "a energia e a consciência do Universo". Cheio de alegria, ele se pôs a correr ladeira abaixo, descendo a montanha onde havia se refugiado para jejuar e meditar. Durante a corrida, tropeçou numa pedra e caiu. Ao massagear o dedão do pé que havia machucado na topada, sentiu uma energia de cura fluir de suas mãos, e a dor desapareceu.[18] Nascia o reiki.

Ainda no mesmo ano de 1922, Usui estabeleceu uma organização própria para promover sua técnica de cura, a Usui Reiki Ryoho Gakkai.[19] Baseado na imposição das mãos, o reiki tem uma doutrina que postula, além de fluxos de energia vital entre terapeuta a paciente, a existência de uma fonte universal dessa energia, a que o terapeuta treinado teria acesso infinito.

O praticante supostamente entra em sintonia com essa fonte e passa a acessá-la, podendo administrar esse fluido benfazejo "a si mesmo, a pessoas, a animais, objetos e ao mundo natural, por meio de técnicas de cura à distância".[20] O processo de sintonização envolve o recebimento de símbolos secretos de cura.

O reiki, assim como uma técnica denominada simplesmente "imposição de mãos", é uma das 29 PICs reconhecidas formalmente pelo Ministério da Saúde brasileiro, que em seu website oferece a seguinte definição:

> Prática terapêutica que utiliza a imposição das mãos para canalização da energia vital visando promover o equilíbrio energético, necessário ao bem-estar físico e mental. Busca fortalecer os locais onde se encontram bloqueios – 'nós energéticos' – eliminando as toxinas, equilibrando o pleno funcionamento celular, e restabelecendo o fluxo de energia vital – Qi. A prática do Reiki responde perfeitamente aos novos paradigmas de atenção em saúde, que incluem dimensões da consciência, do corpo e das emoções.[21]

O manual preparado por Usui para a instrução de seus discípulos diz que "qualquer parte do corpo de um terapeuta pode irradiar luz e energia, particularmente os olhos, a boca e as mãos", e que "dor de dente, cólicas, dor de estômago, dor de cabeça, tumor de mama, feridas, cortes, queimaduras e outros inchaços e dores podem receber alívio rápido e desaparecer".[22]

Embora tenha sido criado no início do século passado no Japão, o reiki popularizou-se no mundo ocidental apenas a partir da década de 1970, começando pelos Estados Unidos, graças aos esforços da mestra Hawayo Takata e de seus discípulos imediatos, que souberam aproveitar a onda de interesse por filosofias e terapias alternativas desencadeada pelo movimento New Age.

Takata, filha de imigrantes japoneses radicados no Havaí, havia estipulado uma taxa de US$ 10 mil para que um discípulo pudesse receber o título de Mestre Reiki, mas após sua morte outros mestres passaram a oferecer treinamentos a preços populares, disseminando ainda mais a prática.

Hoje existem diferentes linhagens de reiki, algumas das quais integram elementos de outras doutrinas esotéricas, terapias alternativas e tradições espirituais; há até as que se tornaram negócios estruturados, com marca registrada (Mai Reiki, Karuna Reiki, Real Reiki, Holy Fire Reiki etc.). Algumas dessas linhas estabeleceram conexões comerciais com setores mais amplos da indústria de saúde e bem-estar, como fabricantes de suplementos alimentares (nos Estados Unidos é possível comprar cápsulas de "vitaminas reiki", por exemplo). Há ainda serviços on-line que oferecem tratamento reiki à distância, mediante solicitação via formulário de e-mail.[23]

O johrei, outra técnica japonesa de cura pela canalização de energia vital pelas mãos do terapeuta, foi criado por Mokichi Okada, fundador da Igreja Messiânica Mundial, e tem forte conotação religiosa – seus praticantes acreditam estar canalizando a "Luz Purificadora de Deus", para a eliminação dos pecados. Por meio dessa limpeza espiritual, seria possível obter saúde e prosperidade. Okada recebeu o chamado para fundar sua nova fé em 1925,[24] e a prática de cura emergiu pouco depois.

Quando analisada sob o aspecto puramente terapêutico, o johrei sofre dos mesmos problemas das outras modalidades de cura energética: ausência de plausibilidade científica e de evidência de efeitos superiores aos de um placebo.

SOPRO DE AR

Boa parte dos defensores da suposta eficácia das curas energéticas praticadas por imposição das mãos, independentemente da modalidade ou escola específica, gosta de reivindicar para sua técnica o caráter de prática ancestral, tradicional ou milenar. Como vimos, trata-se de uma mentira: o qigong surgiu em 1955, o reiki em 1922, o johrei, na década de 1930. Em comparação, a penicilina, comumente citada como um marco da medicina moderna, foi descoberta em 1928. No caso específico do reiki, seu fundador, Mikao Usui, fazia questão de afirmar que "não aprendi esta arte de cura de ninguém sob os céus, nem estudei [...]. Por acidente, percebi que havia recebido este misterioso poder de cura".[25]

O que se pode conceder, com uma boa dose de caridade, é que essas técnicas se desenvolveram, em parte, incorporando elementos folclóricos das culturas em que surgiram, mas dependem de um modo de pensar a saúde e a fisiologia humana que é claramente pré-moderno. Há quem veja vantagem nisso.

Mas a antiguidade de uma prática curativa, ou mesmo o respeito devido à relevância cultural que talvez possua, não tem absolutamente nada a ver com sua segurança, possível eficácia ou validade: são questões distintas e independentes. Basta lembrar que sangrias foram praticadas por milênios no Antigo Egito, na China, na Índia,[26] na Europa e nas Américas até o século XIX[27], quando boas observações, experimentos bem planejados e análises estatísticas finalmente demonstraram que sangrar pacientes causava mais mortes do que não fazer nada.[28]

Mesmo onde os apelos à tradição ancestral têm alguma legitimidade histórica, os apologistas das curas energéticas cometem o anacronismo de projetar no passado remoto um conceito essencialmente moderno, o de "energia" entendida como algo imaterial que pode ser transmitido e captado, como ondas de rádio.

Originalmente, palavras como "qi", "ki" e "prana" referiam-se a coisas como ar, gás, vapor, respiração: uma substância física, material, ainda que rarefeita. Antes da Era Moderna, não havia sequer a concepção de "energia", como algo à parte da matéria, na filosofia chinesa.[29] A noção de que a saúde estaria ligada à livre circulação de ki derivava da hipótese errônea de que haveria um sistema de circulação de ar pelo interior do corpo – tão falsa quanto a crença europeia de que a saúde seria resultado de um equilíbrio entre quatro líquidos, os quatro humores da tradição hipocrática, no interior do corpo humano.

Como explica o especialista em história médica chinesa Yuan Zhong,[30] durante séculos os médicos da China tiveram de conviver com sérias restrições culturais que impediam a dissecação do corpo humano – algo que também foi comum no Ocidente –, e os principais modelos disponíveis eram as vítimas de execuções, que ocorriam principalmente por decapitação.

"Após a descida do machado, o sangue deixa o corpo rapidamente, e os observadores da Antiguidade presumiam que esse líquido vinha da cavidade corporal, não dos curiosos tubos, aparentemente vazios, que conseguiam ver depois de o sangue ir embora", explica o médico e historiador, acrescentando que os sábios antigos imaginavam que esses "tubos vazios" – veias e artérias – deviam, no ser humano vivo, estar repletos de algum tipo de ar ou gás especial – o "qi".

É verdade que, com o passar dos séculos, o conceito foi se tornando cada vez mais abstrato, aproximando-se de uma ideia mais geral de vitalidade, força vital ou de uma qualidade mágica, espiritual, mas sua conexão com o ar – com algo que reside no ar – continuou muito próxima, como fica claro na especulação da criadora do toque terapêutico sobre prana ser algo "intrínseco ao que chamaríamos de molécula de oxigênio", e no valor que diversas práticas supostamente baseadas em "energia" dão aos exercícios respiratórios.

Na origem, prana, ki ou qi provavelmente não eram nada além do que elaborações pré-científicas da constatação, muito real, de que o ar e a respiração são essenciais para a vida, e de que há uma ligação forte entre o ritmo e fluxo da respiração e estados emocionais e condições ligadas ao estresse e ao relaxamento.

ENERGIA VITAL

A transição da metáfora fundamental do qi (ou ki, ou prana), de um tipo de gás para uma forma de radiação, contou com uma forte contribuição ocidental. Na Europa, a cura pela imposição das mãos obteve feições médico-científicas – deixando de ser apenas uma forma de manifestação mítica e religiosa, um processo de cura pela fé – com o trabalho do médico alemão Franz Anton Mesmer.

Mesmer dizia ter descoberto uma nova força da natureza, o "magnetismo animal", que seria uma manifestação do mesmo fluido universal responsável por produzir a força da gravidade e o ferromagnetismo: um poder sutil com o qual ele se propunha ao manipular os fluxos do "fluido magnético" nos corpos de seus pacientes, ao curar doenças nervosas (isto é, mentais ou psicossomáticas) "diretamente" e males físicos "indiretamente". A despeito dessa distinção um tanto quanto confusa (qual a diferença exata entre cura "direta" e "indireta"?) feita por Mesmer em 1779, nos anos seguintes o magnetismo animal passou a ser promovido pelo lema "uma só doença, uma só cura", como se problemas emocionais, mentais e físicos fossem todos igualmente suscetíveis à técnica.

O poder magnético podia ser emitido pelos dedos do terapeuta, influenciando diretamente o paciente. Também seria possível saturar certas substâncias, como água, com ele. Entre os postulados do médico, encontram-se:

> A ação [do fluido] faz-se sentir à distância, sem o auxílio de corpos intermediários; é intensificada e refletida por espelhos, assim como a luz. É comunicada, intensificada e propagada pelo som. Esse poder magnético pode ser estocado, concentrado e transportado.[31]

É difícil, senão impossível, saber até que ponto Mesmer enganava-se a si mesmo tanto quanto enganava seus pacientes. Mas a decisão de se mudar para Paris veio depois de seu fracasso na tentativa de usar o magnetismo animal para curar a cegueira da pianista e compositora Marie-Thérèse Paradis, uma protegida da imperatriz da Áustria. Corria o ano de 1778. A França então vivia, já há mais de duas décadas, a era dos grandes golpistas, como o conde de Saint-Germain, que encantava a alta sociedade com relatos de eventos prodigiosos e insinuando capacidades sobrenaturais.

Mesmer apresentava-se mais como homem de ciência do que do oculto, mas essa era uma época de fronteiras difusas. Saint-Germain, por exemplo, aparentemente tinha um interesse sincero no que poderia ser chamado de química industrial, convencendo Luís XV e, depois, o príncipe dinamarquês Karl de Hesse-Kassel a estabelecer laboratórios para a produção de tintas e tinturas.

Em suas volumosas memórias, o famoso sedutor Giacomo Casanova refere-se a Saint-Germain como o "rei dos impostores e charlatões, que afirmava, de modo tranquilo e confiante, ter mais de trezentos anos de idade, conhecer os segredos da Medicina Universal, possuir o domínio da natureza, ser capaz de derreter diamantes, moldando, a partir de dez ou doze pequenas gemas, um único grande diamante da mais fina água".[32]

O próprio Casanova não hesitava em apelar para a magia quando o que estava em jogo era a simpatia (e o dinheiro) de uma dama da sociedade, fazendo-se passar por mago e alquimista para conquistar as graças da rica viúva Jeanne Camus de Pontcarré, marquesa d'Urfé. Casanova escreve que, depois de impressioná-la com um truque de cabala e numerologia, "deixei-a, levando comigo seu coração, sua alma, sua mente e o pouco de bom senso que ela ainda tinha".[33]

Foi nesse clima cultural que Mesmer se estabeleceu em Paris, cerca de 15 anos depois das aventuras de Casanova com a marquesa e menos de uma década antes dos escândalos envolvendo outro grande charlatão místico, o conde Cagliostro. Em sua breve biografia do médico alemão, Stefan Zweig reconhece que "Paris nunca esteve tão aberta a novidades, nem tão supersticiosa, quanto no início do Iluminismo".[34]

As transformações de perspectiva trazidas pela nova filosofia e pelos avanços científicos e tecnológicos da época tornavam muito fácil confundir realidade e ficção. Em seu clássico *Mesmerism and the End of the Enlightenment in France*[35] (Mesmerismo e o Fim do Iluminismo na França), o historiador Robert Darnton nota que, em 30 de abril de 1784, o *Journal de Paris* noticiava "a perda de um elemento": depois de milênios de predomínio da teoria de que tudo na natureza era feito de quatro elementos fundamentais – água, fogo, terra e ar – o químico Antoine Lavoisier e o matemático Jean Baptiste Meusnier haviam demonstrado que a água era "na verdade, ar" (isto é, composta de dois gases – que hoje chamamos de oxigênio e hidrogênio).

Se gases – fluidos invisíveis – eram capazes de produzir água, por que não curar doenças? Mesmer tornou-se, rapidamente, uma sensação em meio à aristocracia parisiense.

Para atender ao máximo possível de pacientes de uma vez, o médico alemão criou salas onde havia grandes tanques de água "magnetizada" e dos quais partiam hastes metálicas. As salas eram decoradas com luzes, espelhos e as sessões, acompanhadas por música. Os pacientes mais próximos dos tanques seguravam diretamente as hastes com uma das mãos, e com a mão livre tocavam uma das mãos de outros, mais afastados, que por sua vez seguravam as mãos de outros e esses, de mais outros. Cordas também partiam dos tanques e percorriam a sala, envolvendo os corpos de pacientes. Desse modo, a "corrente magnética" atravessava dezenas de pessoas, numa atmosfera de alta carga emocional, causando "crises mesméricas": convulsões, choro, movimentos involuntários de braços e pernas, gargalhadas, gritos – e, em alguns casos, supostamente, curas.

O TESTE

Em 1784, o rei Luís XVI, talvez incomodado pelo caráter escandaloso e orgiástico das sessões mesméricas, encomendou um relatório sobre magnetismo animal, estabelecendo uma comissão formada, entre outros, por Lavoisier e Benjamin Franklin, então embaixador dos Estados Unidos na França e, na época, uma das maiores autoridades vivas em eletricidade.

O relatório que a comissão produziu é um marco na história do pensamento crítico e da evolução do método científico. Stephen Jay Gould afirma, em seu ensaio clássico sobre o caso ("The Chain of Reason versus The Chain of Thumbs"[36], ou "A Cadeia de Raciocínio contra a Corrente de Polegares"), que Lavoisier provavelmente organizou os trabalhos e redigiu o relatório final, enquanto Franklin ficou encarregado de criar e conduzir experimentos.

Logo de saída, a comissão adotou a postura metodológica de determinar não se curas estavam acontecendo nas sessões de magnetismo, mas se o magnetismo existia. A razão era clara: curas podem ter várias causas, incluindo outros tratamentos paralelos e o próprio curso normal da natureza, mas, se o magnetismo animal não existisse, ele certamente não poderia ser causa de nada. Ou, nas palavras da comissão: "O magnetismo animal pode existir e ser inútil, mas certamente não pode ser útil caso não exista".

Os experimentos definitivos envolveram o que hoje chamaríamos de cegamento: às vezes os voluntários acreditavam estar sendo magnetizados, mas não estavam; às vezes acreditavam que não havia nada de magnético no ambiente, mas na verdade estavam bebendo água magnetizada, ou em contato com materiais magnetizados. Por exemplo: magnetizava-se uma de cinco árvores de um jardim e pedia-se a um voluntário considerado especialmente sensível aos fluidos que a identificasse. Ou magnetizava-se um de cinco copos d'água e pedia-se a um voluntário que o distinguisse dos demais. Os resultados eram os esperados pelo acaso: na maior parte das vezes, o "sensitivo" errava de modo cômico, por exemplo entrando em convulsões ao beber água comum e mantendo-se em perfeita compostura ao consumir água magnetizada. Segundo o relato de Gould:

> Eles vendaram os olhos de uma mulher e lhe disseram que Deslon [o principal discípulo de Mesmer] estava na sala, enviando-lhe magnetismo. Ele não estava, mas a mulher teve uma crise clássica. Então testaram a paciente sem a venda, dizendo-lhe que Deslon estava na sala ao lado, enviando-lhe fluido. Ele não estava, e ela teve uma crise.

Com esse trabalho, não muito diferente dos testes conduzidos duzentos anos depois na China com o mestre Lu ou mesmo do experimento de Emily Rosa, ficou evidente que o que causava crises, convulsões, choros e supostas "curas" não era o hipotético magnetismo animal, mas o estado de crença dos pacientes. A conclusão do relatório: "A prática da magnetização é a arte de amplificar gradualmente a imaginação". Mesma conclusão, ainda que articulada num vocabulário diferente, dos estudos de boa qualidade realizados no século XX sobre qigong e TT.

Mesmer havia se recusado a participar dos testes, dizendo que a comissão deveria contentar-se em falar com seus pacientes satisfeitos, rejeitando a metodologia proposta. Essa recusa em submeter-se aos termos da investigação de Lavoisier antecipa a falácia das "diferentes epistemes", tão comum na medicina alternativa dos dias de hoje, e que discutimos na introdução deste livro.

A tarefa de representar a escola do magnetismo animal perante a ciência acabou delegada a seu principal discípulo, o médico Charles d'Eslon, ou Deslon.

O resultado frustrante dos testes da comissão levou a acusações várias, muito choro e ranger de dentes. Mas, com o apoio do rei, o relatório teve difusão ampla e marcou o início da decadência do mesmerismo enquanto prática chique, da moda.

VITALISMO REDIVIVO

Ao associar o conceito de força ou princípio vital à ideia de magnetismo, Mesmer inadvertidamente pavimentou o caminho semântico para que esse poder imaginário deixasse de ser tratado como um gás ou fluido e passasse a ser visto como um tipo de energia, vibração ou radiação – exatamente a mesma evolução que o conceito físico, legítimo, de magnetismo sofreu ao longo do século XIX.

O toque final foi dado pelo barão Carl von Reichenbach, químico e industrialista alemão, que na década de 1850 afirmou ter descoberto a "força ódica", uma radiação composta por calor, eletricidade e magnetismo, que seria emanada por seres humanos, animais, plantas, ímãs, metais, cristais e que era visível para certos sensitivos, como uma aura.[37] Autores mais recentes, alinhados ao conceito contemporâneo de "bioenergia", identificam diretamente a força ódica de Reichenbach com o prana indiano e o qi/ki da China e do Japão.[38]

As propostas de "cura energética" partem de uma concepção vitalista da saúde. *Vitalismo* é um conceito complexo, que pode significar diferentes coisas em diferentes contextos[39]. Em Biologia e Medicina, costuma referir-se à crença de que há algo especial que separa a matéria viva da inanimada, que existe um "algo mais" nos processos biológicos que impede que sejam corretamente descritos e compreendidos em termos das leis físicas e químicas que afetam a matéria comum.

Foi uma posição que se desenvolveu na Europa, a partir dos séculos XVII e XVIII, para fazer frente ao mecanicismo de René Descartes, que propunha que os seres vivos seriam "apenas" máquinas altamente complexas.[40]

A natureza desse "algo mais" sempre foi fugidia. No limite, seria a alma implantada por Deus, e, como vimos, muitas modalidades de medicina energética mal se distinguem de seitas religiosas e passam muito facilmente de um discurso, na superfície, científico para um que é claramente místico ou, mesmo, teológico. Nesse aspecto, não é muito diferente do criacionismo: enquanto este último busca submeter a evidência científica ao crivo da "verdade" bíblica, propostas vitalistas tendem a tentar submeter a ciência ao crivo de uma certa "verdade" espiritual, tal como entendida na cultura New Age.

Como hipótese rigorosamente científica (em oposição a crença metafísica ou religiosa), o vitalismo começou a bater em retirada com a primeira síntese de moléculas orgânicas – até então consideradas exclusivas de seres vivos – em laboratório, em 1828, por Friedrich Wöhler. Com isso, ficou demonstrado que processos químicos ordinários bastavam para criar componentes de seres vivos, sem a necessidade de intervenções extraordinárias.

Hoje, o pensamento biológico vitalista sobrevive de duas formas: como metáfora ou quadro conceitual para tratar das propriedades emergentes da biologia – isto é, dos sistemas e funções que aparecem quando moléculas orgânicas interagem para criar o fenômeno da vida, como respiração, regulação, reprodução – e, de modo muito concreto, nada metafórico, como base de diversas concepções "alternativas, integrativas e complementares" de saúde.

A evidência empírica, tanto para a existência de um "biocampo" quanto para a eficácia de técnicas de "manipulação energética" é hoje ainda mais negativa do que era no momento em que foi elaborado o relatório da comissão sobre magnetismo animal do século XVIII. De fato, uma revisão recente da literatura sobre toque terapêutico[41] revela o estado lastimável do campo. Em pelo menos um caso, o "efeito positivo" descrito não passava de erro na interpretação dos dados estatísticos. E as autoras encontraram ainda "vários artigos publicados pela mesma equipe de pesquisa, dos quais pelo menos dois foram publicados com autores em ordem diferente e em diferentes periódicos, mas relatam exatamente os mesmos dados".

As autoras concluem que, desde a publicação seminal de Emily Rosa, "a pesquisa sobre terapia energética não melhorou em nada; se houve mudança, foi para pior". Para parafrasear o relatório de Franklin e Lavoisier, a imaginação, na ausência de uma suposta energia vital, produz efeitos notáveis; a suposta energia vital, na ausência da imaginação, não produz nada.

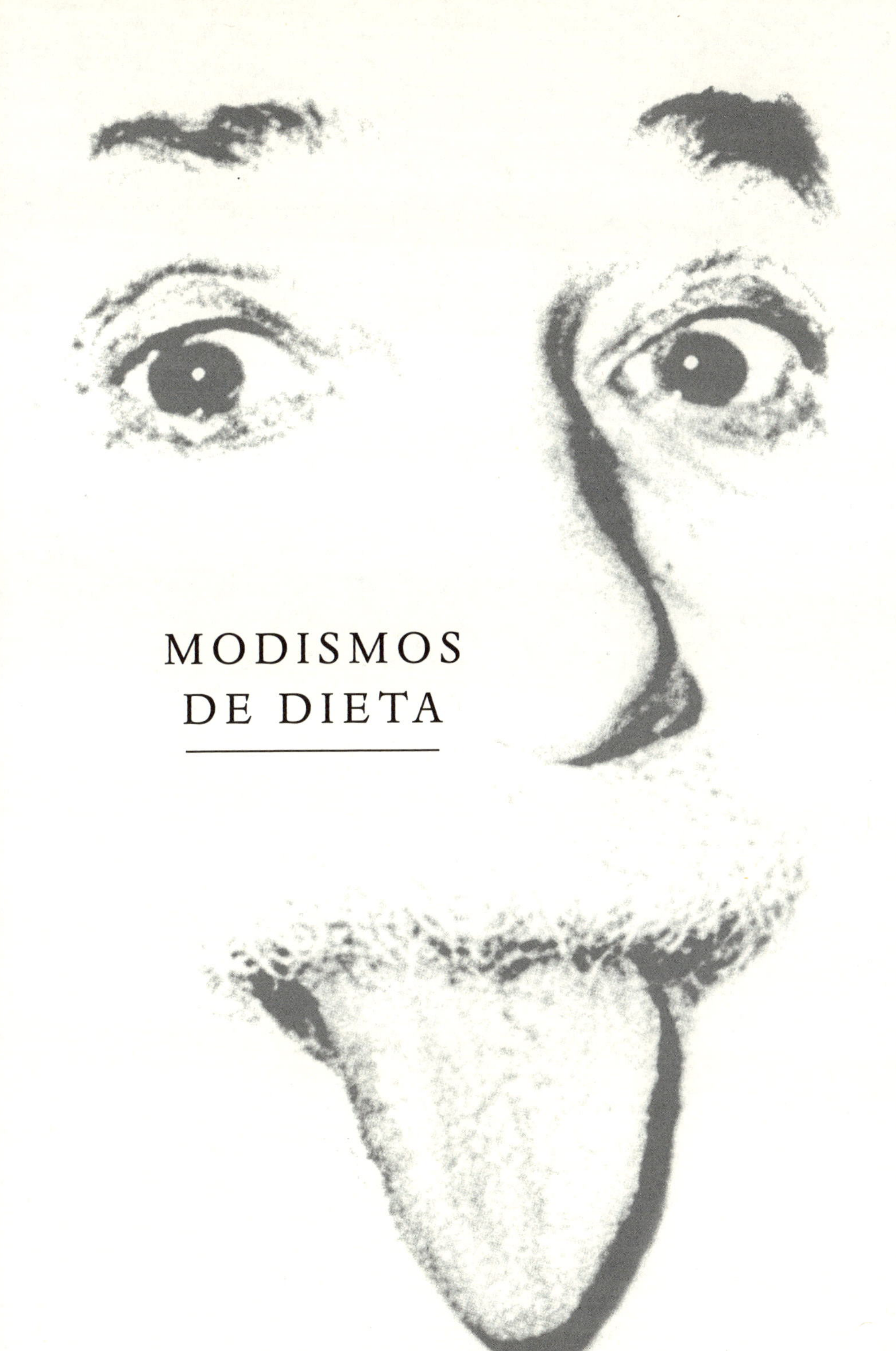

MODISMOS DE DIETA

Dietas para emagrecer, para "detoxificar" o corpo, para ganhar músculos, para ganhar disposição, dietas para ter mais saúde, para desinchar, para melhorar o sistema imune, para aumentar a libido, para curar doenças. Seja qual for o seu problema, alguém já inventou uma dieta que promete resolvê-lo. E pode ter certeza de que, cedo ou tarde, você vai ouvir falar dela. E talvez, mesmo sem estar muito a fim, você resolva dar uma chance, porque quem sabe, né? Mal não deve fazer.

Antes de prosseguir, um alerta: comida não é medicamento. É comum encontrar, até mesmo na literatura científica, uma frase atribuída a Hipócrates, o pai da Medicina na Grécia Antiga, "que o alimento seja seu remédio", mas não só Hipócrates nunca disse isso,[1] como se tivesse dito, estaria errado – o que seria compreensível, já que a ciência médica avançou muito nos últimos milênios.

O mercado de dietas para emagrecer ou para manter o peso foi avaliado em US$ 192 bilhões em 2019, com projeção para chegar a US$ 295 bilhões até 2027.[2] Uma família popular de dietas, a cetogência ou "*low-carb*" (dietas pobres em carboidratos: vamos explicar melhor mais adiante), movimentou US$ 8,4 bilhões em 2021, com projeção de US$ 14,5 bilhões até 2031. A região da Ásia-Pacífico foi apontada como a mais promissora para o crescimento deste nicho.[3]

O mercado de suplementos dietéticos, incluindo vitamínicos, foi avaliado em US$ 152 bilhões em 2021, com taxa de crescimento ao ano projetada de 8,9% até 2030. Análises apontam como possíveis fatores que facilitam o crescimento desse mercado o aumento do poder aquisitivo na América do Norte, aliado a uma maior preocupação com "bem-estar" e "saúde" (envolvendo, muitas vezes, uma compreensão equivocada desses conceitos), e falta de tempo para que as pessoas se dediquem a uma alimentação adequada. Dentro do mercado de suplementos, especial destaque é dado às vitaminas, proteínas e aminoácidos, que aparecem dentro do contexto de bem-estar, academias de ginástica e esportes.[4]

Mas ao mesmo tempo em que mercados bilionários vendem dietas e suplementos, com um marketing agressivo dedicado a promover uma preocupação cada vez maior com bem-estar, saúde e estética, doenças como obesidade, diabetes e hipertensão nunca foram tão prevalentes no planeta. De acordo com dados da Organização Mundial de Saúde (OMS), atualmente mais de 1 bilhão de pessoas no mundo são classificadas como obesas, sendo 650 milhões de adultos, 340 milhões de adolescentes e 39 milhões de crianças.[5]

De 1975 a 2016, a prevalência global de obesidade ou sobrepeso em crianças e adolescentes de 5 a 19 anos passou de 4% a 18%. Antes um problema típico de países desenvolvidos, a obesidade agora atinge países em desenvolvimento, crescendo de forma drástica principalmente em ambientes urbanos. A lista de problemas de saúde associados à obesidade inclui hipertensão, diabetes tipo 2 e doenças cardiovasculares, entre outras possíveis complicações.

A OMS chama a atenção para a necessidade de promover conscientização sobre alimentação saudável e pede que seus países-membros desenvolvam diretrizes para prevenir a obesidade. Certamente, conscientizar é importante.

Mas será suficiente? E mais, sob a desculpa de conscientizar, estaremos legitimando um mercado que embala e vende caro – e faz terrorismo baseado em – conselhos que ouvimos de nossas mães e avós? Precisamos de livros e programas de dietas que mandem comer frutas e verduras, moderar o açúcar refinado e o álcool? Ou de "*coaches*" nutricionais que assustam seu público nas mídias sociais com listas de alimentos "permitidos" e "proibidos"?

ATÉ CRIANÇA SABE

Experimento conduzido pelo grupo do professor Sebastião Almeida, psicólogo especializado em distúrbios de imagem e transtornos alimentares de Universidade de São Paulo, testou as preferências alimentares e conhecimento sobre alimentação saudável de crianças matriculadas nas 4ª, 5ª e 6ª séries (ou, como se diz a partir de 2006, 5°, 6° e 7° anos do ensino fundamental) de escolas da rede pública da cidade de Bauru (SP).[6]

Um dos testes consistia em apresentar às crianças fotos de diversos alimentos normalmente encontrados em um lanche da tarde e pedir para que respondessem às seguintes perguntas, escolhendo três alimentos em cada caso:

1. O que gostaria de tomar de lanche?
2. O que acha mais nutritivo?
3. O que seus pais gostariam que você tomasse como lanche?
4. O que seus pais tomariam como lanche?

As opções: frutas, sucos de frutas frescas, sanduíches naturais, salgados de festa infantil (coxinhas, croquetes), salgadinhos (de pacote, como batatinhas chips), refrigerantes, pizza, leite, sobremesas lácteas, bolachas e chocolate. Para a primeira pergunta, o salgado de festa foi o alimento mais citado, seguido pelos salgadinhos de pacote, pizza e suco de laranja. A terceira escolha recaiu, novamente, sobre os salgados de festa.

Sobre o que julgavam ser mais nutritivo, as crianças escolheram frutas, suco de laranja e leite. O resultado foi quase igual para a terceira pergunta, com o acréscimo do pão ou lanche natural. E o mais divertido foi a reposta da última pergunta, o que os pais tomariam como lanche: as crianças escolheram salgado de festa, refrigerante e frutas.

As perguntas 2 e 3 mostram que as crianças têm uma boa compreensão de quais alimentos são considerados saudáveis, e que seus pais gostariam que elas se alimentassem assim. Mas a preferência pessoal é por alimentos considerados não saudáveis, e as crianças entendem que seus pais também têm a mesma preferência!

O experimento foi refinado e repetido com estudantes universitários. Usando também fotografias de alimentos, os participantes, 101 estudantes de diversos cursos da Universidade de São Paulo, *campus* de Ribeirão Preto, sendo 51 mulheres e 50 homens, deveriam escolher três itens que gostariam de comer para o lanche da tarde, três itens que consideram saudáveis e três itens que geralmente comem no lanche.

Os itens mais populares na primeira questão, o que gostariam de comer, foram refrigerantes, sucos de frutas, bolo, iogurte, sanduíche natural e pipoca. Para o que consideram saudável, os itens mais escolhidos foram sanduíche natural, papaia, maçã, iogurte, barrinha de cereal, banana, abacaxi e leite. E finalmente, sobre o que costumam comer no lanche, os escolhidos foram barrinha de cereal, sanduíche natural, banana, biscoitos e sucos de frutas.

Os estudos têm limitações que devem ser consideradas na análise dos resultados: as respostas são declaratórias e os voluntários podem se sentir tentados a dar uma resposta "certa", a que imaginam que vai agradar ao pesquisador, e não dizer o que realmente pensam. Ainda assim, um ponto em especial chama atenção: o fato de que tanto as crianças como os universitários sabem como deveria ser uma alimentação saudável, mesmo que não estejam dispostos a segui-la.

É importante, ao discutir alimentação saudável, evitar a dicotomia falsa entre alimento "bom" e alimento "ruim" ou proibido. O professor Nicholas Tiller, especialista em fisiologia do exercício da UCLA (Universidade da Califórnia em Los Angeles) explica que não existe, em princípio, alimento "não saudável", mas alimentos que podem ter efeitos maléficos de longo prazo se forem consumidos de forma desproporcional.[7] Ele dá o exemplo de um donut. O doce, geralmente muito malvisto por ser feito de açúcar, farinha e gordura, ou seja, tudo que consideramos "*junk food*" (ou que nossas avós classificavam de "besteira" ou "porcaria", em oposição ao arroz com feijão, "comida de verdade"), pode ser bom para recuperação de atletas de alta performance, após um gasto muito grande de energia. "Besteira" ou "comida"? Depende do contexto.

O CONTO DAS CALORIAS

Outro conceito popularmente muito difundido é o de que, para manter um peso saudável, basta controlar a quantidade de calorias ingeridas. Se a pessoa gasta mais calorias do que consome, emagrece; se gasta menos, engorda. Em teoria, isso obviamente é correto: uma consequência da lei da conservação da energia.

Na prática, no entanto, a aplicação do princípio esbarra no fato de que não é tão simples assim saber quantas calorias estamos realmente absorvendo de cada alimento. As tabelinhas nutricionais que vêm nas embalagens, com o número de calorias por porção do produto, são, no máximo, aproximações.

Para começar, precisamos entender o que é caloria. Trata-se de uma unidade usada para medir energia. Uma caloria corresponde à energia necessária para elevar a temperatura de um mililitro de água em 1° C, ao nível do mar. No caso dos alimentos, a unidade que usamos é a quilocaloria (kcal), ou seja, a quantidade de energia necessária para elevar a temperatura de um litro de água em 1° C, ao nível do mar. Quando a embalagem diz que uma porção do produto tem "100 calorias", na verdade está se referindo a 100 quilocalorias.

O uso da caloria como unidade de referência para a energia contida em alimentos foi introduzido por Wilbur Atwater no final do século XIX. Atwater, um químico especializado em agricultura, usava um calorímetro, aparelho onde uma quantidade determinada de um tipo alimento, já desidratado, era colocado junto a uma quantidade também determinada de água. O recipiente era selado, injetava-se oxigênio, e o alimento era queimado. A partir da mudança na temperatura da água, podia-se inferir a quantidade de calorias.[8]

Com esse processo, Atwater calculou a média de calorias liberadas por diferentes tipos de alimento: carboidratos, proteínas e gorduras. Os valores, 4 kcal/g de carboidrato, 9 kcal/g de gordura e 4 kcal/g de proteína, são usados até hoje para calcular a quantidade de calorias de produtos alimentícios e refeições. Basta saber a composição (seja de uma barra de chocolate ou de um prato de restaurante), quantos gramas tem de carboidrato, de proteínas, de gorduras, e multiplicar.

O problema é que, apesar de o calorímetro ser um instrumento preciso, o processo digestivo que transforma comida em energia não é idêntico ao processo de combustão. Na combustão, a energia é liberada de uma vez. A digestão é um processo lento, com várias fases, intermediado por diversas reações químicas.

Além disso, a composição do alimento, se está cru ou cozido, o quanto mastigamos, e até as espécies de bactérias que habitam o intestino podem fazer com que mais ou menos das calorias presentes no alimento sejam, de fato, capturadas pelo organismo. Ou seja, as calorias aproveitadas nem sempre correspondem à totalidade das calorias disponíveis.

Por exemplo: imagine comer um milho verde na espiga, com digamos, 100 calorias. Grande parte da energia disponível nesse milho não vai ser aproveitada, porque as fibras e outras partes do vegetal são difíceis de digerir. Se o mesmo milho for desidratado, moído, processado como farinha e depois usado para fazer um bolo ou uma broa, a energia contida originalmente nos grãos estará mais disponível para ser absorvida na digestão.

As fibras presentes no alimento podem atrapalhar a absorção de calorias. Uma mesma planta, dependendo da sua idade ou de como for preparada, pode liberar mais ou menos calorias durante a digestão.[9] As paredes das células vegetais variam bastante em rigidez. Plantas mais velhas tendem a ter paredes celulares mais rígidas, e, dependendo da facilidade de quebrar as paredes ao digerir, podemos aproveitar mais ou menos calorias. Cozinhar os alimentos mexe com esses fatores, assim como moer, triturar, fazer suco, processar, fermentar. Nós alteramos os alimentos, facilitando ou dificultando a absorção de nutrientes, incluindo aí calorias.

E temos de levar em conta as bactérias do intestino. Elas podem tanto ajudar na digestão, extraindo mais energia dos alimentos, como podem cobrar um pedágio, ficando com uma parte da energia para si. Dependendo das espécies que temos conosco, podemos aproveitar mais ou menos calorias, ter maior ou menor capacidade de digerir fibras.

O trabalho de Atwater foi fundamental para introduzir o conceito de que podemos quantificar, ainda que aproximadamente, alimentos como mais ou menos energéticos ("calóricos") do que outros. Isso serviu de base para o provável primeiro livro de dieta da história, lançado no início do século XX e de autoria de uma mulher.

A história de Lulu Hunt Peters é contada no livro *Why Calories Don't Count: How We Got the Science of Weight Loss Wrong*"[10] ("Por que calorias não contam: como erramos na ciência da perda de peso", em tradução livre), de Giles Yeo. Bem acima do peso para o que era considerado padrão de beleza na época, Lulu Peters era uma mulher à frente do seu tempo. Formada em Medicina na Universidade da Califórnia em Berkeley em 1909, vivia uma eterna briga com a balança. Determinada a encontrar uma solução, começou a estudar nutrição e metabolismo. Esbarrou no trabalho de Atwater, adaptou os resultados do calorímetro para desenhar uma dieta de perda de peso. Perdeu 32 kg (escreve que chegou a pesar 100 kg), mas não parou por aí.

Peters também decidiu que esse conhecimento precisava chegar às massas. Iniciou uma coluna, "Dieta e Saúde", para uma agência de notícias e chegou a ser publicada em 400 jornais. Finalmente, transformou as colunas em livro, em 1918.

O uso de calorias para quantificar a energia que retiramos da comida, associado à ideia de que o balanço energético entre calorias gastas e consumidas é o que vai nos fazer engordar, emagrecer ou manter o peso, perdura até hoje. Em essência, é um modelo correto, mas na prática, excessivamente simplificado.

CARBOIDRATOS

Quando Atwater calibrou o calorímetro, usou três componentes essenciais dos alimentos: carboidratos, gorduras e proteínas. Todos são formados por moléculas de carbono e hidrogênio, mas as proteínas têm um item extra: nitrogênio.

Calorias consumidas em excesso pelo corpo humano são armazenadas principalmente sob a forma de gordura. É o modo mais eficiente: lembre-se de que cada grama de gordura concentra 9 kcal. Carboidratos e proteínas, consumidos em excesso, podem virar gordura, mas o contrário não é verdadeiro. Gordura, em humanos, não vira proteína nem carboidrato. Só energia. E, para fazer proteína, precisamos de proteína, por causa do nitrogênio. Por isso, dietas muito pobres em proteína podem gerar problemas sérios de saúde.

As famílias de nutrientes têm estruturas moleculares próprias, mas os membros de cada família não são todos iguais entre si. A molécula de glicose, talvez o carboidrato mais conhecido, tem apenas seis átomos de carbono. Já o amido, encontrado em plantas, e o glicogênio, em animais, costumam ter mais de quinhentos. Na alimentação, os carboidratos em geral se dividem em açúcares (moléculas menores, como glicose e frutose), amidos (moléculas maiores, que demoram mais para serem digeridas) e fibras – carboidratos que não conseguimos digerir, mas que são importantes para gerar volume no processo digestivo e para alimentar as bactérias do intestino.

Um doce, uma fruta e uma folha de alface são, todos, compostos principalmente de carboidratos. Mas só alguns têm a má fama que deu origem às dietas *"low-carb"* ou completamente *"no-carb"*, onde qualquer carboidrato (até a alface) são proibidos. Os carboidratos normalmente tachados de vilões são os açúcares e os amidos.

Amido é encontrado nos cereais e seus derivados (pão, massas) e tubérculos (batata, mandioca etc.) e derivados. Os açúcares, moléculas menores, são facilmente absorvidos na digestão, constituindo uma fonte rápida de energia. Já os amidos, que são maiores, requerem mais trabalho. A digestão muito rápida contribuiu para a má fama dos carboidratos. O açúcar refinado, quando ingerido sozinho, é considerado uma "caloria vazia" e, se não for utilizado, vira gordura. O mesmo tipo de molécula, no entanto, se estiver acompanhada de fibras, terá uma digestão mais lenta. É o que acontece com as frutas.

A frutose acabou sendo vítima de muita confusão nessa onda dos carboidratos malvados, provavelmente porque é confundida com o xarope de milho de alta frutose (*"high-fructose corn syrup"* – HFCS). Esse xarope é um aditivo alimentar, que fica líquido em temperatura ambiente, formado por frutose e glicose. Encontramos HFCS em diversos alimentos industrializados de sabor doce, como refrigerantes, bolos, biscoitos, sorvetes. Claro que, em excesso, pode fazer mal, mas não há algo essencialmente ruim nas moléculas envolvidas. Já a frutose encontrada nas frutas e nos vegetais é uma molécula simples, como a glicose, mas com diferenças no processo digestivo e metabólico.

A frutose está geralmente acompanhada de fibras, que atrasam a digestão, evitando os picos de glicemia – isto é, elevações súbitas da taxa de açúcar no sangue. A glicose, por sua vez, é absorvida rapidamente pelo intestino, provocando um aumento abrupto de glicemia. A molécula será então removida do sangue de forma coordenada pela ação do hormônio insulina, e usada imediatamente pelas células do corpo como fonte de energia ou estocada.

O "índice glicêmico" dos alimentos é uma medida justamente do seu potencial de gerar picos de glicose no sangue. O da glicose é 100, e serve como valor de referência para todos os demais. O índice glicêmico varia de acordo com a composição dos alimentos, quantidades de fibras, de carboidratos simples e complexos, que vão influenciar a velocidade da digestão.

O metabolismo de carboidratos e o índice glicêmico fornecem a lógica por trás das dietas "*low carb*", que limitam a ingestão de carboidratos, seja para perder peso ou para resolver problemas de saúde. Exemplos incluem Atkins, South Beach, dieta paleo, dieta cetogênica, para citar algumas. Cada uma conta com suas peculiaridades e, embora todas tenham a capacidade de causar perda de peso ocasional, podem não funcionar tão bem para mudar hábitos de longo prazo, algo necessário para a manutenção do resultado. E algumas, como a paleo, são baseadas em premissas não científicas: tendem a ajudar a emagrecer porque são restritivas, não porque são mágicas ou têm alguma plausibilidade em suas premissas. Além disso, estudos recentes sugerem que, no fim das contas, a perda de peso nessas dietas é muito similar a qualquer dieta restritiva.[11]

Limitar o consumo de carboidratos acaba resultando em perda de peso em parte porque reduz a produção do hormônio insulina. Esse hormônio é liberado no sangue quando a quantidade de açúcar aumenta, justamente após a ingestão de carboidratos. Mas já vimos que, dependendo do tipo de carboidrato, a taxa de glicemia – isto é, a velocidade com que o açúcar aparece na digestão e vai parar no sangue – pode ser maior ou menor. Se muito açúcar chega ao sangue muito depressa, a produção de insulina sobe igualmente rápido. A insulina vai então dirigir o metabolismo desses açúcares, que podem virar glicogênio, acumulado nos músculos, ou gordura.

Quando limitamos os carboidratos da dieta, limitamos a disponibilidade de açúcar no sangue e também, por tabela, a liberação de insulina. Com menos insulina, vamos ter menos glicogênio, e menos gordura. Esse é também o motivo pelo qual portadores de diabetes tipo 1, que não produzem insulina suficiente, geralmente perdem peso com facilidade. Mas isso não é vantagem: sem insulina acumulam glicose no sangue, o que leva a diversas outras complicações e problemas de saúde. Por isso, diabéticos precisam repor insulina.

Quando há redução de insulina, aumenta a presença de outro hormônio: o glucagon. Quando o glucagon aumenta, em resposta a níveis baixos de açúcar no sangue, ocorre a degradação do glicogênio, de proteínas e de gordura. E perdemos peso, tanto de gordura como de massa muscular.

FIBRAS E BACTÉRIAS

Fibras também são carboidratos, derivados de plantas, mas que nós humanos não conseguimos digerir. Existem dois tipos de fibras: as solúveis e as insolúveis. As solúveis podem ser dissolvidas em água, e as insolúveis, não. Fibras solúveis são encontradas em cereais como aveia, cevada, trigo integral, e também em nozes, sementes, feijão, lentilhas, frutas. Apesar de não serem digeridas por nós, servem de comida para as bactérias do intestino.

Fibras insolúveis estão geralmente nas folhas e cascas de vegetais, e passam direto pelo trato digestivo. Poucas bactérias as aproveitam, mas são importantes para auxiliar no trânsito intestinal.

As bactérias do intestino, também chamadas de microbiota intestinal (os mais antigos falam "flora", que está tecnicamente errado), são essenciais para o metabolismo do corpo humano. Essa parceria entre nós e as bactérias é o resultado de milhares de anos de coevolução e permite uma melhor absorção de nutrientes, produção de vitaminas e de diversos compostos que vêm das bactérias, chamados metabólitos, que interferem no sistema imune, endócrino e nervoso. E também no aproveitamento que fazemos da energia dos alimentos.

Alguns estudos mostram que a composição da microbiota é diferente no intestino de pessoas com peso saudável e pessoas obesas. As espécies encontradas são diferentes, e pessoas de peso saudável costumam apresentar maior diversidade. Ao investigar isso mais a fundo, um time de pesquisadores dos EUA, da Dinamarca e da França fez um estudo usando microbiota intestinal de pares de gêmeos, em que um era obeso e o outro tinha peso considerado saudável.[12] A microbiota dos gêmeos foi usada para alimentar camundongos, em um ambiente controlado. Os camundongos usados não tinham microbiota própria: todas as bactérias viriam dos doadores humanos. As condições dos camundongos eram exatamente as mesmas. A única diferença era o "suplemento" que recebiam dos humanos.

Quando alimentados com uma dieta pouco calórica, os animais que receberam a microbiota saudável permaneceram magros, enquanto os animais que receberam a microbiota "obesa" engordaram. Mesmo comendo a mesma coisa. Quando os camundongos eram colocados na mesma gaiola, misturando os magrinhos com os gordinhos, os camundongos com sobrepeso emagreciam. A microbiota dos animais com sobrepeso foi colonizada pelas bactérias dos animais mais magros. Isso era esperado, pois a microbiota de obesos é menos diversa, e provavelmente as diferentes espécies vindas dos animais magros acharam bastante espaço para se instalar. O contrário não ocorreu: os animais magros não foram colonizados pelas bactérias dos obesos.

Isso aconteceu porque os camundongos são coprofágicos, ou seja, comem as fezes uns dos outros, fazendo assim uma transferência natural de microbiota. Quando fizeram o mesmo experimento de misturar as populações, mas agora partindo de uma dieta hipercalórica, o resultado já não foi o mesmo: os animais com sobrepeso não conseguiram emagrecer, mostrando que existe um balanço entre a dieta e a microbiota.

Testes de transferência de microbiota em humanos começaram em seguida, com alguns bons resultados. Para infecção intestinal causada por bactérias, o procedimento mostrou-se muito superior ao tratamento com antibióticos, e também ajudou em alguns tipos de diabetes. Mas para obesidade em humanos, infelizmente, não deu muito certo. Estudos recentes mostraram que transferir microbiota não ajudou adolescentes obesos a perder peso.[13]

Sabemos, portanto, que a microbiota está relacionada a metabolismo e obesidade, e sabemos que isso provavelmente está ligado à diversidade de espécies e como elas interagem com a energia da alimentação.

Com o tempo talvez seja possível identificar e manipular a microbiota intestinal para facilitar a vida de pessoas que têm mais dificuldade de perder peso. Até lá, pelo menos temos a certeza de que fibras são necessárias para manter uma microbiota saudável, porque as bactérias também precisam de energia. Cortar as fibras da alimentação não é uma escolha saudável. Seguidores e dietas estilo paleo, ou cetogênicas radicais, que proíbem ou limitam muito o consumo de cereais, podem ter dificuldade em manter um consumo adequado de fibras solúveis.

LIPÍDEOS

E a gordura? Essa parece ser a eterna vilã das dietas. As prateleiras dos mercados estão cheias de produtos *"light"*, com baixo teor ou "zero gordura". Na verdade, os lipídeos (moléculas de gordura) são essenciais para a vida, não somente como estoque de energia para tempos de escassez, mas como moléculas estruturais e que participam de processos metabólicos importantes. Não existe membrana celular sem lipídeos. Sem gordura, não existem células.

Gorduras também são importantes para a absorção de vitaminas do tipo lipossolúvel, aquelas que não se dissolvem em água, mas em óleo. São as vitaminas A, D, E e K.

Assim como carboidratos, gorduras não são "malvadas" em si. O problema é o excesso. E, assim como os carboidratos, nem todas as gorduras são iguais. Certamente o leitor já ouviu falar de gorduras saturadas, insaturadas e gordura trans. A diferença está nas ligações químicas entre as moléculas, que podem ser mais fortes ou mais fracas. As gorduras saturadas são mais densas, costumam ser sólidas em temperatura ambiente e ter origem animal, como a manteiga. As insaturadas são menos densas, líquidas em temperatura ambiente, como os óleos vegetais.

Já as gorduras trans são tecnicamente insaturadas, de acordo com o tipo de ligação química, mas por estarem em uma configuração diferente ("trans" é o nome dado para uma configuração molecular diferente da mais comum, chamada "cis"), possibilita uma conformação mais densa, como a margarina, que também é de origem vegetal. Gorduras trans são mais frequentemente encontradas como resultado de processos industriais em óleos de origem vegetal, embora existam também na natureza, produzidas por animais ruminantes. As produzidas naturalmente chegam em pequenas quantidades na dieta humana, em laticínios e carne.[14] Essas gorduras acabam ficando mais tempo no corpo do que os outros tipos.[15]

PROTEÍNAS

Já falamos de carboidratos, lipídeos, então agora falta falar de proteínas. É fácil reconhecer que proteínas são essenciais. Atuam como catalisadores de reações químicas necessárias para a vida, muitos hormônios são proteínas, assim como componentes celulares. Os anticorpos do sistema imune são proteínas também.

Proteínas são feitas de unidades químicas menores chamadas aminoácidos. O corpo humano produz alguns, outros precisam ser extraídos da dieta. E lembra que proteína pode virar carboidrato ou gordura, mas não o inverso, porque fica faltando o nitrogênio? Parar de comer proteína, portanto, não é uma boa ideia.

Toda proteína que comemos é quebrada em aminoácidos na digestão, liberando-os para serem usados pelo organismo para produzir mais proteínas. No entanto, quando os níveis de insulina estão muito baixos, e os de glucagon muito altos (isso acontece quando fazemos dietas cortando os carboidratos, lembra?), alguns aminoácidos podem ser direcionados para uma via metabólica chamada gliconeogênese, para formação de glicose a partir de moléculas que não são carboidratos. Em estado de desnutrição, quando não há proteínas disponíveis na dieta, o corpo utiliza proteínas dos músculos em quantidade maior do que pode repor, levando à perda de massa muscular.

Essa é uma visão bastante resumida de como usamos os grandes grupos de alimentos – carboidratos, lipídeos e proteínas – para gerar energia. Por ora, é importante ter em mente que podemos tirar energia de cada um desses tipos de alimentos e que nenhum deles é essencialmente bom ou ruim, permitido ou proibido.

TRANSFORMANDO COMIDA EM ENERGIA

Mas para que exatamente precisamos de energia? E de quanto? Aí é que vem a segunda parte daquela equação que teoricamente está certa, mas na prática é difícil de resolver, de que ganhar, perder ou manter o peso depende de quantas calorias – ou quanta energia – consumimos, e de quantas calorias – ou energia – gastamos. Já vimos que, para medir a energia que entra, só contar calorias não é razoável. E para o gasto?

Consumimos energia o tempo todo, só por estarmos vivos. Gastamos energia dormindo. E precisamos extrair energia dos alimentos para manter a temperatura estável do corpo humano e para executar os processos metabólicos e fisiológicos que nos mantêm funcionando. Isso é o que chamamos de metabolismo basal. Dá para gastar mais ou menos energia de acordo com o grau de atividade. E nem estamos falando de exercício físico, como prática de esportes e academia, mas de atividades como caminhar até o metrô, passear com o cachorro, limpar a casa. E daí, sim, além disso, tem o gasto com os exercícios.

O corpo regula qual fonte de energia priorizar de acordo com o tipo de atividade.[16] Todos os tipos de moléculas – glicose, gorduras, proteínas – são continuamente consumidos para gerar energia, mas a contribuição de cada um varia de acordo com o momento, o estado nutricional e a demanda. Quando dormimos, usamos mais as gorduras para manter o metabolismo basal. Nos esportes intensos, para uma fonte rápida de energia, os músculos utilizam preferencialmente glicose. Se a atividade física for prolongada e os estoques de glicose caírem demais, os músculos começam a priorizar gordura. Agora, se estivermos mesmo em jejum, o corpo começa a priorizar gorduras e proteínas: como o maquinista de um trem a vapor que, quando fica sem carvão, começa a queimar os móveis da cabine, à medida que a disponibilidade do combustível mais conveniente cai, outros passam a ser mais e mais usados. Quando há jejum prolongado, com grande atividade de "queimar os móveis", o corpo humano entra em um estado chamado "cetogênico". Corpos cetônicos, ou cetonas, são um produto alternativo da quebra de lipídeos gerados pelo fígado e uma fonte de energia para muitos outros tecidos. As hemácias (células do sangue) não conseguem usar lipídeos, e precisam de glicose. Nesse caso, o fígado entra em ação com a gliconeogênese, como já vimos.

EMAGRECIMENTO MÁGICO

Uma vez que já sabemos que não existe alimento emagrecedor mágico e nem engordador proibido, que cada tipo de alimento tem um papel importante no metabolismo, e como o corpo armazena gorduras, mantendo equilíbrio energético positivo, estamos prontos para lançar um olhar mais crítico às dietas da moda, que prometem resultados rápidos e fantásticos, movimentando um mercado bilionário.

Cada dieta da moda é uma verdadeira franquia com livros, programas de TV, vídeos, gurus, influenciadores e, mais recentemente, os "*coaches* nutricionais". Encontramos não somente dietas para emagrecer, mas as que prometem curar doenças e promover estética e beleza. Como não pretendemos ensinar ninguém a se alimentar e/ou perder peso, mas sim evitar o emagrecimento extremo do bolso do leitor, com produtos e serviços desnecessários, escolhemos aqui alguns exemplos de dietas e produtos que ou buscam enganar o público, ou vender caro o que não passa de simples bom senso embalado em celofane.

DIETAS "LOW-CARB"

Aqui entram todas as dietas que restringem a ingestão de carboidratos: Atkins, Dukan, cetogênica (ou "keto", como ficou conhecida), South Beach, paleo.

Todas, em princípio, funcionam para perder peso porque, ao restringir carboidratos, restringem uma parte significativa da dieta, levando a menor ingestão total e ao uso de gordura e proteínas do próprio corpo como fonte de energia. Variam, porém, na quantidade de carboidratos que permitem e na ciência (ou, dependendo do caso, mitologia) em que se baseiam.

A dieta cetogênica é a que traz maior restrição. Foi descoberta durante pesquisas sobre o tratamento de alguns tipos de epilepsia em crianças, no início do século XX. Ainda não se sabe ao certo qual o mecanismo por trás do sucesso da dieta "keto" para essa condição, para qual de fato mostrou benefícios em situações específicas. Supõe-se que, ao forçar o corpo a operar usando apenas gordura e proteína como fonte de energia, gere uma grande quantidade de cetonas (daí o nome da dieta). Quase todas as células do corpo humano conseguem usar cetonas no lugar da glicose como fonte de energia, e parece que, particularmente no cérebro, essa substituição ajuda a reduzir o número de convulsões.

Como a dieta também provoca perda de peso, logo começou a ser promovida comercialmente para essa finalidade. Dietas *low-carb* foram projetadas, em maior ou menor grau, para mimetizar uma situação de inanição. E por que incluem uma grande quantidade de proteína, além de restringir carboidratos? Uma hipótese que ainda precisa ser comprovada é de que proteínas talvez produzam maior saciedade, ou seja, além de entrar em déficit calórico, sentimos menos fome.

Mas, se dietas *low-carb* funcionam, então qual é o problema de estarem na moda? É que vendem produtos, geralmente desnecessários, e exageram a promessa de benefícios, ao mesmo tempo que minimizam os riscos e os efeitos de longo prazo. Ninguém precisa comprar o livro, assinar a newsletter, assistir ao vídeo, seguir o *coach*, ou, pior, comprar produtos keto. Uma busca simples por produtos alimentícios keto no site da Amazon traz uma lista de 20 mil itens.[17] O mercado tem projeção de movimentar US$ 15 bilhões até 2030 em produtos e serviços.[18] Marketing exagerado de dieta é completamente diferente de o médico receitar uma dieta reduzindo o consumo de açúcares para tratar uma condição clínica.

Se essas dietas têm boa chance de mostrar resultados positivos de início, seus efeitos de longo prazo não diferem muito de outros tipos de regime. Levantamento conduzido pela Colaboração Cochrane, grupo internacional de pesquisadores independentes, mostrou que, ao longo de 12 meses, pessoas que fizeram dietas *low-carb* perderam apenas 1 kg a mais do que pessoas que seguiram outros tipos de dieta.[19] Marcadores como colesterol, triglicérides, pressão arterial e mortalidade também não tiveram alterações significativas. Assim, embora para condições específicas (como certos tipos de epilepsia) a indicação de dietas *low-carb*, como a cetogênica, possa fazer sentido, para simples perda de peso ou como fórmula de alimentação saudável, o *low-carb* é muito mais marketing do que ciência.

Nessa família, o destaque negativo vai para a dieta paleolítica, ou "paleo". Esta é *low-carb* por acaso: a "lógica" que promove é a de que deveríamos nos alimentar como nossos antepassados caçadores-coletores, mimetizando uma época quando a alimentação era escassa, os alimentos eram ingeridos crus e sem nenhum tipo de processamento, simplesmente porque ainda não tínhamos o hábito de cozinhar, fermentar, fazer farinha, e também ainda não praticávamos agricultura. Certamente não devíamos sofrer com obesidade, mas morríamos aos rodos de desnutrição, feridas sépticas e doenças infecciosas.

A premissa da dieta paleo é a de que doenças crônicas e que não se transmitem de uma pessoa para outra, como obesidade, pressão alta, cardiopatias, diabetes, são produtos do mundo moderno, e não existiam na época pré-agricultura, antes de domesticarmos e manipularmos plantas. Assim, a solução óbvia seria nos alimentarmos como naquela época, para a qual milhares de anos de evolução (supostamente) nos prepararam. Os defensores dessa dieta alegam que não houve tempo evolutivo para nos adaptarmos às plantas domésticas e seus derivados processados (10 mil anos de agricultura parecem-lhes insuficientes), como farinha, pão, grãos e laticínios.

Assim, deveríamos comer somente carne e frutos do mar, frutas, folhas e raízes, que supostamente estavam disponíveis aos nossos antepassados caçadores-coletores. Não deveríamos comer cereais, grãos e seus derivados, leguminosas, leite e seus derivados e álcool, porque esses produtos só começam a existir depois da agricultura.

A história é bonitinha, mas cheia de problemas. Primeiro, a ideia de que o animal humano evoluiu até atingir algum tipo de "adaptação ótima" ao ambiente, 10 mil anos atrás, e vem degringolando desde então, não faz o menor sentido. Não existe estado ótimo de convivência com o meio, pela simples razão de que o ambiente, assim como nós, muda. Todas as espécies estão em evolução junto conosco. Shakespeare disse que o mundo é um palco, mas isso não significa que a natureza seja um cenário de recortes de cartolina pintada. Só o fato de que nossos antepassados usavam roupas e calçados (ainda que rudimentares, feitos de peles de animais, madeira, fibras simples) mostra que não estavam "perfeitamente ajustados" ao ambiente.

Além disso, não sabemos o que havia de disponível para consumo humano nas diferentes regiões do planeta naquela época. O que sabemos é que diferentes populações comiam o que encontravam. Portanto, padronizar o que seria uma dieta universal do período fica meio complicado. Ainda: o que existia naquela época não existe mais. Tudo o que comemos hoje foi modificado pela prática da agricultura. As frutas que temos não são as mesmas daquela época. Nossa alimentação é toda baseada em plantas e animais domesticados, alguns há milênios.

A dieta paleo é um dos inúmeros filhotes da falácia do natural, que discutimos em detalhe no capítulo "Curas naturais".

Além de contar lorota, enfiar evolução enviesada no meio e apelar para o logro do "natural e antigo é sempre melhor", a dieta paleo ainda tenta se vender como uma panaceia para curar doenças como diabetes tipo 2, esclerose múltipla, artrite, doença celíaca, osteoporose e, claro, câncer. Com exceção da doença celíaca, que está relacionada a uma intolerância alimentar, nenhuma dessas alegações faz sentido. Como já dissemos, comida não é remédio.

E para perder peso, funciona? Sim, como qualquer outra dieta restritiva, pelos motivos que já vimos.

GLÚTEN

O mito de que glúten faz mal tornou-se persistente no imaginário popular. Celebridades reportam como sua saúde melhorou após cortar o glúten, e mesmo médicos e nutricionistas parecem ter dificuldade em separar o joio do trigo, literalmente, neste caso. O mercado de produtos sem glúten é especialmente lucrativo, com projeção de chegar a US$ 13 bilhões em 2030,[20] incluindo produtos como peito de frango, água e até xampu "livres de glúten". Afinal, o que é glúten e por que tem sido tão difamado?

Quase todos os grãos que fazem parte da dieta humana (trigo, centeio, aveia, cevada) contêm glúten, ou mais especificamente um mix de duas proteínas: gliadina e glutenina. O glúten se forma quando se mistura água à farinha de grãos, e é o que dá elasticidade e formato para a massa. É certamente uma das proteínas mais consumidas do mundo, está em quase tudo: pães, massas, tortas, biscoitos e também em produtos menos óbvios como cerveja.[21]

Existe, infelizmente, um grupo de menos de 1% da população que apresenta diagnóstico de doença celíaca, ou, mais raro ainda, alergia não celíaca ao glúten, uma condição até hoje muito mal compreendida, definida por exclusão de diagnóstico, quando há sintomas de irritação intestinal que não podem ser atribuídos a doença celíaca, alergia a proteínas do trigo ou a condições documentadas como síndrome do intestino irritável ou doença de Chron, e que melhoram com uma dieta livre de glúten.[22] Doença celíaca é muito conhecida e bem documentada: um tipo de doença em que o sistema imune reage de forma desproporcional ao consumo dessa proteína. Os sintomas são severos, e incluem diarreia forte, vômitos, perda de peso e anemia. As pessoas que têm o diagnóstico de doença celíaca realmente precisam cortar o glúten da dieta. Existe um componente genético, mas nem sempre a doença acontece só porque o gene está lá. Agora, se a doença é tão rara, de onde vem a noção de que glúten faz mal para todo mundo?

No livro *Spoon-Fed: Why Almost Everything We've Been Told about Food Is Wrong* (De colherzinha: por que tudo o que nos disseram sobre alimentação está errado), o autor Tim Spector, especialista em genética e microbiota, conta que houve um estudo publicado em 2013 que correlacionou uma dieta muito rica em glúten a aumento de peso – em camundongos.

O estudo virou manchete, e ninguém lembrou do detalhe de que para um ser humano consumir, proporcionalmente, a mesma quantidade de glúten que havia engordado os roedores, seria preciso devorar vinte fatias de pão integral ao dia, todo dia. Em 2017, outro estudo mostrou que grandes doses de gliadina (uma das proteínas componentes do glúten) em camundongos não resultava em ganho de peso, mas o estrago estava feito. A partir daí, gurus de boa forma publicaram livros recomendando dietas livres de glúten, e começaram a pipocar depoimentos pessoais de gente que diz sentir-se melhor, perder peso e ganhar disposição e bem-estar após excluir o glúten da dieta. Trata-se de um fenômeno comum no universo do "bem-estar": um estudo dá pretexto para que um ingrediente qualquer seja destacado na mídia de saúde e boa forma como "vilão" (ou "herói") e a partir daí a indústria se move para surfar (e amplificar) a onda.

O que também passa despercebido é que, ao cortar o glúten, muita gente está também cortando produtos de padaria – pães, bolos, pastéis, doces – e frituras empanadas, que se consumidos em excesso certamente engordam e trazem problemas à saúde. Nesse caso, o glúten entra como a azeitona na anedota da empada de camarão estragado: o cidadão come a empada, passa mal e põe a culpa na azeitoninha do tempero.

Ao contrário do que supõe o imaginário popular, cortar o glúten, para quem não é celíaco ou alérgico, não traz benefício. Pode até trazer malefício. Cortar o glúten traz risco de carência de outros nutrientes, como vitamina B12, folatos, zinco e magnésio, além de uma redução importante no consumo de fibras solúveis presentes nos cereais, que são essenciais para a manutenção de uma microbiota saudável. Produtos sem glúten também costumam ser mais calóricos, com o agravante de, por terem menos fibras, apresentar um índice glicêmico alto, ou seja, provocam mais picos de glicemia no sangue.[23]

Grãos integrais, com fibras, são parte importante da nossa alimentação. Estudo clínico randomizado que acompanhou 60 adultos na Dinamarca, durante 8 semanas, concluiu que uma dieta rica em grãos integrais ajuda a diminuir o peso corporal e marcadores de inflamação, se comparada a uma dieta de grãos refinados.[24] As dietas mediterrâneas tradicionais, largamente associadas a benefícios em saúde, são ricas em grãos.[25]

Se, ao cortar o glúten, as pessoas modificarem a dieta para comer menos pães e massas e incluir mais frutas e verduras, há uma melhora na saúde e provável perda de peso. Se, por outro lado, ao cortar o glúten, a dieta passe a ser predominantemente composta de produtos livres de glúten, mas ricos em carboidratos simples refinados, açúcar, e poucas fibras, a saúde piora e o peso tende a aumentar. E o glúten não tem nada a ver com isso.

LACTOSE

Lactose é um dissacarídeo, uma molécula formada pela combinação de dois açúcares. No caso, uma molécula de glicose e uma de galactose. A sacarose, açúcar de mesa, também é um dissacarídeo, só que formada por glicose e frutose. Já vimos como acontece a digestão de frutose e glicose.

A lactose, no entanto, é um pouco mais complicada. Precisa de uma enzima especial chamada lactase, que consegue quebrar a lactose em moléculas mais simples. Mamíferos em geral nascem bem equipados, com lactase e bactérias que ajudam a digerir o leite, mas vão perdendo essa capacidade à medida que se tornam adultos. Isso acontece quando uma proteína reguladora "desliga" o gene da lactase, como se estivesse sinalizando que o animal já cresceu e pode desmamar.

Em humanos, entretanto, a evolução fez uma "gambiarra". Mais ou menos 7.500 anos atrás, quando começamos a domesticar animais para leite, surgiu uma mutação que impede que a proteína reguladora desligue o gene da lactase.[26] O gene fica ativo durante toda a vida.

Aparentemente, houve uma vantagem evolutiva em poder incorporar leite de outros animais e derivados (queijo, iogurte) à alimentação, como fonte de energia e nutrientes, porque a mutação acabou se fixando em grande parte da população europeia. Já na Ásia, onde a domesticação de animais de ordenha não era tão popular, não houve pressão seletiva para favorecer essa mutação. Assim, este continente concentra a maior parte da população mundial que é realmente intolerante à lactose.

Há várias especulações sobre os tipos de vantagem evolutiva que podem ter favorecido o processo.[27] A possibilidade de digerir leite pode ter aumentado as chances de sobrevivência em tempos de seca e pouca colheita, pode ter aumentado a taxa de fertilidade, ao diminuir o tempo necessário para o desmame das crianças, liberando a mãe para engravidar novamente. Pode ter reduzido infecções causadas por água contaminada, já que o leite é uma fonte alternativa de hidratação. Pode ter permitido uma maior diversidade de bactérias no intestino, trazendo outras vantagens. Quaisquer que sejam as causas, o fato é o que o gene foi selecionado e se espalhou pela Europa.

Curiosamente, o argumento da turma "paleo" de que não houve tempo evolutivo, em 10 mil anos, para que os humanos se adaptassem à ingestão de glúten esquece que a adaptação à lactose tem praticamente a mesma idade, e ocorreu depois que começamos a domesticar animais e plantas. Assim, embora algumas pessoas de fato sofram com intolerância à lactose, a evolução foi capaz de selecionar, em diversas populações e num curto intervalo de tempo, uma adaptação que permite digerir essa molécula na idade adulta – não faz sentido, portanto, o conselho comumente encontrado de que "todo mundo" deveria evitá-la.

SUPLEMENTOS E SUPERALIMENTOS

Outro mercado bilionário é o de suplementos alimentares, de multivitamínicos e de superalimentos. Só o de suplementos foi avaliado em US$ 152 bilhões.[28] O de vitaminas, em US$ 6,5 bilhões em 2020, com projeção para chegar a US$ 10,5 até 2028.[29] Já o de superalimentos movimentou US$ 161 bilhões em 2021, com projeção para US$ 246 bilhões até 2030.[30]

Vamos começar com os superalimentos. Quem nunca esbarrou em reportagens do tipo "os dez alimentos que não podem faltar na sua mesa", ou "dez alimentos para prevenir..." – insira aqui – "... câncer, osteoporose, cardiopatias, colesterol, pressão alta". Mais de cem alimentos conhecidos já foram catalogados como "super", incluindo mirtilos (blueberries), salmão, espinafre, couve, abacate, brócolis, algas, castanhas, nozes, tomates, goji berries, chia, kefir, kombucha, só para dar alguns exemplos.

Alimentos são elevados à categoria "super" geralmente porque contêm algum micronutriente em grande quantidade, e esse micronutriente está associado a alguma propriedade que, o pessoal do marketing quer fazer você acreditar, pode curar ou prevenir doenças. São alimentos ricos em antioxidantes, vitaminas e/ou minerais que certamente também estão presentes em outros alimentos, e que obtemos em quantidade suficiente numa dieta normal.

Por exemplo, mirtilos têm grandes quantidades de vitamina C, mas limões e laranjas, também. Couve tem vitamina A, mas não tanto quanto cenoura. Em geral, não há nada que um único alimento possa ter de tão especial que venha a torná-lo indispensável para a dieta. Micronutrientes podem ser encontrados em diversos alimentos e combinações. Mas dizer que algo tem superpoderes é sempre uma boa estratégia de vendas, que pode ser aproveitada por produtores ou importadores de produtos exóticos (como mirtilo ou quinoa), fabricantes de suplementos alimentares e, até, para ampliar o consumo de itens corriqueiros (quem teve a ideia de fazer suco de couve, afinal?).

A ideia de superalimentos nasceu de uma campanha de marketing para aumentar o consumo de bananas durante a Primeira Guerra Mundial.[31] Havia escassez geral de alimentos nos Estados Unidos, e fazia sentido tentar incorporar a banana, um produto abundante e de fácil importação, à dieta dos americanos. Empresas como a United Fruit Company (cuja influência corruptora na política e práticas neocolonialistas em países da América Central deu origem à expressão "república de bananas", aliás) dos EUA começaram a publicar panfletos falando das qualidades da banana e incentivando os americanos a colocarem banana no cereal do café da manhã (um hábito que perdura até hoje), na salada, como lanche. Era afinal barato, nutritivo e saudável. E bom para os negócios.

Essa prova de conceito abriu oportunidades para um novo mercado: o da promoção de produtos agrícolas específicos, enaltecendo suas características como se fossem únicas e especiais. E então temos a onda dos mirtilos, da chia, da couve, do abacate. Sem dúvida, esses alimentos podem fazer parte de uma alimentação saudável. Mas não são essenciais, nem têm superpoderes.

O marketing excessivo desses alimentos pode trazer consequências preocupantes tanto para uma alimentação balanceada da população como para o meio ambiente. Para a população, porque pessoas podem priorizar o consumo desses alimentos de forma desproporcional, e acabar deixando de ter uma dieta equilibrada. E para o meio ambiente, porque se o mercado passa a preferir esses alimentos, o agricultor pode acabar apostando demais nessas culturas – e deixando de lado outras igualmente importantes.

Reportagem do jornal *The Guardian* traz o resultado de uma pesquisa de opinião que diz que 61% dos britânicos escolhem alimentos no mercado porque acreditam que têm poderes especiais. A mesma reportagem alerta para o fato de que a moda do abacate aumentou de tal forma o plantio no México que causou um problema de desmatamento. Além disso, o cultivo do abacate requer grandes quantidades de água, e o transporte precisa ser refrigerado.[32]

E os suplementos? A ideia de suplementar a dieta com vitaminas e outros micronutrientes faz sentido se, por algum motivo, determinada vitamina for insuficiente, como no caso dos marinheiros europeus do século XVIII, que com uma dieta baseada em biscoitos e carne seca, sem acesso a frutas frescas ou vegetais, sofriam de falta de vitamina C, o que levou a Marinha britânica a incluir suco de limão na ração diária distribuída nos navios – talvez o primeiro "suplemento alimentar" da história. No mundo moderno, no entanto, esse tipo de situação extrema é muito raro e, de qualquer forma, deficiências nutricionais reais requerem diagnóstico médico.

Vendedores de vitaminas e suplementos alimentares tentam empurrar produtos desnecessários, usando várias estratégias: disputam as quantidades diárias recomendadas para determinada vitamina, dizendo que são, na verdade, insuficientes; sugerem que o excesso é benéfico; ou promovem nutrientes pouco conhecidos, apresentando-os como grandes "descobertas" e absolutamente essenciais e necessários. A realidade é bem diferente disso.

Um bom exemplo é o marketing de vitaminas com propriedades antioxidantes. O argumento é que a formação de radicais livres – moléculas reativas – no metabolismo é prejudicial e está relacionada ao surgimento de doenças. Portanto, é preciso combater os radicais livres, e os antioxidantes fazem isso. Mas a verdade é que o corpo já é equipado para lidar com os radicais livres, e as quantidades úteis e necessárias de vitaminas com propriedades antioxidantes já ocorrem normalmente numa dieta comum.

Estudos com suplementação de vitaminas demonstram que não só o seu consumo por pessoas saudáveis – que não têm uma deficiência vitamínica diagnosticada – não acrescenta benefícios, como o excesso pode ser prejudicial. Uma avaliação de 78 estudos de boa qualidade concluiu que não há evidências que suportem a suplementação de antioxidantes para a prevenção de doenças, e ainda demonstrou que o excesso de vitamina E, betacaroteno e vitamina A pode ser perigoso.[33]

DETOX

Outro mito comum em dietas, e que também gera cliques, vende livros e produtos sem sentido é o de que precisamos desintoxicar, ou "detoxificar", o organismo de tempos em tempos. E para isso, claro, precisamos comprar o kit detox, o livro de receitas de suco detox, ou mesmo tomar o *smoothie* detox na lanchonete chique do bairro, comprar o chá de ervas ou fazer enemas de café – isto mesmo, a introdução de café no corpo por via retal. A ideia é que temos que nos livrar das "toxinas".

Parece uma ideia atraente. Detoxificar seria uma maneira de purificar o corpo, já que vivemos, principalmente as populações urbanas, cercados de poluentes ambientais e consumimos alimentos cheios de "produtos químicos" (como se as moléculas de um morango *in natura* fossem menos "químicas" que as de um picolé).

O problema é que não existe nenhuma plausibilidade biológica para isso. Compostos tóxicos já são processados normalmente pelo fígado, que produz enzimas capazes de quebrar diversas substâncias, com diferentes graus de toxicidade, em compostos menores e inócuos, que serão então excretados pelo sistema renal. Em apenas 36 horas, por exemplo, o fígado consegue metabolizar quantidades grandes de álcool (sim, álcool é tóxico).[34]

O uso de sucos detox também se tornou muito popular e hoje essas bebidas fazem parte até do cardápio de restaurantes e lanchonetes. Os proponentes das dietas de suco para detoxificar prometem aumentar a vitalidade, espantar a fadiga, reduzir peso e, claro, livrar o corpo das indesejadas – ainda que imaginárias – toxinas. Tomar suco de frutas e verduras certamente não faz mal à saúde, mas basear uma dieta só nisso, principalmente por períodos prolongados, pode ser prejudicial.

Os sucos em geral removem toda a polpa da fruta, justamente onde estão as fibras solúveis que alimentam as bactérias do intestino. E, claro, uma dieta só de sucos será carente de proteínas e gorduras, que fazem parte de uma alimentação saudável.

Talvez o trabalho mais abrangente e voltado para informar o público não especialista sobre produtos detox tenha sido o conduzido pelo Voice of Young Science, um grupo de jovens cientistas britânicos que se dedica à comunicação pública da ciência. Em 2009, o grupo publicou uma pesquisa envolvendo 15 produtos "detox", incluindo água especial para detox, suplementos, esponjas de banho detox, xampu detox, smoothie detox, botas detox e até adesivos para a pele detox.[35]

O relatório traz alguns pontos que merecem destaque: primeiro, nenhum fabricante ou promotor de serviços analisado no relatório conseguiu fornecer uma definição do que é, afinal, "detox". Segundo, nenhum conseguiu embasar ou explicar cientificamente as alegações de como o produto ou serviço funciona. Os autores concluíram que "detox" é um termo de marketing, um mito.

A MÍDIA NÃO AJUDA

Os meios de comunicação sofrem de uma atração fatal por conteúdo sobre dietas, e infelizmente nem sempre os jornalistas têm o preparo adequado para distinguir propaganda de realidade. Os dois autores deste livro lecionaram, durante três anos, em uma disciplina especial da Universidade de São Paulo, no Instituto de Ciências Biomédicas. O objetivo do curso era explicar as bases de uma boa comunicação pública da ciência para os futuros cientistas. Um dos exemplos que sempre usamos em sala de aula foi uma brincadeira, uma peça pregada na imprensa internacional pelo biólogo e jornalista John Bohannon, em 2015.[36]

Bohannon queria mostrar como era fácil enganar os jornalistas com temas de saúde, especialmente de dietas que oferecem soluções mágicas para emagrecer. A estratégia? Inventar um instituto de pesquisa falso e publicar um artigo científico completamente enviesado – com resultados que qualquer leitor mais atento, familiarizado com a boa metodologia científica, logo perceberia serem inválidos. O componente da dieta escolhido foi chocolate amargo. Segundo Bohannon, a escolha não foi por acaso: chocolate amargo era um queridinho de indústria de bem-estar da época. O jornalista brinca que seus parceiros na armação justificaram a escolha dizendo que chocolate amargo tem gosto ruim, então todo mundo acha que faz bem.

O estudo, publicado num periódico predatório – tipo de "revista científica" em que o modelo de negócio é publicar qualquer coisa, desde que os autores paguem uma taxa cobrada pelo editor –, trazia o nome do investigador principal como Johannes Bohannon, diretor do Instituto de Dieta e Saúde no Reino Unido. Uma simples busca na internet teria revelado que nem o instituto, nem o pesquisador principal existiam. Mas todo o resto era real, apenas deliberadamente malfeito.

O grupo realmente recrutou voluntários. Uma parte deles seguiu uma dieta pobre em carboidratos, outra parte seguiu a mesma dieta, mas comeu uma barra de 42 g de chocolate amargo por dia. O terceiro grupo não seguiu nenhuma dieta em especial. Após três semanas, o grupo que perdeu mais peso foi o do chocolate. Os dados são reais.

A baixa qualidade (e confiabilidade) do resultado começa a ficar clara quando vemos como o número de voluntários era pequeno: com apenas 5 homens e 11 mulheres, o risco de desfechos surpreendentes aparecerem por puro acaso é alto.

E a equipe de Bohannon nem tinha decidido, antes do início do estudo, testar nos voluntários especificamente a perda de peso. Na verdade, testaram diversos marcadores, como colesterol, pressão, qualidade do sono, concentração de proteínas na urina e peso. Aí passaram uma peneira nos resultados em busca de qualquer alteração, ainda que mínima, no grupo do chocolate. Acharam no peso (poderia ter sido no sono, no colesterol, na urina...) e escreveram o artigo científico de acordo.

Parece trapaça? É porque é trapaça! Mas infelizmente esse tipo de artimanha, chamado de *data fishing* ou *data mining*, do inglês "pescar dados" ou "garimpar dados", é comum em diversos tipos de estudos de pseudociências.

Com os resultados em mãos, o próximo passo era escrever um comunicado de imprensa que chamasse atenção. O comunicado, "Magro comendo chocolate", foi um sucesso, replicado em 20 países e 12 línguas, inclusive por veículos respeitados, como a BBC News no Reino Unido, o *Times of India*, o Huffington Post (na Alemanha e na Índia) e a revista *Cosmopolitan*. Todos esses veículos publicaram matérias sobre como comer chocolate amargo emagrece. O pesquisador "Johannes Bohannon" (John Bohannon, encarnando o personagem) foi entrevistado para explicar os resultados, e ninguém conferiu as credenciais que ele dizia ter. O artigo posterior de Bohannon, confessando a farsa, teve muito menos repercussão.

A mídia está repleta de reportagens enaltecendo superalimentos ou dando como verdade absoluta resultados de estudos que apontam possíveis correlações entre estilos de vida ou dietas com doenças ou bem-estar, sem apresentar nenhuma ressalva ou descrever as limitações dos estudos e os riscos de extrapolar conclusões específicas para cenários de aplicação geral. O resultado é um público que acredita que o alimento X cura o câncer, o produto Y cura diabetes e o livro Z ensina a emagrecer. Só quem se beneficia disso são os vendedores do alimento X, do produto Y e do livro Z.

Além do dano para o bolso do consumidor, a indústria da dieta alimenta um problema social grave: a hipervalorização da magreza, que estimula transtornos alimentares e impacta até mesmo empregabilidade e economia. Magreza excessiva pode ser tão prejudicial quanto obesidade.[37] Um estudo publicado em 2018, com dados da Inglaterra, mostrava que a redução da expectativa de vida em pessoas de mais de 40 anos e com índice de massa corporal (IMC)[38] acima de 30 (consideradas obesas) e abaixo de 18,5 era muito parecida. No caso das mulheres, a perda de expectativa de vida era de fato maior entre as muito magras (4,5 anos) do que entre as obesas (3,5 anos).

Reportagem de dezembro de 2022 em *The Economist* chama a atenção para o fato de que a ditadura da magreza afeta desproporcionalmente mulheres, enviesando até mesmo estatísticas de obesidade que comparam classes sociais.[39] Em geral, as pesquisas mostram que classes sociais mais pobres apresentam índices maiores de obesidade, em países ricos. A explicação mais citada para isso é de que a população mais carente não tem dinheiro para comprar alimentos mais saudáveis. O problema é que essa correlação entre obesidade e renda é enviesada, em países desenvolvidos, pelas mulheres. Se corrigirmos para sexo, vemos que a taxa de obesidade é muito semelhante entre os homens, não importa se ricos ou pobres.

Em outras palavras, segundo a reportagem, mulheres ricas são muito mais magras do que mulheres pobres,[40] mas homens ricos são tão obesos quanto homens pobres. A revista especula se a diferença não ocorre justamente porque a magreza (em mulheres) é vista como marca de sucesso e traz vantagens profissionais às magras em carreiras de elite, como altos cargos executivos. A discriminação pela aparência atinge mais mulheres do que homens e, assim, a pressão psicológica e de mercado para manter um corpo magro atinge muito mais as mulheres, que com isso acabam se tornando vítimas preferenciais de esquemas fajutos (ou insalubres) de controle de peso.

Não existe "dieta mágica" – seja para viver mais, ter mais saúde ou emagrecer. O que será uma dieta ideal ou saudável vai variar de pessoa para pessoa (um atleta de elite tem necessidades diferentes de um trabalhador de escritório, e condições de saúde específicas podem fazer com que uma pessoa precise acrescentar ou cortar itens do cardápio). O melhor conselho geral possível é também o mais óbvio: fora de condições especiais, melhor é a dieta rica em cereais, frutas e verduras frescas se possível, alimentos *in natura* e minimamente processados, em que nada é proibido e moderação é a regra geral.

PSICANÁLISE E PSICOMODISMOS

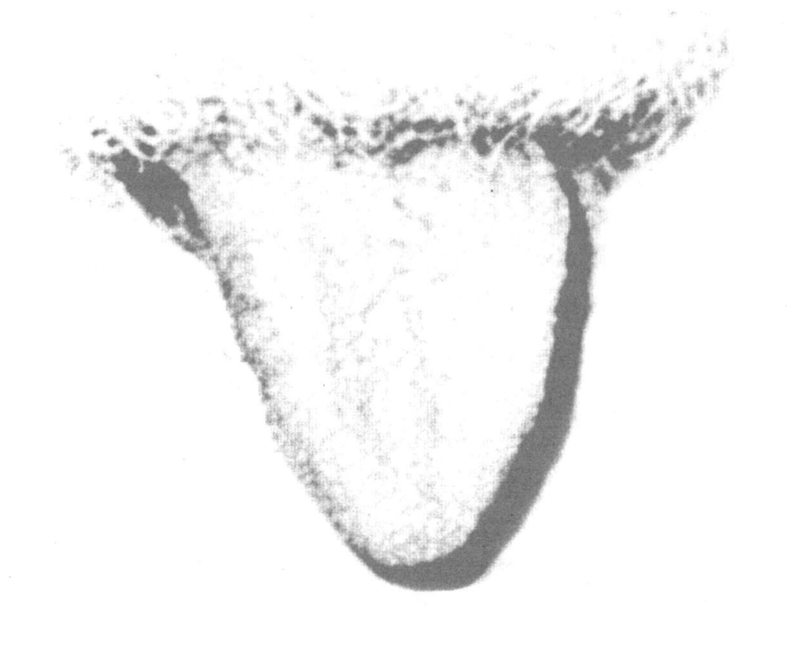

O sofrimento mental – categoria que inclui desde desconforto emocional a problemas potencialmente incapacitantes, como fobias, ansiedade, depressão e comportamentos compulsivos – é tão real quanto o físico e pode, em muitos casos, ter origem orgânica ou fisiológica.

Em princípio, não há nenhum motivo para que as terapias e os procedimentos que se propõem a aliviar as dores da mente estejam isentos de passar pelos mesmos procedimentos de testagem e escrutínio crítico que se aplicam aos tratamentos propostos para aliviar as aflições do corpo, e também do dever de dar atenção às armadilhas que levam a conclusões falsas, como associações espúrias que sugerem relações de causa e efeito e viés de confirmação.

Entre os procedimentos que devem ser seguidos estão a avaliação crítica das alegações de cura ou benefício terapêutico por meio de testes controlados, envolvendo número significativo de pacientes, comparação entre grupos equivalentes e algum grau de cegamento, seguidos de análise estatística competente e pertinente dos resultados. Uma psicoterapia pode ser testada estabelecendo-se um objetivo claro (a superação de fobias, digamos) e comparando-se o progresso de pacientes tratados de acordo com os preceitos da terapia e os dos que seguem alguma outra abordagem, ou um tratamento "placebo" (conversas amigáveis com um ator ou outra figura carismática que faz o papel de "terapeuta" por exemplo).

Entre as armadilhas, encontram-se tratar evidência anedótica (relato de casos isolados) como prova de eficácia e tomar o produto do já mencionado viés de confirmação (a busca ativa de casos positivos, ignorando ou minimizando a importância dos neutros ou negativos) como consolidação dessa prova. No caso específico dos contextos terapêuticos, essas duas tendências tendem a confluir para dar corpo à falácia da "experiência clínica" – o aparente sucesso que o terapeuta "vê com os próprios olhos no consultório", falácia reforçada pela gratidão dos pacientes satisfeitos.

Como fonte de evidência, a experiência clínica é insuficiente, inconclusiva e, no limite, inválida – porque dificilmente será representativa: os pacientes *insatisfeitos* não voltam, os mortos não falam; a memória é seletiva, os vieses (e a vaidade) do profissional filtram aquilo em que prestará mais atenção ou considerará mais importante. Pior: a inclinação teórica pessoal do terapeuta influenciará sua leitura dos resultados. No Brasil, a crise da fosfoetanolamina sintética, em meados da década passada, e o número espantoso de médicos que se deixou seduzir pelos "resultados positivos" da cloroquina e da ivermectina na pandemia de covid-19 mostraram de forma eloquente como é fácil cair nesses alçapões.

Historicamente, uma família especial de psicoterapias tem reivindicado passe livre que lhe permitiria isentar-se da obrigação de conduzir testes; tem afirmado que, no seu caso, experiência clínica é, sim, prova conclusiva não só de eficácia terapêutica, mas também da validade e da pertinência de certas teorias metafísicas que poderiam ser usadas, com poder explicativo, para analisar não apenas a estrutura e o funcionamento da mente humana, como também da sociedade e da própria civilização.

Essas terapias arrogam-se uma posição privilegiada na hierarquia do conhecimento clínico, argumentando que suas elaborações teóricas e práticas clínicas encontram-se fora – de fato, acima – do alcance das ciências. Essa é a família das chamadas terapias psicodinâmicas, que habita o universo das "curas pela fala", em que a principal ferramenta terapêutica é um diálogo, livre ou estruturado (isto é, seguindo etapas e protocolos preestabelecidos), entre paciente e terapeuta.

O privilégio reivindicado pelas terapias psicodinâmicas – derivadas do trabalho original de Sigmund Freud com psicanálise – não se justifica[1] e, de fato, nunca foi acatado pelos psicólogos que se dedicam à pesquisa científica e mesmo por inúmeros psicoterapeutas que, embora pratiquem formas de "cura pela fala", buscam basear suas práticas em boas evidências científicas, como os que adotam a Terapia Cognitivo-Comportamental (TCC). Mas mesmo aí a base de evidências sobre a aplicabilidade da técnica a diferentes tipos de condição encontra desafios e problemas de qualidade.[2]

O manual acadêmico *Science and Pseudoscience in Clinical Psychology* (Ciência e Pseudociência em Psicologia Clínica), publicado nos Estados Unidos em 2015, adverte que "as bases científicas do campo da psicologia clínica estão ameaçadas pela contínua proliferação de técnicas psicoterapêuticas, diagnósticas e de avaliação sem base e que nunca foram testadas".[3]

Os autores poloneses Tomasz Witkowski (psicólogo) e Maciej Zatonski (médico), por sua vez, lembram que "o ônus cabe aos criadores de uma terapia (assim como ao inventor de um fármaco) de desenvolver uma metodologia ou abordagem que possa demonstrar, sem ambiguidades, o desfecho positivo de uma terapia (ou sua ausência)".[4] Witkowski e Zatonski referem-se às psicoterapias como "uma atividade voltada prioritariamente ao mercado", mais preocupadas em manter uma boa imagem pública do que em testar e validar (ou descartar) as alegações das diferentes escolas de terapia.

Outra obra acadêmica que se propõe considerar a totalidade da evidência sobre a eficácia de diversas propostas populares de psicoterapia, *The Great Psychotherapy Debate* (O Grande Debate da Psicoterapia), informa que, quando se consideram os poucos estudos bem conduzidos que existem sobre as diferentes escolas de psicoterapia, muitas vezes é possível encontrar algum benefício para o paciente – mas "os efeitos do terapeuta excedem os efeitos do tratamento, que respondem por, no máximo, 1% na variabilidade dos desfechos".[5]

Em outras palavras, quando a psicoterapia traz benefício, isso aparentemente deriva mais da pessoa do terapeuta do que da técnica usada ou da teoria que embasa a técnica. "Não existe evidência convincente de que qualquer psicoterapia em particular, ou ingredientes específicos em geral, sejam cruciais para produzir os benefícios da psicoterapia."[6]

Em termos de saúde física, seria como se os antibióticos e a teoria dos germes (a técnica terapêutica e a teoria por trás dela) só funcionassem bem se o médico (o terapeuta) tivesse características pessoais favoráveis – talvez o jeito de conversar, a inteligência, a simpatia, capacidade de fazer o paciente se sentir à vontade, o acolhimento. O que traz duas questões: uma, por que o antibiótico / técnica / teoria seria necessário, afinal?; outra, qual o dano que um médico antipático / terapeuta inábil pode causar?

Uma pesquisa conduzida na Inglaterra e no País de Gales, publicada em 2016, envolvendo quase 15 mil pessoas, determinou que pouco mais de 5% relataram efeitos negativos duradouros de processos psicoterápicos. Esses efeitos deletérios mostraram-se mais comuns em membros de minorias étnicas e sexuais. A maioria das pessoas que informou sofrer com maus resultados não soube dizer com certeza que tipo de psicoterapia havia recebido.[7] Outras estimativas[8] sobre a fração de pacientes que sai da terapia pior do que entrou chegam a 10%.

O potencial de causar dano é amplificado pelo uso de técnicas terapêuticas sem base em estudos científicos adequados. Em outro livro,[9] Witkowski adverte para a necessidade de separar as terapias baseadas em evidências das que ele chama de "experimentos descontrolados em humanos", categoria em que inclui a família da psicanálise.

Escreve ele que "a primeira questão, absolutamente fundamental e que deve ser esclarecida antes de submeter-se a qualquer tipo de psicoterapia" é a de se existem resultados de pesquisas científicas, conduzidas de acordo com boas práticas (incluindo comparações válidas entre grupos e pacientes), que confirmem a efetividade do método. "Se o terapeuta se mostrar indisposto ou incapaz de responder a essa questão, procure outro".

TIPOS DE CIÊNCIA?

A ideia de que propostas psicoterapêuticas – ao menos, as que não envolvem o uso de fármacos – deveriam ser avaliadas por regras diferentes das que regem as ciências da saúde em geral deriva, em parte, da velha concepção filosófico-religiosa de uma quebra radical entre mente/espírito e corpo, sendo que a mente, constituindo o domínio da alma, operaria por regras próprias, metafísicas (isto é, "para além da física"). Esse dualismo extremo, no entanto, não se sustenta mais, frente aos avanços e descobertas da neurociência nos últimos dois séculos.

Isso não significa, claro, que o estudo da psiquê não precise de conceitos e instrumentos próprios, mas sim que esses instrumentos e conceitos não estão além dos princípios e das regras mais fundamentais das ciências físicas, biológicas e da saúde, e nem podem contradizê-los.

Outra poderosa motivação para que se tente isentar a psicoterapia das obrigações científicas mais elementares é o enorme sucesso de público que as teorias psicanalíticas de Sigmund Freud obteve entre a intelectualidade europeia e norte-americana, principalmente entre as décadas de 1930 e 1970, quando passou a ser chique usar ideias derivadas dos trabalhos de Freud e de seus discípulos-hereges mais famosos (entre eles, Carl Jung, Wilhelm Reich, Jacques Lacan) como chave interpretativa em campos tão díspares quanto história, literatura, arte, sociologia e filosofia.

Desde pelo menos a década de 1950, no entanto, a teoria de Freud é dada como exemplo típico de pseudociência (isto é, de um sistema de crenças que busca para si o mesmo prestígio e valor devidos às ciências legítimas, mas sem merecê-los) em obras de filósofos que tratam do "problema da demarcação[10]" ou, na melhor das hipóteses, como um projeto científico, de início legítimo, mas que fracassou e degenerou em uma forma de religião secular.[11]

Quando as pretensões científicas da psicanálise vieram abaixo, uma intelectualidade fortemente investida no suposto valor do pensamento psicanalítico como instrumento de análise da realidade acudiu para tentar dotar o edifício freudiano de novas fundações.

Uma das tentativas, que ainda hoje é extremamente popular, envolve criar uma distinção artificial entre ciências "nomotéticas" (que produzem leis universais, como a Física) e "hermenêuticas" (que produzem interpretações dependentes de contexto, como as Ciências Sociais e, claro, a psicanálise).[12]

Essa suposta "desconstrução" da crítica científica à psicanálise ainda dá margem à alegação de que, se o método "hermenêutico" que produz o suposto conhecimento psicanalítico é inválido, então ciências humanas são impossíveis, porque dependeriam do mesmo tipo de abordagem – elucubrações subjetivas baseadas em casos individuais (fatos históricos, por exemplo) – para gerar conhecimento. Em outras palavras: se o método pelo qual a psicanálise foi construída não se sustenta, as humanidades — incluindo História, Ciência Política, Linguística, Economia — também não. Como instrumento retórico, é o equivalente de uma tomada de reféns por terroristas: a psicanálise seria o homem-bomba no prédio das humanas. Se explodir, leva todo mundo junto.

A ameaça, embora ainda impressione algumas pessoas, é vazia: trata-se, com o perdão do clichê, de um proverbial tigre de papel. Primeiro, porque as críticas mais contundentes à psicanálise vêm justamente do coração das humanidades – da Filosofia, que lida com o problema da demarcação e da validade das diferentes metodologias adotadas pelas ciências; da História, que põe em xeque, por meio de testemunhos e documentos, a lisura e a credibilidade das narrativas canônicas usadas pelos psicanalistas para justificar sua prática. Por fim, da própria Psicologia científica, que cobra evidências mais robustas para embasar tanto as alegações teóricas sobre estrutura e funcionamento da mente quanto as de sucesso clínico. A aplicação do método científico na produção de conhecimento psicológico – em oposição à reverência à palavra de supostos "gênios fundadores", como Freud, ou à mera introspecção – já permitiu grandes avanços em áreas como a psicologia social, análise de comportamento, neuropsicologia e, no contexto clínico, nas terapias de base cognitivo-comportamental.

Mais importante, a distinção entre ciências "nomotéticas" e "hermenêuticas" é insustentável, como bem argumenta o filósofo Adolf Grünbaum.[13] Primeiro, porque até as ciências supostamente nomotéticas mais "duras", como a Física de Partículas, são forçadas a levar contextos e história em consideração, e lidam com interpretações.

Os experimentos mais avançados conduzidos nessa área, como os da Organização Europeia para a Pesquisa Nuclear (CERN), requerem cuidados extremos exatamente para considerar e interpretar o papel que influências ambientais (isto é, de contexto) podem ter nos resultados obtidos. A chegada de partículas subatômicas vindas do espaço, o decaimento de materiais radioativos naturalmente presentes nas imediações do laboratório e, até mesmo, flutuações do campo gravitacional local precisam ser levados em conta.

Além disso, a descrição completa do campo eletromagnético de uma partícula carregada – a forma como esse campo se propaga pelo espaço e afeta outras partículas – depende do conhecimento da trajetória pregressa da partícula, isto é, de sua história.

Também é falsa a ideia de que as ciências ditas "hermenêuticas" ou interpretativas dispensam regras e não buscam produzir leis gerais: afinal, dadas duas interpretações propostas – para um mesmo documento histórico ou fato social, por exemplo – é preciso haver algum critério para decidir entre elas, determinar qual está certa (se alguma estiver). Se uma pessoa diz que, no início do século XIX, a França teve um imperador chamado Napoleão Bonaparte, e outra nega essa afirmação, o dilema se resolve com apelo à evidência empírica relevante, tal como em qualquer outra atividade que se pretenda científica.

FREUD

As doutrinas psicodinâmicas em geral, e a psicanálise em particular, dependem crucialmente – tanto como terapia quanto como "chave" de leitura social ou cultural –, de que se leve muito a sério uma alegação que é insustentável tanto do ponto de vista lógico quanto da evidência empírica: a da existência do chamado inconsciente psicodinâmico.

Esse inconsciente – que já foi comparado a uma "mente paralela" ou "calabouço" – seria um repositório para onde a mente baniria os desejos inconfessáveis, pensamentos vergonhosos, impulsos inomináveis, motivações pérfidas, memórias indizíveis e, dependendo da corrente teórica a que se adere, um monte de outras coisas.

Esse banimento (tecnicamente, "repressão") não deve ser confundido com outro processo mental, o de supressão, pelo qual abafamos desejos ou pensamentos indevidos que chegam à consciência: sentimos vontade de fazer algo inconveniente, tomamos consciência disso, e suprimimos o impulso (que, a despeito disso, pode continuar a nos incomodar ou a influenciar nossas ações). Não: o inconsciente psicodinâmico, se existe, é feito das culpas, dores, memórias (e de um monte de outras coisas, dependendo da escola psicanalítica a que se adere) que nunca sequer notamos que existem.

Segundo a doutrina psicodinâmica, esse inconsciente tem poder: sem que percebamos, seus prisioneiros influenciam, quando não controlam, nossos pensamentos e ações conscientes. Sinais dessa presença fantasmagórica afluiriam à consciência em sonhos, lapsos de linguagem, na livre associação de ideias, na produção artística e em outras manifestações mais ou menos acidentais.

O psicanalista seria o profissional capaz de interpretar esses sinais (sonhos, lapsos, o produto de associações livres etc.) e trazer o conteúdo inconsciente à luz, o que livraria o paciente dos sintomas causados pela repressão. Se esse inconsciente psicodinâmico não está lá, então todo o empreendimento psicanalítico faz tanto sentido quanto hepatoscopia, a arte de prever o futuro examinando o fígado de animais sacrificados.

E que motivos temos para acreditar que esteja lá? A palavra dos psicanalistas e de alguns de seus clientes: a falácia da "experiência clínica". O que é exatamente o mesmo nível de evidências que existe a favor da hepatoscopia: gerações incontáveis de áugures e sacerdotes, de imperadores romanos, generais etruscos e chefes tribais de diversas partes do globo poderiam oferecer testemunhos brilhantes a favor da prática.

Em tese, a existência desse inconsciente sombrio teria sido demonstrada empiricamente por Sigmund Freud. Ainda que a pesquisa de Freud não fosse, como é, toda baseada em fraudes, fabricações e distorções – a bibliografia a respeito é abundante, sendo a obra de Frederick Crews[14] um ótimo ponto de partida –, seus resultados não seriam fortes o bastante para estabelecer o que se alega: mesmo nos melhores momentos, a razão entre dado empírico e especulação pura, tanto em Freud quanto em seus sucessores, é baixíssima.

Uma avaliação do estado das formas mais "modernas" de psicanálise no último quarto do século XX, publicada pelo filósofo Morris N. Eagle, conclui que, do ponto de vista da base científica das alegações feitas pelos psicanalistas, "não existe evidência de progresso nenhum, e até, talvez, algum retrocesso".[15] Depois de analisar a literatura teórica produzida por psicanalistas nos Estados Unidos, Eagle concluiu que princípios básicos da inferência científica – por exemplo, o de que a evidência pertinente à validade (ou não) de uma teoria deve existir independentemente dela – foram abandonados na cultura psicanalítica. Para entender esse princípio, vamos olhar, por exemplo, para a evidência pertinente à teoria da gravidade: fatos como os de que objetos caem em direção ao centro da Terra, ou de que os planetas giram em torno do Sol, podem ser confirmados mesmo por quem nunca ouviu falar em Isaac Newton. A gravidade os explica, mas esses não são fatos derivados da teoria, precedem-na. Já a suposta "evidência" que estaria na base da teoria psicanalítica (como a alegada existência de memórias reprimidas) carece dessa independência – é a aplicação da teoria que produz as narrativas que a própria teoria, depois, vai interpretar como memórias resgatadas do inconsciente. Tal circularidade – uma teoria embasada em evidências que só se manifestam para quem já a utiliza e acata de antemão – é típica das religiões e estranha ao *ethos* científico.

A liberação para pesquisadores, a partir do último quarto do século passado, da totalidade da correspondência, sem censura, entre Freud e seu amigo Wilhelm Fliess, além das cartas trocadas pelo jovem Freud com a noiva e futura esposa Martha Bernays, revelou um grau espantoso de mentira e distorção separando o que realmente acontecia no consultório e as famosas "notas de caso" publicadas pelo pai da psicanálise e que fizeram sua fama.[16]

O historiador Mikkel Borch-Jacobsen, que se dedicou a compilar biografias de pacientes de Freud, conclui que "com algumas poucas e ambíguas exceções, como os tratamentos de Ernst Lanzer, Bruno Walter e Albert Hirst, as curas de Freud foram largamente ineficazes, quando não claramente destrutivas".[17]

E mesmo ao descrever pelo menos um dos casos em que – talvez – tenha tido algum sucesso real, o de Ernst Lanzer (que Freud presenta, em um de seus relatos de caso, sob o pseudônimo de "Homem dos Ratos"), o pai da psicanálise cometeu exageros e distorções que apenas servem à vaidade do autor e ajudam a fazer suas ideias soarem mais plausíveis.

No livro *Freud and the Rat Man*,[18] em que reconstitui o tratamento de Lanzer a partir de anotações originais de Freud, o psicanalista Patrick

Mahony admite – a contragosto, e oferecendo muitas desculpas – que, ao escrever o caso para publicação, Freud cometeu exageros "em seu zelo para proteger e promover a nova disciplina [da psicanálise]", e que "nos eventos em que os relatos de Freud não correspondem às notas feitas durante o processo, percebemos que ele preserva o papel de contador de histórias, guiando sua reconstituição fabricada segundo princípios estéticos". Em outras palavras, Sigmund Freud estava mais preocupado em contar uma boa história do que em ser fiel aos fatos: um romancista (ou publicitário), não um clínico.

Em seu tratado sobre fraude científica, *The Great Betrayal*[19] (A Grande Traição), o historiador Horace Freeland Judson resume da seguinte maneira o conjunto da evidência histórica sobre a atuação de Sigmund Freud e as raízes da psicanálise: "Os casos de Freud são imposturas do início ao fim".

Frank Sulloway, historiador, autor de um clássico sobre psicanálise, *Freud: Biologist of the Mind*[20] (Freud: Biólogo da Mente), que durante décadas debruçou-se sobre o legado de Freud, disse o seguinte numa entrevista: "Os relatos de caso de Freud estão repletos de discrepâncias, que geralmente emergem de um esforço exagerado de fazer os fatos se encaixarem nas teorias".[21]

Um dos pacientes apresentados por Freud em seus escritos como um caso acabado de terapia psicanalítica bem-sucedida, Sergei Konstantinovitch Pankejeff, o "Homem dos Lobos", poucos anos antes de morrer concedeu uma série de entrevistas à jornalista austríaca Karin Obholzer.[22] Pankejeff revela-se um homem fraco, amargo e infeliz, que por um lado considera Freud "um gênio", mas por outro entende que jamais foi curado e que "em vez de me ajudar, a psicanálise me prejudicou". Também: "Na verdade, a coisa toda foi um desastre. Estou no mesmo estado de quando conheci Freud, e Freud não está mais vivo".

As falsificações e os fracassos de Freud têm especial relevância para a validade geral da psicanálise (e das demais doutrinas e terapias psicodinâmicas que derivam dela) porque o edifício psicodinâmico foi todo construído sobre a fundação da prática clínica freudiana: a teoria e a terapia psicanalítica apresentam-se ao mundo como resultado de uma construção lógica feita a partir do trabalho de Freud com seus pacientes e das reflexões e hipóteses derivadas desse trabalho. Reflexões e hipóteses que, por sua vez, são referendadas pelas curas que Freud alega ter produzido.

A Filosofia da Ciência já advertia, há décadas, que essas são bases frágeis e insuficientes. A "experiência clínica", como vimos, pode talvez sugerir, mas jamais demonstrar. E agora: se o trabalho foi todo falsificado e as curas nunca ocorreram, a "experiência clínica" alegada é fictícia. O que já era inadequado releva-se inexistente.

O CÍRCULO

Todo psicanalista desde sempre interpreta os sinais dados pelo cliente – falas, usos de linguagem, gestos, relatos de sonhos – como se fossem evidências da presença de um inconsciente recheado de desejos, memórias e outros tipos de conteúdo reprimido. O sistema todo pressupõe o que deveria demonstrar: é um círculo vicioso.

O cliente, por sua vez, colabora, ajudando o analista a construir uma narrativa fantasiosa a respeito do suposto conteúdo do suposto inconsciente e que, superficialmente, "faz sentido". Assim, "prova" que o analista está no caminho certo e que a doutrina é válida. Se, pelo contrário, o paciente reage negando a fantasia (no linguajar técnico da psicanálise, apresenta "resistência"), isso também prova que o analista está no caminho certo e a doutrina é válida, porque, afinal, o inconsciente não vai entregar seus segredos sem luta, certo?

A influência do terapeuta, de suas inclinações teóricas, opiniões políticas e preconceitos pessoais sobre os conteúdos e conclusões gerados "de modo espontâneo" pelo paciente é sistematicamente subestimada no universo psicanalítico, mas aparece quando estudos imparciais são conduzidos. "Com frequência, pacientes vivenciam exatamente o tipo de 'inspiração' [*insight*] que corresponde à orientação teórica do terapeuta, com pacientes de freudianos reportando inspirações freudianas, pacientes de junguianos reportando inspirações junguianas, e assim por diante".[23]

No caso do "Homem dos Lobos", a narrativa psicanalítica canônica é de que, ao interpretar um sonho de seu paciente (envolvendo lobos, daí o pseudônimo usado no relato do caso), Freud corretamente (lembre-se, esta é a versão "canônica", isto é, tal como narrada dentro do movimento psicanalítico) deduziu a presença de uma memória reprimida: o pequeno Pankejeff teria testemunhado os pais fazendo sexo – não só isso, como Freud se mostra (ou se diz) capaz de deduzir até mesmo o horário e a posição do casal durante o coito – a mãe estava de quatro e o pai a penetrava por trás. Esse espetáculo, supostamente registrado pela mente de um bebê de 18 meses,[24] é descrito como a "cena primal" do paciente e a causa de seus problemas psicológicos.

Na entrevista a Obholzer, no entanto, o já idoso Pankejeff não só nega algum dia ter concordado com a interpretação do sonho proposta por Freud, como diz que a suposta memória do sexo parental nunca lhe ocorreu – não foi, em momento algum, "desreprimida", nem mesmo como imaginação. "Ele insiste que eu vi, mas quem garante que foi isso mesmo? Que não era uma fantasia dele?", questiona o Homem dos Lobos. E essa é a questão que assombra toda e qualquer tentativa de sustentar a validade das teorias e terapias psicodinâmicas até os dias de hoje. "No meu caso, o que é explicado pelo sonho? Nada [...]. Freud rastreia tudo até a 'cena primal' que ele deriva do sonho [...] é terrivelmente forçado". E adiante: "A coisa toda é improvável porque, na Rússia, crianças dormem no quarto da babá, não dos pais".

Não há como negar que algumas narrativas construídas dessa forma – quando analista e paciente chegam a um consenso sobre a natureza do suposto material reprimido – possam ser úteis e trazer conforto psíquico para algumas pessoas.

Só que o mesmo pode ser dito da astrologia ou, até, da hepatoscopia: vamos nos lembrar dos estudos que sugerem que, se existe algum benefício na psicoterapia, ele se deve mais ao talento pessoal do terapeuta do que à doutrina seguida. Mas se algumas fantasias construídas na terapia podem, concebivelmente, ajudar algumas pessoas, há evidência clara de que outras narrativas, produzidas da mesma forma, trazem efeitos terríveis, implantando em pacientes sugestionáveis memórias de traumas e abusos que nunca existiram.[25] Em 1994, um tribunal no estado da Califórnia, Estados Unidos, concedeu uma indenização de US$ 500 mil a um pai falsamente acusado de abusar sexualmente da filha, depois que uma terapeuta "recuperou" memórias supostamente reprimidas da infância da paciente, então com 23 anos, que se encontrava em tratamento psicoterapêutico para depressão e transtorno alimentar.[26]

Também na década de 1990, o psiquiatra americano John E. Mack, da Universidade Harvard, trouxe à tona em seus pacientes "memórias reprimidas" de abduções alienígenas.[27] Uma reportagem do *New York Times* sobre o caso começa da seguinte forma: "'Eu não sabia que estava fazendo sexo com alienígenas até poucos meses atrás', Peter Faust disse [...]. Esse padrão se revelou ao longo de um ano e meio e oito sessões de hipnose com um psiquiatra de Harvard, ganhador do Prêmio Pulitzer, chamado John E. Mack".[28]

Os casos da Califórnia e de Mack são extremos e não representam o processo normal de psicanálise – a terapeuta californiana havia aplicado à sua paciente uma droga do tipo popularmente conhecido como "soro da verdade" (amital sódico), e o psiquiatra de Harvard hipnotizara alguns de seus "abduzidos" –, mas exemplificam os riscos de levar a sério, num contexto terapêutico, fantasias expressas como "conteúdo inconsciente".

Levada ao extremo, a doutrina do inconsciente psicodinâmico sugere que os únicos pensamentos autênticos que uma pessoa tem são os que o psicanalista lhe revela: todo o resto não passaria de conteúdo inconsciente disfarçado, sintomas de traumas e desejos reprimidos. O potencial manipulativo e autoritário dessa posição já foi notado por mais de um crítico.[29]

Enquanto hipótese, o inconsciente psicodinâmico funciona de modo muito semelhante a uma teoria da conspiração. A partir do instante em que alguém aceita, como artigo de fé, a premissa de que o mundo é controlado por comunistas, marcianos ou pulsões inconscientes, instâncias confirmatórias e "provas cabais" começam a pulular por toda parte. Inferências baseadas em pareidolia (a tendência de interpretar estímulos vagos e aleatórios como tendo significado) e apofenia (tendência de enxergar conexões entre eventos independentes ou dados aleatórios) tomam conta do aparato intelectual.

Como um sistema baseado numa lógica tão pueril pode ter se tornado tão popular, por quase um século, e entre tantas pessoas cultas, educadas e inteligentes? Diríamos que não se deve subestimar a sedução exercida pelo *poder de psicanalisar*: quem domina as chaves do inconsciente é como um visionário em terra de cegos, um apóstolo entre os gentios. Alguém que conhece as pessoas muito melhor do que elas mesmas.

A força retórica desse poder presumido é bem conhecida. De repente, podemos acusar homofóbicos de estarem possuídos por desejos homossexuais que eles mesmos ignoram; filantropos, de pulsões egoístas; pecadores, de sofrerem de santidade enrustida e, inversamente, santos de não serem nada mais do que pecadores insinceros.

O que um autor realmente quer dizer é, na verdade, o oposto daquilo que se lê na página (este capítulo todo prova que morremos de amores reprimidos pela psicanálise, alguém poderia dizer). A mulher que diz "não" tem, na verdade, o desejo inconsciente de dizer "sim": um dos casos eticamente mais complicados de Freud envolveu, exatamente, o esforço do psicanalista de convencer uma menina de 18 anos (Ida Bauer, que entrou para a história da psicanálise com o pseudônimo "Dora") de que ela sentia atração sexual inconsciente, reprimida, por um adulto que havia tentado molestá-la quando ainda tinha 14.[30]

Afago pode ser violência, e vice-versa. O universo humano se torna, de repente, muito mais complexo e, ao mesmo tempo, incrivelmente fácil de interpretar, o que é quase irresistível: uma autorização para soar inteligente sem fazer força, o ópio dos intelectuais pretensiosos.

Enfim, um mundo onde é legítimo tratar todas as coisas como se fossem iguais a si mesmas ou símbolos de seus opostos, de acordo com a conveniência do momento, é uma Disneylândia discursiva, o algodão doce dos sofistas. Como bônus, ganha-se um jargão altissonante e vazio, onde fenômenos sociais complexos são reduzidos a lugares-comuns como "pulsão de morte" e "retorno do reprimido".

Só o que se perde, nessa viagem, é o princípio lógico fundamental de que acatar um conjunto de premissas que permite concluir qualquer coisa e seu oposto, tendo como único critério a conveniência do momento, é não só inútil como desonesto. Uma chave que parece servir em todas as fechaduras provavelmente não vai abrir nenhuma – mas pode quebrar várias.

O INCONSCIENTE, AFINAL

Freud costuma receber crédito indevido por ter "descoberto" o inconsciente, e isso mesmo da boca de pessoas que concordam que o inconsciente psicodinâmico é uma quimera (por exemplo, Leonard Mlodinow, em *Subliminar*).[31]

O crédito é indevido porque a ideia de que o cérebro contém processos inconscientes já havia sido popularizada na filosofia da mente de Gottfried Wilhelm Leibniz (1646-1716), e era corrente nos anos formativos do jovem Freud. Uma boa história do inconsciente leibniziano pode ser encontrada no livro *The Unconscious Without Freud* (O inconsciente sem Freud),[32] de Rosemarie Sponner Sand.

Leibniz ponderava que "os pensamentos não param só porque não os percebemos", e alguns de seus exemplos de atividade inconsciente – como o de que o cérebro segue registrando o som de uma cachoeira mesmo depois que paramos de prestar atenção na queda d'água – estão muito mais próximos da concepção moderna, científica, de inconsciente do que o calabouço mental dos psicanalistas.

O cérebro humano contém inúmeros processos inconscientes, muitos dos quais influenciam nossos comportamentos e decisões – há pesquisas que indicam que várias decisões são, de fato, tomadas em nível inconsciente: a consciência, se entendida como a narrativa autobiográfica que parece correr em paralelo com nossas vidas, é apenas "informada" do que o cérebro já decidiu de antemão.

A relação entre os processos inconscientes reais, como detectados e descritos pela psicologia científica e pela neurociência, e o inconsciente psicanalítico, fantasmagórico, é apenas metafórica – uma coincidência de nome. Em termos conceituais, a diferença fundamental está na insistência psicanalítica na quimera do *conteúdo reprimido*, entendido como material rejeitado, maldito (memórias traumáticas, desejos vergonhosos, símbolos ancestrais) estocadas em algum ponto inacessível (exceto pela intervenção do terapeuta), que nos manipula das trevas, causa sintomas mentais e emocionais e cujo "resgate" traz saúde mental.

Do ponto de vista dos estudos modernos sobre o funcionamento da memória, todo o conceito de repressão é problemático.[33] Primeiro, porque sabemos que as memórias não são exatamente registradas, como arquivos num *hard-drive*, mas reconstruídas cada vez que as evocamos – e muitas dessas reconstruções incluem interferências de outras memórias, ou mesmo da imaginação, o que pode ser especialmente verdade no caso de eventos traumáticos. O ex-presidente dos EUA, George W. Bush, por exemplo, desenvolveu falsas lembranças sobre onde estava quando recebeu a notícia dos ataques terroristas de 11 de setembro de 2001.[34]

Além disso, pacientes de estresse pós-traumático (PTSD) sofrem com lembranças intrusivas, memórias indesejadas e *flashbacks* dos eventos que os traumatizaram – seus problemas psicológicos são causados não por memórias que perderam, mas por lembranças de que não conseguem se livrar.[35]

Mesmo quando partes do suposto conteúdo reprimido parecem vir à tona durante um processo terapêutico, não há como distingui-lo de fabricações imaginárias. Freud dizia que a legitimidade do conteúdo era validada pela aquiescência do paciente:

"A solução de seus conflitos e a superação de suas resistências só têm êxito quando lhe transmitimos ideias antecipatórias que correspondem à sua realidade interior",[36] escreve. E, mais adiante: "Vemos os sucessos precoces *[falsas memórias, fantasias sugestionadas]* mais como obstáculos do que como avanços do trabalho analítico; eles são anulados ao resolvermos continuamente a transferência em que se baseiam. No fundo, é esse último traço que separa o tratamento analítico do puramente sugestivo e livra os resultados analíticos da suspeita de serem êxitos da sugestão".

"Transferência" é um termo técnico da psicanálise, um construto teórico freudiano, que se refere a um suposto estado de dependência e submissão infantil do paciente em relação ao analista. O filósofo Adolf Grünbaum demonstra que os argumentos mobilizados por Freud para tentar neutralizar a suspeita de que o conteúdo inconsciente "revelado" pela psicanálise não passa de fantasia constituem um raciocínio circular,[37] inválido, que presume o que deveria provar. Escreve Grünbaum:

> É impossível enfatizar com força suficiente que a invocação da análise da transferência para refutar a acusação de autovalidação é viciosamente circular do ponto de vista lógico. Pois, claramente, a dissecação psicanalítica da submissão respeitosa do paciente ao terapeuta já pressupõe a validade empírica da própria hipótese cuja confirmação espúria, pelas respostas clínicas do analisando, estava em jogo desde o início![38]

E conclui: "É obviamente circular e autovalidatório afirmar, como tentativa de refutação, que a análise da transferência impede confirmações espúrias, ao garantir a emancipação do paciente em relação às expectativas do analista". Resumindo: o argumento de Freud é que a psicanálise funciona porque a análise da transferência funciona. Mas a análise da transferência e sua interpretação dependem dos mesmos pressupostos teóricos que a psicanálise. O raciocínio se reduz a "psicanálise funciona porque psicanálise funciona".

A situação se complica ainda mais quando nos damos conta, um século mais tarde, de que as "revelações" obtidas pelo paciente consistentemente tendem a confirmar e reforçar os preconceitos teóricos do analista.

Como o famoso psiquiatra e psicanalista Judd Marmor – que conquistou seu lugar na História ao promover a retirada da homossexualidade da lista de doenças mentais da Associação Psiquiátrica dos Estados Unidos – escreveu num ensaio publicado em 1962: "Dependendo do ponto de vista do analista, pacientes de cada escola tendem a trazer à tona exatamente o tipo de dado fenomenológico que confirma as teorias e interpretações de seu analista! Cada teoria tende a se autovalidar".[39]

Por mais que carreiras brilhantes, clínicas e acadêmicas, tenham sido construídas em cima do jogo retórico de "eu sei o que você (ou este político, este escritor, este cineasta, este povo, esta civilização) está pensando melhor do que você (político, escritor, cineasta etc.) mesmo, e posso provar isso porque Freud/Jung/Lacan", já é passada a hora de reconhecer que o jogo é vazio, suas regras são arbitrárias e só o que faz é dar uma pátina de plausibilidade a conclusões ilusórias, muitas vezes insustentáveis; e que alimentam a vaidade intelectual de uns e causam dano grave à vida e à psique de tantos outros.

CONSTELAÇÃO FAMILIAR

Ao longo do último século, a ideia freudiana original de que a saúde mental depende da revelação de segredos inconscientes reprimidos deixou descendentes e, entre eles, sofreu mutações de diversos tipos. Algumas vezes, esse inconsciente, que Freud, de modo mais ou menos implícito, localizava na estrutura física do cérebro, entre os neurônios, acaba sendo transportado para um plano mágico, metafísico, comparável ao "mundo das ideias" da filosofia platônica. Em outras, é expandido para incluir até mesmo o espírito dos mortos. É o que acontece numa modalidade "terapêutica" que vem ganhando popularidade de modo alarmante no Brasil, principalmente como ferramenta de conciliação no Judiciário: a constelação familiar.[40]

O criador dessa proposta terapêutica, o alemão Anton Suitbert "Bert" Hellinger, começou a atuar como psicoterapeuta nos anos 1970, após deixar a batina (era padre católico, jesuíta). O livro fundamental de sua doutrina, *A simetria oculta do amor*[41], é da década de 1990. Ele morreu em setembro de 2019, aos 95 anos.

As sessões clássicas de constelação familiar são coletivas. Há um cliente, ou paciente; um "constelador"; e os demais participantes, chamados "representantes", assumem o papel de parentes, vivos ou mortos, desse cliente. Os representantes e o paciente organizam-se, então, no espaço da sala de modo a produzir uma configuração – uns mais próximos ou mais distantes de outros, à direita ou à esquerda, de frente ou de costas – que é a "constelação", interpretada então pelo constelador. Cada representante recebe um papel (pai, mãe, irmão...) e deve movimentar-se livremente pela sala descrevendo o que sente (ódio, amor, medo...) até encontrar seu "devido lugar". O constelador rege o processo. Segundo Hellinger, as pessoas que representam os parentes do paciente passam a ter pensamentos, sentimentos e sensações físicas (incluindo sintomas de saúde) muito próximos aos dos representados, mesmo sem nunca os ter visto: o suposto fenômeno já foi comparado à possessão espiritual[42] ou reencarnação.[43] A proponente de uma versão explicitamente reencarnacionista de constelação familiar descreve o caso de uma paciente que, na terapia, "descobriu" ser a reencarnação de um dos estupradores da própria avó.[44]

Na introdução de *A simetria oculta do amor*, lemos que Hellinger preferia não tentar explicar o fenômeno. "Não sabemos como é possível aos participantes da constelação sentir sintomas que lhe são alheios, e Bert Hellinger recusa-se a especular sobre o assunto"[45]. Em outras publicações, e em conteúdo disponível on-line, é possível encontrar menções a "campos quânticos de informação"[46] e até mesmo o "campo morfogenético" postulado pelo parapsicólogo britânico Rupert Sheldrake.[47]

A probabilidade de campos assim existirem, no entanto, é comparável à de haver unicórnios na Lua (quem quiser mais detalhes sobre o porquê disso, pode encontrar informações extras nos capítulos sobre misticismo quântico e curas energéticas). Toda ideia de que pensamentos e emoções "vibram" no espaço, em algum tipo de éter ou campo eletromagnético, podendo ser sintonizados como canais de TV é pseudocientífica em si; incluir as "vibrações" dos mortos no cardápio já avança no campo da religião.

Hellinger e seus discípulos são pródigos em relatos de situações em que o jogo de representação parece gerar identificações entre representante e representado de alto grau de precisão e imensa intensidade emocional. Por mais que esses eventos sejam impressionantes – e certamente são, o que os torna, também, perigosos em termos de saúde mental –, não é necessário apelar para nenhum efeito paranormal para explicá-los.

Existe a expectativa prévia dos participantes, a carga emocional inerente ao processo, as pistas e as informações não verbais (postura, gestual, olhar) transmitidas pela forma como o cliente lida com os representantes, a intenção coletiva de colaborar. Há muito de teatro de improviso envolvido, ainda que os "atores" não percebam, no caso, que estão encenando uma ficção, seguindo deixas uns dos outros.

E há também as armadilhas da memória. A memória humana não é um DVD que registra tudo e pode ser assistido de novo a qualquer momento. Cada vez que nos lembramos de algo, o cérebro reconstrói toda a situação, e nessas reconstruções, muitas vezes, lacunas são preenchidas com dedução, imaginação e fragmentos de memórias diversas, semelhantes, sem que percebamos.[48]

Essa função "autopreencher" da memória faz com que as lembranças que temos de interações com figuras como médiuns, cartomantes, astrólogos etc. contenham muito mais informação relevante e precisa do que realmente foi apresentado pelo profissional.

Há experimentos em que sessões com um "vidente" foram gravadas e a gravação, depois, confrontada com as memórias do cliente a respeito do que foi dito na consulta. Em geral, o que é realmente dito, e consta no conteúdo gravado, é muito mais vago, impreciso e recheado de erros do que aquilo que o cliente se lembra de ter ouvido.

O livro *The Full Facts Book of Cold Reading*[49] do mágico britânico Ian Rowland, traz alguns exemplos, incluindo as transcrições do que realmente ocorreu numa sessão experimental (em que Rowland se apresentava como tarólogo ou astrólogo, usando truques simples para conduzir suas "leituras") e entrevistas em que os voluntários que haviam servido de clientes descreviam suas impressões. Uma cliente disse que ele havia trazido coisas "muito específicas", enquanto a transcrição mostrava um Rowland hesitante, pescando por informação e dando vários palpites errados.

Processos semelhantes atuam também na constelação familiar. Como o mágico escreve, "em resumo, quando ouvimos alguém descrever o que lhe aconteceu, geralmente recebemos um relato *simplificado*, não muito bem *descrito* de algo não muito bem *lembrado* e que não foi muito bem *observado*".

Mas, afinal, qual o efeito terapêutico que se espera de uma constelação familiar? O site oficial de Hellinger explica: "Para cada pessoa só existe um lugar certo na família. Uma vez que você tenha tomado esse lugar, surge uma nova perspectiva que o torna capaz de agir". Então, para superar seus problemas, o paciente deve reconhecer e aceitar seu "devido lugar".[50]

E que "devido lugar" é esse? Hellinger pode ter deixado o clero católico, mas sua visão de família nunca deixou de ser igual à dos mais reacionários entre os católicos conservadores: uma estrutura altamente hierarquizada, com o pai, havendo condições ideais, no papel de monarca absoluto.

"O amor é, em geral, bem-servido quando a esposa segue o marido no seu linguajar, na sua família e cultura, e quando aceita que seus filhos o sigam também", diz ele em *A simetria oculta do amor*. "Essa concessão toma-se [sic] natural e boa para as mulheres". Mais adiante: "As famílias com as quais trabalhamos em geral funcionam melhor quando a mulher assume a responsabilidade principal pelo bem-estar interno da família e o homem se encarrega de sua segurança no mundo exterior, sendo seguido aonde quer que vá".

O pai da doutrina fala muito em "parceria entre iguais" numa relação, mas uma leitura atenta mostra que sua ideia de igualdade é mais bem definida como a de "iguais em papéis separados" ou "iguais, mas cada um no seu lugar".

Há uma concepção quase medieval de privilégios e prerrogativas que cabem a cada parte. Violações dessas prerrogativas podem levar ao crime:

"Em sua forma mais comum, o incesto representa a tentativa de reequilibrar o dar e o receber na família – geralmente, mas nem sempre, entre os pais", diz o criador da doutrina. "Se assim for, o agressor foi privado de alguma coisa: por exemplo, o que ele faz pela família não merece [sic] o devido reconhecimento. Sob essa forma, o incesto procura corrigir o desequilíbrio entre o dar e o receber".

Hellinger reconhece que o predomínio do homem nem sempre é possível, que há situações em que se faz necessário que a mulher assuma a liderança, mas para ele essas são situações instáveis e perigosas. "Nesses casos, a esposa não deve seguir o marido, mas ao menos permitir que os filhos o sigam para a esfera mais segura de sua família", sentencia. Situações em que não só a mulher, mas também a família da mulher, precisam assumir um papel de liderança exigem um esforço especial para "que o dar e o receber permaneçam em equilíbrio e para que a mulher não se tome [sic] um substituto do pai".

O fundamento da família, diz ele, é "a atração sexual entre homem e mulher". Hellinger acredita, ainda, que o sentimento de culpa em relação aos filhos que um cônjuge pode sentir ao desejar separar-se é bom para a família; e que a homossexualidade pode surgir quando uma criança é pressionada a assumir o lugar de "uma pessoa do sexo oposto no sistema" familiar.

EFEITOS

Essa visão da centralidade do poder patriarcal e do sexo heterossexual leva a outros postulados controversos (para não dizer chocantes), como o do incesto, que já vimos. Segundo Hellinger, o modelo que vê o incesto como um crime cometido contra a criança geralmente "não ajuda em nada". Além disso, ainda de acordo com ele, qualquer relação sexual, mesmo um estupro, deixa laços emocionais indissolúveis entre os envolvidos: todo ato sexual cria amarras afetivas, independentemente de haver ou não amor consciente entre os envolvidos. É, no fundo, uma violência análoga a que Freud cometeu contra a menina Ida Bauer, mas generalizada e elevada a enésima potência.

No livro *Acknowledging What Is: Conversations with Bert Hellinger*[51] (Reconhecendo Aquilo Que É: Conversas com Bert Hellinger), o pai da constelação familiar afirma que vítimas de abuso sexual infantil que se tornam prostitutas fazem isso por amor inconsciente ao abusador – para carregar a culpa dele.

Essas não são "meras" opiniões: são visões paradigmáticas que orientam ações terapêuticas. O paciente ouve que deve encontrar seu lugar adequado no sistema familiar, e esse lugar é definido por uma hierarquia rígida e sexista. Vítimas de abuso sexual ou violência doméstica devem "reconhecer" o laço de amor que as une ao abusador, bem como assumir uma parcela da culpa.

Os efeitos disso na cabeça de pessoas que já estão, de algum modo, confusas ou precisando de ajuda – afinal, foram procurar a terapia – pode, para usar um eufemismo, não ser dos melhores.

A constelação familiar foi integrada à Política Nacional de Práticas Integrativas e Complementares (PNPIC), a lista de terapias alternativas que o Sistema Único de Saúde (SUS) está autorizado a custear e promover, mesmo na ausência de sustentação científica (ou até na presença de prova científica de ineficácia, como é o caso da homeopatia) em março de 2018.[52]

No Judiciário, sob o pseudônimo de direito sistêmico, a constelação familiar vem sendo usada em processos de conciliação entre as partes, principalmente em Varas de Família. Dado o caráter machista e hierárquico da doutrina, não é difícil imaginar para que lado essas "conciliações" pendem. Reportagem de Bianca Gomes para o jornal *O Globo*, publicada em 2021, escancara o abuso:

> Quando foi ao tribunal participar de uma sessão de constelação familiar, a universitária A., de 22 anos, reviveu a violência que buscava esquecer e punir ao buscar a Justiça. Em uma sala, a jovem foi levada a relembrar as agressões sofridas no relacionamento com o ex-marido. Também foi coagida pelo mediador a pedir desculpas para o ex, que a agrediu ainda grávida e, depois, com o filho pequeno.[53]

No Brasil, Direito Sistêmico® (DS) é produto, com marca registrada e esquema de marketing que lhe dá uma penetração forte (e preocupante) no sistema judicial. Dados de 2020 do Instituto Brasileiro de Direito

Sistêmico indicam que há mais de uma centena de comissões de DS em OABs pelo país. O Conselho Nacional de Justiça (CNJ) aceita a Constelação Familiar / Direito Sistêmico, e diversos estados regulamentaram o seu uso.

Algumas universidades já oferecem disciplinas do assunto, e começam a surgir cursos de pós-graduação.[54] No site oficial do Instituto Brasileiro, informa-se que qualquer pessoa pode se tornar constelador familiar pelo preço de R$ 497, estudando com o próprio criador da marca, o juiz Sami Storch.[55]

DODÔ

A constatação de que os benefícios – ou danos – trazidos por processos psicoterápicos do tipo "cura pela fala" dependem mais das qualidades pessoais do terapeuta do que do estilo, escola ou técnica terapêutica utilizada é às vezes descrito como o "Veredicto do Pássaro Dodô",[56] numa referência a uma fala do personagem do livro *Alice no País das Maravilhas*: "Todo mundo venceu, então todos devem ganhar prêmios!"

Existe, no entanto, uma leitura mais sóbria desse resultado: o diabo, como se diz, mora nos detalhes. Algumas modalidades de terapia trazem mais potencial de dano que outras, por exemplo o uso de psicanálise para lidar com autismo,[57] ou de benefício, como o uso de técnicas de terapia cognitivo-comportamental para ansiedade e distúrbios obsessivo-compulsivos.[58]

Além disso, há modalidades baseadas em pressupostos antiéticos e preconceituosos, como a constelação familiar, já discutida, ou as terapias de "reorientação" sexual, que buscam "curar" a homossexualidade. Propostas psicoterápicas que tentam se promover usando conceitos esotéricos (chacras, cristais, signos) ou jargão pseudocientífico (vibração, quântico, alienígena) devem ser, é claro, evitadas a todo custo.

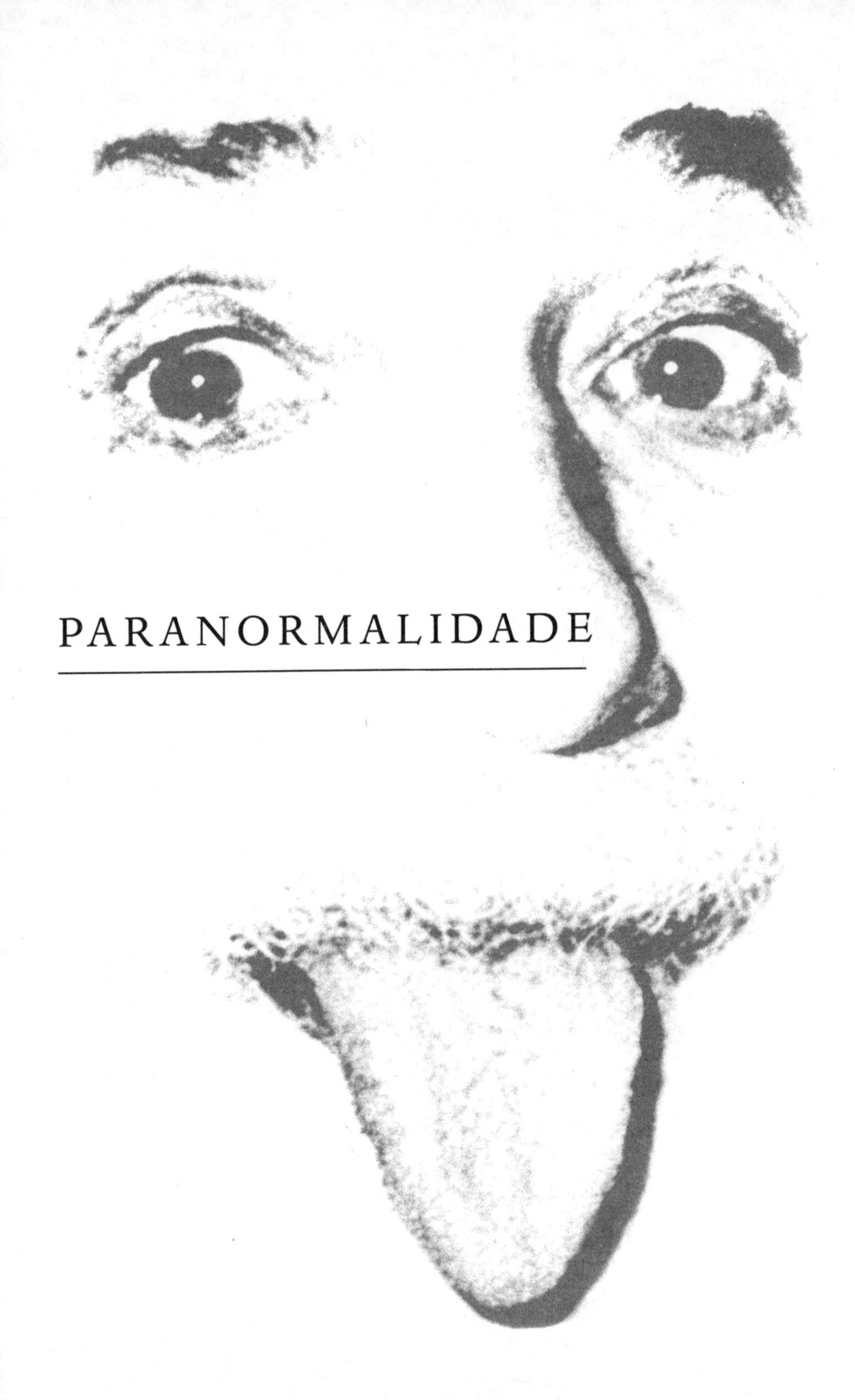

PARANORMALIDADE

"A expressão *psi*", diz a frase de abertura de um explosivo artigo científico publicado on-line em janeiro de 2011,[1] "denota processos anômalos de transferência de informação ou energia atualmente inexplicados em termos de mecanismos físicos ou biológicos conhecidos." Essa é uma definição que também serve para o que a maioria das pessoas entende por *paranormalidade*, um campo formado por fenômenos que, embora sejam considerados reais – isto é, que acontecem de verdade e são observados – fogem das leis conhecidas da ciência.

O autor do artigo citado no parágrafo anterior era Daryl J. Bem, renomado professor emérito de Psicologia da Universidade Cornell, nos Estados Unidos, e o trabalho saía em uma das mais importantes revistas especializadas da área, o *Journal of Personality and Social*

Psychology. Ali, Bem apresentava os resultados de nove experimentos, oito dos quais – segundo ele – estabeleciam, com rigor científico, o fato de que a mente humana recebe e processa estímulos vindos do futuro.

Vistos de modo superficial, os experimentos pareciam engenhosos, valendo-se de fenômenos psicológicos conhecidos e apenas invertendo a direção entre causa e efeito. Em um deles, por exemplo, voluntários foram expostos brevemente a listas de palavras e, em seguida, pediu-se que escrevessem aquelas de que se lembravam. Depois, receberam, para estudar e decorar, algumas palavras retiradas, aleatoriamente, da lista inicial completa. Segundo Bem, uma parcela significa dos voluntários se lembrou (no passado) das palavras que tinham sido sorteadas para que eles decorassem (no futuro).

Como escreveu o psicólogo James E. Alcock,[2] esse efeito, se fosse real, permitiria que alunos estudassem uma matéria depois da prova, e assim melhorassem a nota que tinham tirado no passado.

Outro experimento pedia que voluntários, olhando para uma tela de computador que apresentava a imagem de um par de janelas fechadas com cortinas, adivinhassem atrás de qual cortina estava escondida uma foto (a outra cortina ocultava uma parede de tijolos). O computador designava a posição da foto e dos tijolos aleatoriamente, e apenas depois de o voluntário ter feito a seleção. Segundo Bem, quando a foto apresentada era erótica, a proporção de acertos chegava a 53%, superando a taxa esperada pelo mero acaso, de 50%. A diferença parece pequena, mas dado o grande número de testes realizados, foi considerada estatisticamente significativa – suficiente para requerer uma explicação diferente de "mero acaso".

A publicação causou alvoroço. Meses antes de ser formalmente apresentado nas páginas do periódico científico, o artigo foi tema de reportagem do jornal *The New York Times*.[3] No Brasil, a revista *IstoÉ* deu chamada de capa: "Premonição Existe!".[4]

No entanto, crianças continuam estudando para os exames antes da prova, não depois; e departamentos de recursos humanos ainda não incluem testes de precognição (conhecimento de fato ainda não ocorrido) em suas dinâmicas de recrutamento (embora alguns solicitem mapas astrais). Logo que saiu publicado, o trabalho de Daryl Bem foi lido, com olhar crítico, por especialistas em psicologia e estatística, e nada sobrou em pé. Tentativas independentes de reproduzir os resultados também falharam.[5]

Os principais problemas encontrados são esmiuçados na crítica de James Alcock citada anteriormente. Em linhas gerais: os comentaristas notaram vários problemas na concepção e aplicação dos experimentos, além de uma liberdade excessiva no uso de ferramentas estatísticas e na análise dos dados. Na prática, era como se Bem estivesse dando tiros a esmo contra uma parede branca e depois fosse, com uma lata de tinta, pintando alvos em torno dos buracos de bala.

O procedimento é análogo a uma modalidade de má prática científica, infelizmente muito comum no mundo das pesquisas sobre fenômenos paranormais e curas alternativas, chamado "pescaria": em vez de o cientista formular uma hipótese clara e conduzir experimentos em uma busca imparcial por dados relevantes que possam confirmá-la ou refutá-la, inicia-se uma coleta de dados mais ou menos a esmo, sem hipótese clara, tendo-se apenas uma direção geral em mente – provar que paranormalidade existe, digamos – e então "pesca-se", no oceano de informações recolhidas, aquelas que parecem avançar nessa direção. As hipóteses, então, são construídas em função dos dados pescados, em vez de a coleta de dados ser guiada pelas questões propostas na hipótese.

Um exemplo fictício para ajudar a entender o que há de errado nisso: suponha que um grupo de adoradores da deusa grega Héstia (protetora do lar) resolva fazer um estudo científico para provar que queimar incenso em homenagem a ela traz benefícios. Que benefícios? Qualquer um serve. O que cair na rede é peixe.

Então, pesquisadores fiéis recrutam voluntários e os dividem em dois grupos – um que vai queimar incenso para Héstia toda noite antes de dormir e outro que vai queimar incenso sem nenhuma intenção especial (essa é a condição placebo), isso tudo durante duas semanas.

Terminado o período, os fiéis fazem exames de saúde completos nos voluntários, em busca de alguma coisa, qualquer coisa, que esteja melhor nos humanos "para Héstia", em comparação com a turma "sem intenção" – massa corporal, hormônios de estresse, horas de sono, açúcar no sangue, memória, satisfação sexual, enfim, tudo e mais um pouco. Depois de peneirar e cruzar os dados de todas as maneiras possíveis, encontram uma diferença em pressão arterial, e o culto de Héstia manda *press-releases* às páginas de bem-estar dos jornais e às revistas de saúde dizendo que a devoção à deusa reduz hipertensão.

Quando, porém, se procuram resultados por toda parte e de qualquer jeito, não há como garantir que o benefício (ou efeito paranormal) encontrado não tenha aparecido por mero acaso, ou por algum outro fator específico, mas que não tem nada a ver com Héstia. Ou não seja um artefato estatístico – isto é, uma "falsa confissão" extraída dos dados "por tortura". Tratar dados gerados a partir de pescaria como evidência comprobatória de alguma coisa é negligência ou má-fé.

E foi o que ocorreu no estudo sobre precognição. Numa entrevista concedida em 2017, Bem admite que seu objetivo como pesquisador é mais fazer retórica do que ciência: ele procura dados que reforcem sua capacidade de convencer os outros daquilo em que acredita.

"Sou a favor do rigor científico", disse ele à revista *Slate*,[6] "mas prefiro que outras pessoas cuidem disso. Entendo a importância – algumas pessoas acham divertido – mas não tenho paciência". E acrescenta, em seguida: "Se você examinar todos os meus experimentos passados, eles sempre foram dispositivos retóricos. Juntei dados para mostrar como eu poderia estar certo. Usei dados como forma de persuasão".

Essa atitude – já sabemos que o paranormal existe, os estudos são meras formalidades para convencer os "hereges" – se repete ao longo de toda a história da pesquisa sobre fenômenos extraordinários, da medicina alternativa à telepatia, o que se reflete na baixa qualidade e no caráter suspeito de quase tudo que é produzido nesses campos.

O INÍCIO

O fenômeno ostensivamente testado por Daryl Bem, *precognição*, é um dos três componentes básicos do que se costuma chamar de percepção extrassensorial, ou ESP, na sigla em inglês. Os outros dois são *telepatia*, a suposta capacidade de detectar ou transmitir pensamentos sem o uso de meios físicos conhecidos, como palavras, gestos, expressões faciais ou corporais; e *clarividência*, o suposto poder de acessar informações que se encontram fora do alcance dos sentidos, como eventos que ocorrem agora numa base militar do outro lado do mundo, ou o conteúdo de um envelope lacrado.

Somada à *telecinese* – a suposta capacidade de produzir alterações físicas, incluindo mover ou "aportar" (isto é, fazer aparecer do nada) objetos e curar doenças, sem o uso de meios materiais – a ESP compõe o conjunto clássico dos "processos anômalos de transferência de informação ou energia atualmente inexplicados em termos de mecanismos físicos ou biológicos conhecidos" que entram na definição de paranormalidade.

Se ver o futuro, ver o que acontece em lugares distantes, adivinhar segredos trancados em gavetas, mover coisas sem tocar nelas e curar doenças com o olhar soa como uma lista de poderes mágicos ou de feitos milagrosos de santos e profetas, é porque é exatamente disso que se trata.

O estudo pretensamente científico da paranormalidade emerge no século XIX, como um movimento de cientistas e de outras figuras que, embora comprometidas com uma atitude científica diante do mundo, sentiam-se incapazes de aceitar aquilo que a ciência, depois de Newton e Darwin, parecia sugerir – que a matéria e as interações entre as partículas da matéria seriam suficientes para explicar todos os fenômenos da natureza, banindo o espiritual e o milagroso para os reinos da fantasia e do mito.

Como parte da reação, milagres e outros fenômenos vistos como mágicos, religiosos ou sobrenaturais, incluindo aparições de espíritos, comunicação com os mortos e transmissão de pensamento, foram redefinidos como objetos de investigação científica. A ideia era trazer uma dimensão transcendental à ciência.

"Estimulados frequentemente por um desconforto com a visão de mundo materialista ou por luto pessoal, alguns acadêmicos investiram tempo e energia consideráveis para conduzir estudos intricados e demorados", escreve a parapsicóloga Caroline Watt, da Universidade de Edimburgo.[7]

O investimento emocional e ideológico no resultado dessas pesquisas foi, desde o início, enorme: mais do que *descobrir* se os fenômenos descritos realmente aconteciam (e, em caso positivo, se as ocorrências davam apoio à hipótese paranormal), o objetivo era *confirmar* os fenômenos, seu caráter paranormal e usá-los na disputa retórica contra os materialistas. Não que as pesquisas fossem todas feitas de má-fé (embora muitas fossem). Mas o *desejo de acreditar* enviesava e distorcia, ainda que de modo inconsciente, todo o esforço. Cientistas em geral são, é claro, tão vulneráveis quanto qualquer outra pessoa à tentação de abraçar hipóteses "de estimação", que gostariam de ver comprovadas, e para as quais talvez olhem com menos cuidado (e mais carinho) do que deveriam. Mas é por isso que a pesquisa normalmente se cerca de protocolos e salvaguardas (controles, cegamento etc.) para limitar esses efeitos, e todo resultado é submetido à crítica dos demais especialistas. Algumas ideias, no entanto, acabam reunindo entusiastas que conversam apenas entre si mesmos e blindam-se contra a supervisão crítica da comunidade maior. Este é o caso da "pesquisa psíquica", ou paranormal.

O primeiro grupo dedicado a explorar essa fronteira entre o mágico e o científico foi a Sociedade de Pesquisa Psíquica (SPR), fundada em Cambridge, na Inglaterra em 1882. Entre seus fundadores estavam o futuro ganhador do Prêmio Nobel de Física e descobridor do elétron, Joseph John Thomson e o também físico Oliver Lodge, pioneiro no desenvolvimento da tecnologia do rádio.

Antes da formação da SPR, e por muito tempo depois, a "pesquisa psíquica" (que no século XX viria a dar lugar à parapsicologia) esteve fortemente ligada aos fenômenos da religiosidade espiritualista, da qual o espiritismo brasileiro é uma vertente particular.

O chamado movimento espiritualista moderno – definido, em linhas bem gerais, como a crença firme na imortalidade da alma e na capacidade dos mortos de falar com os vivos — nasceu nos Estados Unidos, em 1848, com uma série de sons misteriosos ouvidos na casa da família Fox, em Hydesville, estado de Nova York, e atribuídos a um espírito. As filhas mais novas da família, Maggie e Kate, anos depois, confessariam que tudo havia sido uma brincadeira, com Maggie demostrando diante de um auditório lotado os truques usados para assombrar os pais.[8]

De início, tanto as investigações patrocinadas pela SPR quanto as conduzidas nos anos que antecederam sua formação, como algumas das mais famosas realizadas pelo químico William Crookes, envolveram médiuns físicos: pessoas que alegavam ser capazes de, sob a influência dos espíritos dos mortos, produzir fenômenos que hoje seriam classificados como telecinese.

Décadas de trabalho com médiuns, no entanto, não só falharam em produzir evidência válida da realidade de fenômenos paranormais,[9,10] como expuseram inúmeros casos de fraude deliberada, quase sempre por parte do médium, e algumas vezes com a cumplicidade do cientista envolvido.

Na medida em que avançavam as primeiras décadas do século XX, o modelo baseado no estudo de "pessoas com capacidades extraordinárias" foi sendo substituído (embora nunca tenha sido abandonado de vez) pelo de análises estatísticas de grandes volumes de dados, em busca de traços de talentos especiais em pessoas comuns. A pesquisa psíquica dava lugar à parapsicologia.

TRITURANDO NÚMEROS

A palavra "*parapsychologie*" foi criada pelo filósofo e psicólogo alemão Max Dessoir, em 1889, e adotada por Joseph Banks Rhine e William McDougall para o laboratório estabelecido por ambos da Universidade Duke, nos Estados Unidos, na década de 1930. Além de pesquisar a paranormalidade, Dessoir desenvolveu hipóteses sobre o inconsciente e a sexualidade que tiveram influência sobre Freud.[11] Sua hipótese do ego duplo – de que a mente humana é composta de duas camadas, a consciência superior e o subconsciente, que podem entrar em disputa pelo domínio da personalidade[12] – ainda aparece em obras de ficção e na cultura popular.

O Laboratório de Parapsicologia de Duke viria a se envolver, seja de modo direto ou apenas tangencial, em alguns dos mais ruidosos casos "sobrenaturais" do século passado, incluindo a suposta possessão demoníaca que inspirou o filme *O Exorcista*[13] e a assombração que deu a Steven Spielberg a ideia para o filme *Poltergeist*.[14]

Rhine é considerado o fundador da moderna pesquisa sobre fenômenos paranormais e o criador da expressão "percepção extrassensorial". Foi ele que desenvolveu a técnica, vista à exaustão em filmes e seriados de TV, de pedir a um voluntário que tentasse adivinhar cartas marcadas com um de cinco símbolos – círculo, quadrado, estrela, linhas onduladas, cruz – o chamado "baralho Zener", em homenagem ao responsável pelo desenho das cartas, o psicólogo Karl Zener.

A lógica desse tipo de experimento é fácil de entender: num baralho de 25 cartas, cada uma marcada com um de cinco símbolos, espera-se que uma pessoa testada consiga adivinhar 20%, ou cinco cartas, corretamente. É claro que a pessoa pode ter sorte e adivinhar seis ou sete, mas numa longa sequência de testes – centenas, milhares – sequências de sorte ou azar (quando a pessoa acerta muito menos do que a taxa esperada) tendem a se anular mutuamente, trazendo a média de acertos para cada vez mais perto dos 20%. Grandes desvios em relação à expectativa teórica, portanto, sugerem que *alguma coisa*, além do acaso, está em operação.

Rhine obteve, inicialmente, resultados extraordinários. Como ele mesmo descreve em seu livro *Extra-Sensory Perception*,[15] publicado originalmente em 1934:

> Durante o verão de 1931, outro de meus alunos [...] conduziu algumas observações sobre percepção extrassensorial, em geral adivinhação de cartas [...] De um total de 1.045 testes feitos com 15 alunos, 495 foram feitos usando as figuras geométricas, com probabilidade de 1/5 por teste, dando uma expectativa, por mero acaso, de 99 ao todo. Seus voluntários de fato obtiveram 147 acertos, um desvio positivo de 48, o que é oito vezes o erro provável e significa uma média de 7,4 por 25 adivinhações.

Apoiando-se nesses e em outros resultados (em mais de 85 mil testes conduzidos até o início de agosto de 1931, cada um com 20% de chance de acerto, Rhine comunicou uma taxa acumulada de 7,1 adivinhações corretas para cada 25 tentativas), o autor conclui que "fica estabelecida, de modo independente, que a Percepção Extrassensorial é um fato real e demonstrável."[16]

Como sempre, no entanto, o diabo mora nos detalhes. O primeiro é de natureza lógica: determinar que *alguma outra coisa*, além da sorte, está afetando o resultado dos testes de adivinhação não prova que essa "coisa" é um poder paranormal. Além de fraude pura e simples – e o laboratório de Rhine não só sempre foi altamente vulnerável a esse tipo de ocorrência, como o próprio Rhine relutava em reconhecer ou corrigir o problema, quando apontado –,[17,18] outras causas comuns são defeitos nos materiais usados, randomização inadequada, vazamento sensorial e parada opcional.

Defeitos nos materiais incluem cartas marcadas ou finas demais, de modo a permitir que o símbolo na frente seja visível, ao todo ou em parte, pelo verso; randomização inadequada é um embaralhamento imperfeito que não garante que as cartas estejam, de fato, distribuídas ao acaso dentro do maço; vazamento sensorial é a presença de pistas indiretas que permitam deduzir qual a carta selecionada – o que pode incluir desde a linguagem corporal do pesquisador aplicando o teste à presença de superfícies refletoras, como lentes de óculos, janelas, o vidro sobre o mostrador do relógio na parede, ou mesmo de relógios de pulso.

Sobre isso, os psicólogos Leonard Zusne e Warren Jones escreveram:[19]

> Os primeiros experimentos de Rhine (que também foram os mais bem-sucedidos) foram conduzidos com o agente e o percipiente *[isto é, o pesquisador e o voluntário]* numa situação cara a cara, ou separados apenas por uma divisória baixa, fina, colocada no centro da mesa junto à qual ambos se sentavam. Essa situação oferece inúmeras pistas sensoriais ao percipiente. Já se demonstrou repetidas vezes que os murmúrios involuntários do agente, movimentos ideomotores, mudanças de postura, arrastar dos pés, tossidas, suspiros, inflexão da voz, mudanças de expressão facial, reflexo nos óculos ou nas córneas, o som do lápis ou caneta usados para registrar a sequência de cartas, e outras pistas visuais e auditivas, transmitem de modo eficaz informação do agente para o percipiente.

Já a parada opcional acontece quando os testes são interrompidos propositalmente num momento "bom", ou prolongados a partir de um momento "ruim". Como já dissemos, é possível, ao longo de uma série de adivinhações, obter sequências extraordinárias de acertos por pura sorte. Se o teste for interrompido num desses pontos, o excesso de acertos trazido pelo acaso vai se destacar na análise estatística. Inversamente, é possível esticar uma série que vem mostrando resultados ordinários até que surja uma sequência extraordinária, e interromper o estudo ali. Ambos os procedimentos distorcem a verdadeira natureza do que, de fato, ocorre.

O procedimento correto é determinar, de antemão, quantas adivinhações farão parte de cada sessão de testes – e respeitar escrupulosamente o número predefinido, não importa se ele chegar no meio de uma sequência "quente" ou se o voluntário desejar tentar "só mais um pouquinho" ao final de uma sequência especialmente negativa.

Esses vícios de origem acompanham a pesquisa sobre paranormalidade até os dias de hoje, como exemplificado no caso de Daryl Bem. A história do campo é toda marcada por denúncias de fraude, manipulação incompetente (ou desonesta) da estatística e falhas metodológicas que permitem erro de randomização, vazamento sensorial ou parada opcional. Um relatório das Academias Nacionais de Ciências, Engenharia e Medicina dos Estados Unidos, publicado em 1988,[20] oferece o seguinte veredito: "O comitê não encontra justificativa científica, nas pesquisas conduzidas ao longo de 130 anos, para a existência de fenômenos paranormais".

A busca por anomalias estatísticas que pudessem ser atribuídas a algum efeito paranormal evoluiu, ao longo do século passado, para além da adivinhação de cartas, passando a incluir supostos fenômenos como microtelecinese[21] – a tentativa de usar o poder da mente para influenciar o comportamento de partículas subatômicas – e o chamado experimento Ganzfeld, em que voluntários sob privação sensorial tentam captar imagens e/ou pensamentos transmitidos por outra pessoa.

Outras pesquisas buscaram confirmar supostos efeitos paranormais que algumas pessoas dizem encontrar no dia a dia, como a suposta capacidade de detectar se estamos sendo observados por alguém que se encontra às nossas costas,[22] ou mesmo procuraram poderes paranormais em animais – um caso clássico de fraude envolveu resultados positivos (falsos) num estudo para determinar se ovos de galinha seriam capazes de ligar a lâmpada da chocadeira com telecinese.[23]

Nenhum resultado positivo, no entanto, jamais foi encontrado que não acabasse seriamente questionado ou completamente invalidado por algum desses fatores – fragilidade no desenho do estudo, manipulação indevida (incluindo "pescaria") dos dados, defeitos dos materiais, fraude. Em 2020, o psicólogo David F. Marks reiterou o diagnóstico feito mais de 30 anos antes pelas Academias Nacionais dos EUA: "O problema principal da Hipótese Paranormal é a incapacidade de longo prazo, em mais de um século, de produzir um único achado experimental reprodutível que não seja contestado em bases metodológicas ou estatísticas".[24]

HOMEM E SUPER-HOMEM

Se o paradigma da busca por anomalias estatísticas dominou o campo a partir dos anos 1930, no entanto, isso não significa que a busca por indivíduos "superpoderosos" tenha cessado de vez. O caso emblemático, aqui, é o do israelense radicado no Reino Unido Uri Geller.

Leitores mais jovens talvez tenham uma vaga lembrança de ter encontrado menções ao nome de Geller nas redes sociais, prometendo usar seus fantásticos poderes paranormais para evitar o Brexit[25] (*spoiler*: não deu certo) ou desativar o arsenal nuclear russo.[26] Na década de 1970, no entanto, o suposto paranormal foi uma celebridade de primeira grandeza, objeto de investigação científica e tema de um artigo publicado na importantíssima revista científica *Nature*.[27] Reputações acadêmicas foram construídas (e demolidas) em torno dele.

Durante cerca de cinco anos, de 1973 a 1978, Geller atingiu *status* de superastro internacional, aparecendo ao lado de figuras como John Lennon, Elton John, Muhammad Ali e do astronauta Edgar Mitchell, o sexto homem a andar na Lua.

Sua penetração na cultura popular era tão grande que seu nome é citado num dos diálogos do filme *Annie Hall* (1977), de Woody Allen. Duas apresentações suas na Rede Globo, em 1976, atraíram mais de 90% da audiência da TV brasileira. Por aqui, inspirou até marchinha de carnaval ("em vez de entortar minha colher / vê se desentorta essa mulher" – "Funciona Cocota", de Braguinha e Jota Júnior, gravada pelo humorista Chico Anísio) e canção nos Novos Baianos, "Pra lá de Uri Geller" (autoria de Pepeu Gomes e Luiz Galvão).

Nascido em Israel, filho de pais húngaros, veterano da Guerra de Seis Dias de 1967, Geller, após deixar as Forças Armadas e trabalhar algum tempo com comércio internacional, passou a se apresentar em teatros, discotecas e *nightclubs* como paranormal – capaz de ler pensamentos e afetar (mover, deformar, aquecer) objetos materiais com o poder da mente. Em 1970, um membro da audiência de um de seus espetáculos reconheceu o uso de truques de mágica banais para simular efeitos de paranormalidade e denunciou o caso à imprensa israelense.[28] Um ano depois, foi processado por outro membro da audiência, que se sentiu lesado por ter ido assistir a uma apresentação de poderes paranormais e encontrar apenas um show de mágica. A corte ordenou que Geller indenizasse o queixoso e pagasse as custas do processo.[29]

Em 1972, o médico americano de origem croata Andrija Puharich decidiu levar Geller aos Estados Unidos para submetê-lo a testes científicos. Puharich e Geller convenceram o astronauta Mitchell da realidade de seus dons psíquicos, e Mitchell aceitou financiar estudos sobre os supostos "poderes" de Geller, conduzidos por dois físicos especializados em raios laser, Russell Targ e Hal Puthoff. No início de 1973, a revista *Time* publicou reportagem sobre Geller e os esforços de Targ e Puthoff. O texto, em que eram ouvidos também o mágico James Randi e o psicólogo Ray Hyman, dizia que Geller produzia seus efeitos por meio de truques, e que os dois físicos estavam sendo enganados.[30]

De qualquer modo, os estudos acabaram rendendo o artigo científico, com resultados positivos, que foi publicado na *Nature* em 1974. A mídia em geral deu destaque ao artigo, praticamente ignorando o editorial que o acompanhava:[31] esse texto chamava a atenção para as inadequações metodológicas do trabalho e para o fato de que sua qualidade era inferior à do material normalmente aceito pela *Nature*. Também afirmava que a revista só o publicava para "estimular o debate" e dar alguma informação concreta a respeito do assunto para a comunidade científica, que se encontrava imersa em boatos sobre Geller. O editorial ainda advertia que a publicação não representava "um selo de aprovação" do meio acadêmico-científico. Com veículos como *New York Times* alardeando o artigo e ignorando ou dando destaque mínimo ao editorial,[32] Geller disparou de vez rumo à fama.

A reação cética foi rápida, e o ano de 1975 assistiu à publicação do livro *The Magic of Uri Geller* (A mágica de Uri Geller, depois relançado como *The Truth About Uri Geller*, ou A verdade sobre Uri Geller) em que o mágico James Randi denunciava os truques usados pelo ilusionista israelense para produzir seus efeitos supostamente paranormais. Dois anos antes, o mágico havia dado consultoria ao programa de TV do apresentador Johnny Carson – um dos mais populares dos Estados Unidos, na época –, preparando Carson para entrevistar Geller. O resultado foi um fiasco para o paranormal, que não conseguiu realizar nenhum feito excepcional durante o show.

O que Randi fez foi instruir Carson e a produção do programa para em momento algum deixar Geller ou um de seus assessores ficar sozinho com, ou manipular diretamente, os objetos de metal que o paranormal iria tentar entortar ou quebrar diante das câmeras. Como o truque envolvia a preparação prévia dos objetos (por exemplo, produzindo fraturas ou fadiga no metal de antemão, para depois fazê-lo quebrar-se "instantaneamente" diante do público) ou o uso de prestidigitação, ilusionismo, para substituir objetos intactos por similares pré-deformados, a cautela extra impediu que Geller exibisse seu "poder" ao vivo na TV – ao menos, naquela noite.[33]

Randi era especialmente impiedoso com cientistas que se davam ares de objetividade absoluta só para depois deixarem-se engabelar por embusteiros. Em outro livro,[34] chega a se referir a Targ e Puthoff como "Laurel e Hardy da Parapsicologia", numa referência à antiga dupla cômica do cinema conhecida no Brasil como O Gordo e o Magro.

No fim da década de 1970, Randi lançou o Projeto Alfa,[35] para expor a vulnerabilidade das pesquisas sobre humanos "superpoderosos" a truques de simples mágica. Em 1979, a Universidade de Washington recebeu uma doação de US$ 500 mil para estabelecer um laboratório de pesquisas sobre o paranormal. O mágico treinou dois jovens, Michael Edwards e Steven Shaw, em truques do tipo usado por Uri Geller e os enviou como "voluntários" ao laboratório. Os pesquisadores foram completamente engabelados. Escreve Randi:[36]

> Não há dúvida de que o pessoal do laboratório acreditava que Mike e Steve eram mesmo paranormais. Eles acreditavam. E foi essa crença que tornou a enganação tão fácil, e ficou claro que, se os dois tivessem entrado na arena apenas como mágicos, jamais teriam se safado com tudo o que fizeram.

Como de costume, o desejo de "converter os hereges" e de gerar dados com poder retórico se sobrepunha ao de descobrir a verdade. No fim, depois de os responsáveis pelo laboratório prepararem um comunicado afirmando a descoberta de dois paranormais legítimos, Randi revelou a farsa numa entrevista coletiva.

IMPOSSIBILIDADE

Nos 140 anos desde a fundação da SPR em Cambridge, ou até antes – nos mais de 150 anos desde que William Crookes publicou os resultados de seus primeiros trabalhos com o médium D. D. Home, em 1871[37] –, a pesquisa e os estudos sobre paranormalidade têm sido razoavelmente bem tolerados na comunidade científica.

A despeito da firme opinião negativa de pensadores importantes como Mario Bunge[38] e Massimo Pigliucci,[39] que se referem à parapsicologia, em suas obras sobre filosofia da ciência, como "fraude" e "pseudociência", respectivamente; ou do pronunciamento do químico, ganhador do Prêmio Nobel, Irving Langmuir, que classificou todo o campo da pesquisa paranormal como um caso de "ciência patológica", em que os cientistas envolvidos mentem para si mesmos,[40] a área foi capaz de encontrar inserção na academia, sendo tratada com uma atitude geral de "esperar para ver".

Nos últimos tempos, no entanto, vêm ganhando volume as vozes que condenam a área como insustentável e anticientífica, equivalente à busca pelo moto perpétuo, a busca por uma máquina mítica capaz de gerar mais energia do que consome, algo impossível porque proibido por leis fundamentais da Física.

"Princípios científicos fundamentais de causalidade, conservação da energia e termodinâmica proíbem a existência de paranormalidade", escreveram os psicólogos Arthur Reber e James Alcock num influente artigo publicado em 2019.[41]

Eles seguem argumentando que, se efeitos parapsicológicos como a capacidade de mover objetos ou afetar o passado com o poder da mente realmente existissem, a própria ciência seria impossível: os desejos e as expectativas dos cientistas afetariam os resultados de experimentos, e as próprias leis da ciência, observadas em laboratório, seriam diferentes dependendo do gosto pessoal e do nível de poder paranormal de cada pesquisador.

Dessa forma, argumentam Reber e Alcock, quaisquer dados que sugiram a existência de fenômenos paranormais devem ser tratados como "necessariamente defeituosos e resultado de metodologia fraca, análise inadequada ou são erros Tipo I". Um "erro Tipo I" é um resultado falso positivo.

Se o argumento da impossibilidade parece radical demais, podemos substituí-lo pelo *argumento da implausibilidade extrema*: dado um fenômeno aparentemente inexplicável, o que faz mais sentido: 1. que alguém cometeu um erro; 2. estamos assistindo a uma coincidência; ou 3. existem por aí poderes, que até hoje ninguém foi capaz de conformar, que contrariam as leis da Física (as mesmas leis, vamos lembrar, que permitem que coisas como a internet e raios laser funcionem, que naves espaciais cheguem ao destino e que os prédios parem em pé)?

Como exemplo concreto, vamos dar uma olhada no caso que inspirou o filme *Poltergeist*, de Tobe Hooper, e que foi investigado por uma dupla de parapsicólogos do time de J. B. Rhine. Durante cinco semanas, no início do ano de 1958, a família do ex-sargento do Corpo de Fuzileiros Navais dos Estados Unidos e veterano da Segunda Guerra Mundial James Herrmann foi, supostamente, visitada por um fantasma arruaceiro.

Os Herrmann – James, de 43 anos, que após deixar as Forças Armadas se tornara executivo de uma companhia aérea; a esposa Lucille, de 38, e os filhos pré-adolescentes Lucille, 13, e James "Jimmy" Jr., 12 – viviam numa casa suburbana no pequeno município de Seaford, que na época dos acontecimentos tinha menos de 15 mil habitantes, localizado perto da cidade de Nova York.[42]

O espírito, apelidado "Popper", tinha o hábito de fazer saltar ("*pop out*", daí o nome) tampas de garrafas. Qualquer tipo de garrafa: xampu, produtos de limpeza, até um frasco de água benta (a família era católica). Também arremessava pequenos objetos pelo ar. Ao todo, foram registrados 67 eventos "misteriosos" atribuídos a Popper. A polícia foi chamada, depois parapsicólogos. Figuras de diferentes filiações religiosas visitaram a casa, incluindo um padre católico que disse à imprensa que iria tentar um exorcismo. Inúmeros jornalistas interessaram-se pelo fenômeno. A revista *Life* e o jornal *The New York Times* cobriram o caso, assim como a revista *Time*, despertando a atenção de todo o país para o enigma da família Herrmann.

Três parapsicólogos investigaram o caso no local. William Roll e J. G. Pratt, trabalhando em conjunto para o laboratório de Rhine, afirmaram que o *poltergeist* (que em alemão significa "espírito barulhento") de Seaford era produto de "psicocinese espontânea recorrente" (RSPK, na sigla em inglês), que seriam breves "explosões" inconscientes de energia mental, capazes de pôr pequenos objetos em movimento. A fonte do RSPK foi rastreada ao menino Jimmy, que sempre parecia estar por perto quando algum evento anômalo ocorria.

O terceiro parapsicólogo, Carlis Osis, também atribuiu o *poltergeist* a Jimmy, mas sua hipótese foi mais parcimoniosa: o menino estava causando os distúrbios de propósito, abrindo e derrubando garrafas quando ninguém estava olhando ou arremessando objetos pela sala enquanto o restante da família estava com a atenção fixada na televisão.

Dado que adolescentes traquinas são documentados desde o início dos tempos e RSPK é algo cuja existência jamais foi comprovada, não é difícil estabelecer qual a melhor explicação. Para completar, o mágico cético Milbourne Christopher também avaliou relatos detalhados do caso (James Herrmann Sr. o proibiu de visitar o local) e concluiu que Jimmy poderia ter produzido todos os efeitos observados na casa, valendo-se de truques simples.

Além de mais parcimoniosa e de não violar nenhuma lei da natureza, a explicação de Osis e Christopher é psicologicamente plausível: James Sr. era um pai duro, que segundo testemunhas tratava os filhos como se fossem soldados em sua tropa dos fuzileiros, e Jimmy guardava um profundo ressentimento disso.

EXPERIÊNCIA PESSOAL

Muitas pessoas têm a impressão de que o paranormal é plausível porque algo do tipo – uma aparente premonição ou transmissão de pensamento – *aconteceu com elas*. Quando estudos científicos mostram que esses efeitos não existem ou, se têm resultados positivos, são atacados como defeituosos, há a tendência de olhar para os pesquisadores como um bando de chatos ou imaginar que existem realidades "além da ciência".

A intuição de que ocorrências paranormais são comuns e corriqueiras é uma ilusão alimentada por heurísticas e vieses como os discutidos na introdução deste livro, em geral atuando sobre o modo como interpretamos coincidências notáveis.

Você sonha com a morte de um parente, com uma promoção no trabalho, e, no dia seguinte (ou mesmo ao longo da semana), a coisa sonhada se realiza. Experiências assim podem ter um impacto emocional profundo. Mas afinal: significam alguma coisa?

Se por "alguma coisa" entende-se transmissão de pensamento ou o poder de ver o futuro, a resposta é não. Por dois motivos. Primeiro, não parece haver espaço, nas leis conhecidas da Física, para forças capazes de transferir pensamentos diretamente de um cérebro a outro, ou de projetar no cérebro humano informação vinda do futuro.[43]

Segundo, há uma explicação muito mais simples, que dá conta desses fenômenos sem a necessidade de apelar para a ficção científica: a Lei dos Números Realmente Muito Grandes. Ela garante que, dado um número vasto o suficiente de oportunidades, até as coisas mais improváveis acabam acontecendo, por puro acaso. Ou: "Numa amostra grande o suficiente, qualquer coisa ridícula tem probabilidade de acontecer".[44]

Loterias são um exemplo clássico: a chance de alguém acertar as seis dezenas da Mega-Sena, por exemplo, é menor que 1 em 50 milhões (coisa muito improvável). Mas, de vez em quando, alguém ganha. A chance de haver um ganhador cresce com o aumento da quantidade de apostas. Quanto maior o número de apostadores, mais oportunidades de o prêmio sair.

Um efeito indireto, e aparentemente paradoxal, da Lei dos Números Realmente Muito Grandes é tornar eventos que são muito improváveis na escala do indivíduo (você ganhar na Mega-Sena) quase inevitáveis, em termos populacionais (alguém, em algum momento, ganhar o prêmio).

Mas como aplicar essa Lei a coisas como sonhos premonitórios? As probabilidades da Mega-Sena são dadas e fixas. Sonhos são outra coisa, verdade – mas, ainda assim, podemos fazer algumas estimativas.

Acredita-se que todas as pessoas sonham, mas nem todas se lembram de seus sonhos. Estudos sugerem que adultos têm até três sonhos memoráveis por semana;[45] O Brasil tem cerca de 220 milhões de habitantes, sendo 76% maiores de 18 anos.[46] Isso dá cerca de 500 milhões de sonhos, marcantes o suficiente para o sonhador lembrar-se deles ao acordar toda semana. Ou 70 milhões por noite. Agora, precisamos avaliar qual a probabilidade de um sonho ser interpretado como premonitório. É preciso notar que existe alguma flexibilidade.

Talvez uma pessoa que sonhe com um passarinho machucado, na mesma semana em que cai um avião, venha a acreditar que o sonho foi uma profecia, por exemplo. Ou uma pessoa sonhar com um parente saindo de férias e algo – que metaforicamente pode ser interpretado como "férias" – acontecer com ele: morrer, ganhar na loteria, divorciar-se... Nessas circunstâncias, estimar uma taxa de 1% de sonhos supostamente premonitórios não é um chute muito alto.

Mas sejamos mais estritos e vamos abolir as interpretações muito elásticas. Fixemos a probabilidade em 0,0001%, ou 1 chance em 1 milhão.

Pois bem. Se há, a cada noite, 70 milhões de sonhos que serão lembrados pelos sonhadores no dia seguinte, e se 1 sonho em 1 milhão acaba parecendo "profético" por puro acaso, então podemos esperar 70 sonhos "premonitórios" no Brasil – todos os dias. O que é efetivamente impossível para um indivíduo, acaba tornando-se inevitável na escala da população como um todo.

Isso também é parte da explicação para coincidências aparentemente "fantásticas", como quando um amigo em quem estamos pensando resolve nos ligar na mesma hora. A outra parte é a subjetividade do foco da atenção: se o computador de uma repartição pifa quando eu apareço para ser atendido, é só mais um dia no serviço público. Agora, se o computador da delegacia pifa quando o João de Deus chega para ser preso, todo mundo fica espantado.[47] Alguém, por acaso, parou para contar quantas outras delegacias tiveram defeito elétrico no mesmo dia?

Nas últimas décadas, parte dos pesquisadores interessados em parapsicologia e paranormalidade vem se dedicando a tratar o assunto por outro ângulo: a investigação das razões que levam pessoas a acreditar que assistiram ou participaram de eventos sobrenaturais que são fisicamente impossíveis. Essa área recebe o nome de psicologia anomalística e pesquisa desde a criação de ilusões por mágicos profissionais a fenômenos de psicologia social – por exemplo, o fato de que, em geral, crenças sobre magia e intuição aparecem mais em mulheres, e crenças em maravilhas da natureza e da tecnologia, como monstros e óvnis, aparecem mais em homens.

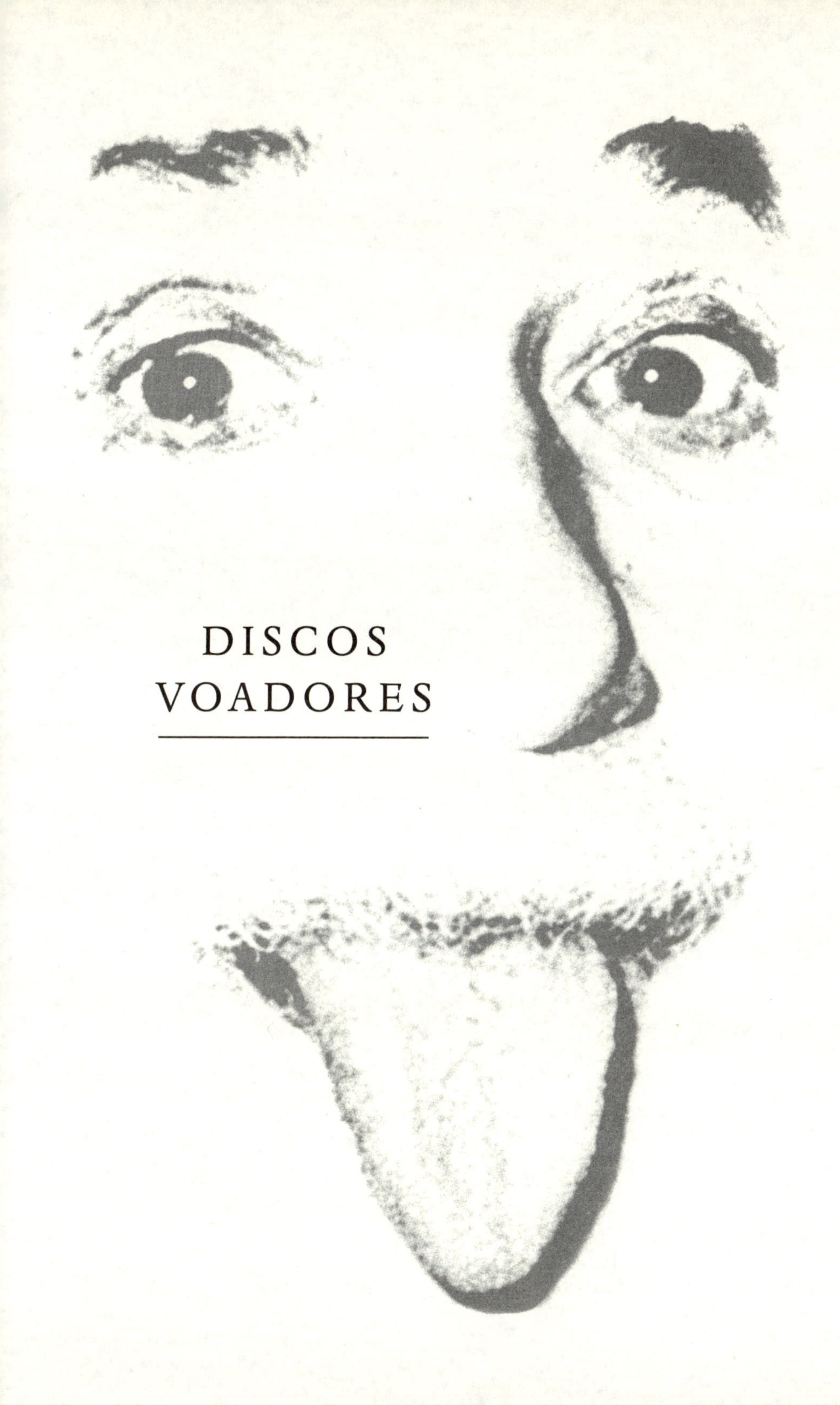

DISCOS VOADORES

O dia 24 de junho de 2022 trouxe um momento histórico para a pseudociência brasileira: naquela data, o Senado Federal houve por bem conduzir uma audiência pública em homenagem aos 75 anos do nascimento da moderna ufologia[1] – isto é, da "ciência" de catalogar e interpretar objetos voadores não identificados (óvnis)[2] –, com o avistamento de luzes estranhas no céu pelo piloto americano Kenneth Arnold, em 1947.

A história de Arnold é bem conhecida e já foi recontada inúmeras vezes,[3] então vamos resumi-la: em 24 de junho de 1947, o empresário e piloto licenciado Kenneth Arnold, no comando de seu avião particular, voando a uma altitude de 9,2 mil pés (pouco menos de 3 km), avistou o que lhe pareceu ser um grupo de nove objetos brilhantes à sua esquerda. Ele depois descreveria o movimento dos objetos como o de "discos, quando jogados de modo a saltar na superfície da água". Um jornalista usou a frase para cunhar a expressão "disco voador", e o resto é história.

Claro, o encontro de Kenneth Arnold com suas nove luzes misteriosas não representou a primeira vez na história que um ser humano viu no céu (e descreveu) algum fenômeno difícil de explicar – o ufólogo Jacques Vallee, em um livro,[4] registra 500 eventos ocorridos entre a Antiguidade e o século XIX que, segundo ele, poderiam ser considerados "óvnis".

Em 1947, o mundo já havia assistido ao uso das primeiras armas nucleares, um sinal claro de que pelo menos algumas das "bobagens" da ficção científica poderiam de repente saltar para a realidade, e com resultados catastróficos. A Guerra Fria estava em curso (a União Soviética realizaria sua primeira detonação nuclear em 1949). Havia uma crescente paranoia anticomunista.

A possibilidade de o espaço aéreo americano estar sendo invadido por veículos soviéticos de tecnologia desconhecida era levada a sério. Assim como os Estados Unidos, a União Soviética havia capturado, ao fim da Segunda Guerra Mundial, cientistas alemães envolvidos em projetos avançados de aeronáutica e tecnologia de foguetes, que talvez estivessem compartilhando seu conhecimento com o novo inimigo, o que gerava uma preocupação palpável. Arnold foi interrogado por agentes da inteligência militar.[5] No fim da década de 1950, no entanto, a Força Aérea Americana (USAF) estava convencida de que os objetos voadores não identificados eram inofensivos.

Em março de 1966, um relatório produzido pela USAF informava que, de todos os casos de óvni investigados até então, apenas 6% permaneciam inexplicados em termos prosaicos – balões meteorológicos, o planeta Vênus, nuvens, brilho ou reflexos em aviões etc. – e mesmo esses 6% corresponderiam a "apenas aqueles em que a informação disponível não oferece base adequada para análise".[6] Em outras palavras, os autores acreditavam que todos os casos, mesmo os mais misteriosos, poderiam, em princípio, ser explicados em termos normais se houvesse mais dados a respeito.

Mas essas conclusões ainda estavam duas décadas no futuro. De volta ao final dos anos 1940, o circo midiático em torno do ocorrido ampliou-se ainda mais quando Arnold aceitou o convite do editor Raymond Palmer para vender sua história para o primeiro número de uma revista que Palmer preparava-se para lançar. Chamada *Fate* (Destino), a revista propunha-se a publicar "histórias verdadeiras do estranho, do inesperado, do desconhecido".

Palmer não era um novato na arte de ajudar pessoas que tinham vivido experiências extraordinárias a transformar suas memórias em textos fantásticos e emocionantes. Também não era um homem de grandes escrúpulos: como editor da revista de ficção científica *Amazing Stories* (Histórias Espetaculares), havia convertido os delírios e as alucinações de Richard Shaver, provável paciente de esquizofrenia e paranoia[7] que acreditava, sinceramente, estar captando os pensamentos emitidos por uma raça perversa de robôs subterrâneos, numa bem-sucedida (do ponto de vista financeiro) série de artigos de "não ficção".

Escrevendo para *Fate*, sob a supervisão e inspiração do editor experiente, Arnold logo pôs de lado a circunspeção e se converteu num intrépido investigador do paranormal, envolvendo-se num caso em que fragmentos de um disco voador teriam sido encontrados pelos ocupantes de um barco. Dois investigadores das Forças Armadas, convidados por ele a analisar a situação, acabaram mortos num acidente aéreo, desastre que acabou dando origem a uma série de boatos e teorias de conspiração.[8]

Numa série de três artigos, depois reunidos e expandidos sob a forma de um livro (assinado em coautoria com Palmer[9]), o piloto abraçou e promoveu não só o que viria a ser conhecido como a "hipótese extraterrestre" (isto é, que os objetos não identificados eram naves de outro mundo) quanto a ideia de que o governo americano tentava acobertar o fato, dois temas que viriam a ser repetidos de novo e de novo por ufólogos, e também em inúmeras obras de ficção, como a série de TV *Arquivos X*. Em 1959, numa entrevista a um jornal da cidade de Denver, ele disse ter se convencido de que os óvnis eram "organismos vivos".[10]

Questões de clima cultural e interesses comerciais sempre estiveram fortemente relacionadas ao interesse do público em óvnis. Por exemplo, relatório da Força Aérea Brasileira[11] mostra que, no quase meio século entre os anos de 1954 e 2000, mais de 20% de todos os avistamentos de óvnis registrados no país se concentraram no biênio 1977-1978, anos marcados pelo estrondoso sucesso dos filmes *Guerra nas Estrelas* e *Contatos Imediatos do 3º Grau*. O segundo biênio mais dramático (1996-1997), com 18% do total, teve a estreia de *Independence Day*, filme-catástrofe em que discos voadores quase destroem a Terra.

A interpretação dada pelo público a fenômenos incomuns ou difíceis de explicar vistos no céu é sensível às ansiedades sociais e às expectativas psicológicas da época. No fim do século XIX, por exemplo, os Estados Unidos foram assolados por uma onda de avistamentos de máquinas voadoras. Nem o avião e nem mesmo o balão dirigível tinham sido inventados ainda, mas os relatos acumulavam-se aos milhares.[12]

Na época, a invenção da máquina voadora era dada como iminente, e histórias de gênios excêntricos com máquinas voadoras secretas eram comuns – o romance *Robur, o conquistador*, de Júlio Verne, havia sido publicado em 1885.

DO OUTRO MUNDO

Nesse contexto, a "hipótese extraterrestre" pode ter soado razoável no século XX (ou ainda soar no XXI) simplesmente por uma questão de hábito cultural: a ficção científica e as especulações feitas por cientistas, uns mais sérios do que outros, acostumaram-nos a ela. Como disse o senador Eduardo Girão (Podemos-CE) durante a audiência pública, a vastidão inconcebível do Universo, com trilhões de galáxias, deve "assegurar que, estatisticamente, é impossível a existência de vida inteligente apenas no planeta Terra, que não passa de um minúsculo grão de poeira diante da magnífica grandeza do Universo visível".[13]

O raciocínio, no entanto, representa uma falácia em vários níveis – especialmente quando a ideia é usar extraterrestres para explicar luzes estranhas que as pessoas veem no céu. Afinal, o que o tamanho do Universo e a probabilidade de haver vida inteligente em outros planetas têm a ver com a probabilidade de aquela foto borrada que tirei ontem ser uma nave alienígena? Pensando bem, quase nada.

A cadeia de argumentos "Universo enorme = vida inteligente = óvnis são ETs" só soa plausível porque quem a apresenta queima etapas, esconde elos cruciais do raciocínio, sem que a audiência perceba; com isso, embute pressupostos altamente questionáveis.

O primeiro é equacionar "vida" com "vida inteligente". Mesmo se aceitarmos que um Universo tão grande deve, provavelmente, conter mais seres vivos além dos que evoluíram por aqui, na Terra "seres vivos" é uma categoria que inclui rinocerontes, bactérias, bromélias. Seres humanos somos uma minoria, e imaginar que a inteligência, tal como a entendemos, é uma característica necessária ou inevitável da evolução é ou preconceito religioso (o ser humano como produto inevitável, porque "imagem de Deus") ou só arrogância mesmo.

Dizer "é razoável supor que existe vida abundante lá fora" é diferente de dizer "é razoável supor que existe vida racional abundante lá fora". Aqui na Terra existem muito mais espécies capazes de voar (só de pássaros, são cerca de 10 mil) do que capazes de projetar naves espaciais (apenas uma, a humana).

Pior. Para o argumento que vai do Universo abundante à abundância de discos voadores sustentar-se, não só vida racional, mas vida racional com vontade, recursos e meios de criar e usar uma tecnologia de viagens espaciais precisa existir em outros lugares. É só pensar um pouco sobre a história humana para ver que não há nada de "inevitável" na decisão de empreender viagens ao espaço. Nós mesmos fomos até a Lua há 50 anos, e desde então não demos mais nenhum passo além em viagens tripuladas.

Também é preciso supor que viagens a distâncias interestelares ou intergalácticas, que se medem em anos-luz (um ano-luz é a distância que a luz percorre em um ano, e corresponde a aproximadamente 9 trilhões de quilômetros) sejam possíveis e praticáveis. A distância média que nos separa dos demais sistemas planetários da nossa galáxia é de pouco mais de 2 mil anos-luz. A galáxia mais próxima de nós está a 25 mil anos-luz. As leis da Física, como as conhecemos hoje, sugerem que não é possível percorrer distâncias assim em intervalos de tempo menores do que alguns milênios (ou centenas de milhões de anos, caso a ideia seja trocar de galáxia).

Ainda é preciso somar a tudo isso a hipótese de que o povo capaz e disposto a realizar esse tipo de viagem, caso exista, está interessado em vir exatamente até aqui, com tantas outras estrelas e planetas à disposição. E, vindo aqui, não esteja muito preocupado nem em se esconder (porque, afinal, suas naves são avistadas o tempo todo) e nem em se revelar (porque os ETs, afinal, não anunciaram sua presença de forma clara e pública).

Mais outra: que a comunidade internacional de astrônomos, milhares de pessoas em todo o mundo especializadas em olhar para o céu, dedicadas a identificar corretamente e catalogar tudo o que existe lá – planetas, estrelas, luas, galáxias, asteroides etc. – jamais tenha notado o tráfego de naves alienígenas pela vizinhança ou que, tendo-o notado, esteja participando de uma grande conspiração global de acobertamento. Levando tudo isso em conta, o argumento da "alta probabilidade" derrete.

Mas, se os óvnis não vêm de outros planetas ou de outras galáxias, então o que são? A pergunta, que parece inocente, na verdade é mal formulada: pressupõe que "óvnis" correspondam a uma categoria uniforme, e que uma só explicação possa dar conta de todos, o que obviamente não é verdade: cada ocorrência é um caso individual e requer uma explicação específica. O próprio conceito de "não identificado" é subjetivo: uma luz no céu que parece intrigante ou incompreensível para um advogado ou médico pode ter uma explicação óbvia para um astrônomo ou meteorologista.

Inferências sobre tamanho, velocidade e trajetória de coisas vistas no céu são especialmente complicadas, por causa da falta de referências claras que permitam fazer boas estimativas, e de efeitos de perspectiva: distinguir entre um objeto grande ao longe ou um objeto pequeno muito próximo, por exemplo, pode ser extremamente difícil contra um pano de fundo de céu azul ou, ainda mais, no céu noturno.

Para ficar em dois tipos de ilusões comuns que costumam confundir muitas crianças (e alguns adultos), muitas vezes, quando nos deslocamos à noite, a Lua ou algum planeta especialmente brilhante, como Vênus, parece "nos seguir". Também, em noites de Lua cheia e vento forte, é muito fácil ter a falsa impressão de que nuvens estão passando por trás da Lua, e não diante dela.

FRAUDES

Além das inúmeras fontes de erro, também é preciso levar em conta que a notoriedade do fenômeno óvni abriu espaço para todo tipo de fraude. É um fato histórico, por exemplo, que o primeiro "disco voador" a causar sensação no Brasil foi apenas um truque fotográfico praticado por jornalistas da revista *O Cruzeiro*.[14] Outro caso muito citado no Brasil, o do disco voador de Trindade, também é uma farsa comprovada.[15]

Na Inglaterra, entre 1970 e 1972, um grupo de pesquisadores produziu inúmeros "avistamentos de óvnis" – inicialmente aceitos como legítimos discos voadores ou aparições "inexplicáveis" por ufólogos e pela imprensa – simplesmente soltando balões de hélio decorados com luzes coloridas e lanternas penduradas, ou acendendo luzes coloridas no alto de colinas à noite.[16]

O clima cultural que predispõe parte do público a interpretar fenômenos celestes estranhos como "naves de outro mundo" afeta também a memória que as pessoas guardam desses eventos. Psicólogos que investigaram supostos avistamentos de "discos voadores" notam que as lembranças relatadas muitas vezes são bem mais dramáticas do que o evento em si, e tendem a incorporar clichês e narrativas que mostram uma forte contaminação da memória pelos desejos e expectativas das testemunhas.[17] Isso ficou claro, por exemplo, quando os autores das fraudes inglesas do início dos anos 1970 compararam o que as testemunhas diziam ter visto com o que eles sabiam que haviam soltado no céu: havia discrepâncias fantásticas. Processos inconscientes preenchem lacunas da percepção e da memória de acordo com as crenças e expectativas de cada um.[18]

No fim, o principal argumento em defesa da hipótese "óvnis são ETs" reduz-se à falácia do apelo à ignorância: "Já que ninguém é capaz de explicar o que é esse fenômeno visto no céu, então ele é uma nave de outro planeta". Isso tem tanta lógica quanto dizer que "Já que ninguém é capaz de explicar o que é esse fenômeno visto no céu, então ele é o trenó do Papai Noel".

Um relatório sobre óvnis produzido pela Universidade do Colorado para o governo dos Estados Unidos em 1968 concluía que "nada foi produzido pelo estudo de óvnis nos últimos 21 anos que tenha somado ao conhecimento científico. Análise cuidadosa [...] leva-nos a concluir que mais estudos sobre óvnis provavelmente não se justificam pela expectativa de que, com isso, haverá avanços científicos".[19]

SURGEM OS UAPS

No início de maio de 2021, a revista *New Yorker*,[20] um dos veículos jornalísticos mais intelectualizados dos Estados Unidos, publicou um longo texto sobre como a ufologia teria se tornado um assunto sério, misterioso, digno da atenção de adultos sóbrios e eminentemente racionais.

A reportagem dava continuidade a uma série de ações da imprensa considerada respeitável – fora do universo dos tabloides sensacionalistas e dos documentários baratos da TV por assinatura – para reabilitar a pesquisa sobre óvnis, agora rebatizados de UAPs ("Unindentified Aerial Phenomena", ou "Fenômenos Aéreos Não Identificados"). O movimento teve início com uma sequência de reportagens publicadas pelo *The New York Times*[21] em 2017.

O "gancho" (jargão que se refere à motivação imediata para a publicação de algum material jornalístico) era o vazamento de uma série de vídeos que mostravam imagens supostamente "inexplicáveis" captadas por pilotos militares – os tais UAPs. A maioria é formada por imagens produzidas por câmeras digitais montadas em aviões de combate, incluindo câmeras de infravermelho, que captam emanações de calor que, depois, um computador traduz em gradientes de brilho numa tela.

Analisar imagens assim não é trivial: além do estado de movimento do avião e da própria câmera, há que se levar em conta as limitações e peculiaridades do equipamento. Que problemas de calibragem e fidelidade dos sensores explicam muitos UAPs é algo apontado há anos por investigadores como Mick West, administrador do site Metabunk.org, no qual se encontra uma série de simulações que mostra como fenômenos simples (por exemplo, o jato de um avião comercial distante que, por alguns instantes, apareça voltado diretamente para a câmera infravermelha, causando um brilho intenso) podem explicar várias das imagens mais impressionantes.[22] De qualquer modo, as imagens causaram comoção suficiente para que o Congresso americano realizasse uma audiência especial sobre UAPs em 17 de maio de 2022.

Ali, o vice-diretor de Inteligência Naval dos Estados Unidos, Scott Bray, e o subsecretário de Inteligência do Departamento de Defesa, Ronald Moultrie, afirmaram que nem o governo e nem as Forças Armadas dos Estados Unidos mantêm vestígios de tecnologia alienígena guardados, e que não existe evidência nenhuma, em poder das autoridades, de que a Terra tenha sido visitada por extraterrestres. A audiência foi o primeiro evento oficial do Legislativo federal americano sobre óvnis desde o fim da década de 1960.

A reunião foi presidida pelo titular do Subcomitê de Contraespionagem, Contraterrorismo e Contraproliferação da Câmara dos Deputados, o democrata André Carson, que tem um interesse especial no assunto. Ele até já discutiu objetos voadores não identificados no programa de TV a cabo *Alienígenas do Passado*.

Durante a audiência, ambos os altos funcionários afirmaram, sob juramento, que o governo dos Estados Unidos jamais coletou materiais de naves alienígenas. Bray, citado pelo jornal *The New York Times*,[23] afirmou aos congressistas que "não temos material nenhum. Não detectamos nenhuma emanação dentro da força-tarefa UAP que sugira qualquer coisa de origem extraterrestre". Diversos UAPs também acabam se revelando drones. Como diz o mesmo texto do *The New York Times*:

> Representantes do Pentágono exibiram um vídeo e uma imagem obtida por meio de lentes de visão noturna que mostravam triângulos brilhantes movendo-se pelo ar. O primeiro vídeo, filmado na Costa Oeste em 2019, havia intrigado militares. Mas foi determinado que os triângulos pequenos na segunda gravação, feita neste ano na Costa Leste, são drones, sua aparência fantasmagórica causada por um artefato da lente usada para gerar a imagem.

A preocupação legítima envolvendo UAPs parece girar em torno de limitações e defeitos intrínsecos dos sensores montados a bordo dos aviões militares. Se as câmeras que coletam os dados e os computadores que interpretam os sinais captados geram as imagens produzem uma quantidade significativa de falsos positivos ou de resultados distorcidos, isso é obviamente um problema grave de segurança nacional. Também é razão para que o assunto seja tratado com relativo segredo (uma potência militar não tem interesse em que adversários conheçam os limites e os pontos fracos de seus sensores). No fim de 2022, meses depois da audiência no Senado americano, surgiram informes na imprensa[24] sugerindo que, além de imagens falsas de sensor produzidas pela interpretação inadequada de objetos ordinários (balões, aviões distantes etc.), parte dos UAPs é composta de drones de espionagem chineses. E, no início de 2023, a USAF abateu um "UAP" que de fato era um equipamento de espionagem chinês – não um drone, no caso, mas um balão.[25]

RELIGIÃO

Antropólogos e outros pesquisadores de Ciências Sociais há tempos notam que a ufologia muitas vezes se reveste de caráter religioso. Existe até mesmo um volume publicado pela Universidade Estadual de Nova York com o título *The Gods Have Landed*[26] (Os Deuses Pousaram), em que diversos especialistas debatem a sobreposição entre sentimento religioso e crença em visitantes de outros mundos.

Quando a ciência diz que no céu não há deuses ou anjos, mas planetas onde talvez vivam alienígenas, não é difícil transferir os sentimentos e a esperança de "salvação vinda de cima" para os discos voadores, transferência reforçada com frequência pelo cinema de ficção científica, em produções clássicas como *O Dia em que a Terra Parou* (Robert Wise, 1951) e *Contatos Imediatos do 3º Grau* (Steven Spielberg, 1977).

Nesse aspecto, é curioso observar que as notas taquigráficas da audiência conduzida no Senado brasileiro – aquela citada no início deste capítulo – registram copiosos elogios ao médium Chico Xavier, citado por um dos depoentes como "abnegado médium, amigo e apóstolo do Cristo em tempos modernos".

Existe uma peculiaridade antropológica aí. A ufologia nacional é fortemente influenciada por misticismos pseudocientíficos dos séculos XVIII, XIX e XX, como teosofia, antroposofia e o espiritismo. O próprio senador Girão, por exemplo, recomendou efusivamente o documentário *Data Limite*, uma produção baseada em profecias atribuídas a Chico Xavier. Em

1986, o médium teria afirmado que os habitantes de outros planetas do sistema solar passariam 50 anos observando a Terra, a partir do primeiro pouso na Lua. A "data limite", portanto, seria 20 de julho de 2019.[27]

Outro participante da audiência, num só fôlego, passou de considerações sobre universos paralelos, tecnologia nuclear e "*stealth*" (aparelhos invisíveis ao radar) para a mediunidade. A ufologia brasileira, ao menos no recorte apresentado no Senado, é uma seção (dissidência?) do movimento espírita.

SEPARAÇÃO INCOMPLETA

A ligação entre mediunidade e a crença em vida inteligente em outras partes do Sistema Solar era comum no século XIX – as supostas viagens interplanetárias de uma médium europeia inspiraram até mesmo um clássico da psicologia, o livro *Da Índia ao planeta Marte*, de Théodore Flournoy. Mesmo o principal inspirador da doutrina espiritualista mais aceita no Brasil – base da religião espírita abraçada, segundo o IBGE, por quase 4 milhões de brasileiros[28] –, o francês Allan Kardec escreveu sobre espíritos de outros planetas. Em sua obra principal, *O Livro dos Espíritos*, por exemplo, afirma: "Muitos Espíritos, que na Terra animaram personalidades conhecidas, disseram estar reencarnados em Júpiter, um dos mundos mais próximos da perfeição..."[29]

Na década de 1950, o ufólogo americano George Hunt Williamson usou uma versão da "brincadeira do copo" para entrar em contato não com almas desencarnadas ou demônios, mas com habitantes de outros planetas do Sistema Solar. Em seu livro *The Saucers Speak: Calling All Occupants of Interplanetary Craft* (Os Discos Falam: Chamando Todos os Tripulantes de Naves Interplanetárias), Williamson descreve o aparato utilizado da seguinte forma: "[...] fizemos o que depois chamamos de 'tabuleiro'. Consistia de letras e números, além das palavras 'Sim' e 'Não', um sinal de mais no lado direito e um de menos, no esquerdo [...] pusemos um copo de vidro de cabeça para baixo e o usamos como 'localizador'".[30]

Um dos alienígenas contatados por esse sistema identificou-se como Zo, natural de Netuno, mas a caminho de Plutão. Manifestando-se na noite de 17 de agosto de 1952, Zo informava que "Plutão não é o planeta frio e desolado que seus astrônomos imaginam. Mercúrio não é quente e desértico. Se vocês entendessem o magnetismo, veriam por que todos os planetas têm praticamente a mesma temperatura, independentemente da distância que os separa do grande corpo solar".

A mensagem de Zo alerta que "a Terra regride, guerras demais" e segue com uma frase críptica: "Para maçãs nós salgamos, nós retornamos. Vocês talvez não entendam esta estranha fala agora, mas um dia entenderão. Ela vem de uma de nossas velhas lendas proféticas".

No mundo de língua inglesa, no entanto, o que poderíamos chamar de "corrente principal" da comunidade ufológica foi aos poucos se afastando dessa sensibilidade esotérica e da convergência com o movimento espiritualista, assumindo ares e linguagem cada vez mais técnico-científicos e pondo de lado a linguagem explicitamente mágica ou religiosa, que ficou restrita a grupos menores e considerados, mesmo dentro da cultura ufológica, excêntricos.

Como escreve a antropóloga Brenda Denzler, "em geral, a maioria dos estudantes do fenômeno [óvni] esforçaram-se muito para se distanciar das alegações de cunho religioso sobre UFOs e reiterar a natureza essencialmente científica do problema".[31]

No Brasil, o processo foi bem diferente. A já citada revista *O Cruzeiro* – durante décadas, o veículo de comunicação mais popular do país –, que basicamente inventou a ufologia brasileira na década de 1950, jamais se furtou, nas caudalosas "reportagens" que publicou sobre o tema, de misturar alienígenas com espíritos, paranormalidade e esoterismo, reforçando e reafirmando, em vez de diluir, a confusão original.[32]

Na audiência pública, imagens produzidas pelo Telescópio Espacial Hubble e citações de Chico Xavier sobre vida em Saturno ou os exilados de Capela ("E aí surgiram quatro grandes grupos étnicos exilados do sistema estelar de Capela aqui, na Terra, a começar pelos arianos, que começaram, há 12 mil anos, a habitar a região do Pamir; depois, os hindus. Eles se fundiram depois na civilização indo-védica, também conhecida como indo-europeia. Depois vieram os egípcios; e, por últimos, os hebreus, todos eles como vindos de Capela")[33] tiveram exatamente o mesmo peso.

O que, de certa forma, faz sentido, já que ambas as bases de evidência, tal como utilizadas no Senado brasileiro, são igualmente irrelevantes para a questão dos óvnis. Se tivessem sido apresentadas as imagens feitas pelo Hubble de astros do Sistema Solar, elas poderiam contar como evidência negativa (o telescópio jamais fotografou um único disco voador, ou sinal de tecnologia extraterrestre, em nenhum ponto do espaço).

Depois da reportagem da *New Yorker*, outra revista americana, a *Skeptical Inquirer*, publicou um breve guia de pontos-chave para manter em mente quando o assunto são óvnis.[34] Resumidamente, são: "Não Identificado" não é sinônimo de "alienígena". Muitos óvnis acabam identificados.

Ufólogos têm motivações e interesses, e esses interesses e motivações são diversos. De militares preocupados com drones estrangeiros ou sensores defeituosos, passando por políticos que querem agradar à base eleitoral e chegando a produtores de TV em busca de audiência e pessoas imbuídas de fé nos "irmãos do espaço".

Só porque vida alienígena é possível, não significa que "eles" estão aqui. É muito mais provável que a vida "lá fora" seja feita de bactérias do que de astronautas, e mesmo se houver astronautas não há evidência de que algum tenha passado por aqui.

Não dá para identificar tudo. Sempre haverá um resíduo de eventos sobre os quais são será possível chegar a uma conclusão firme. Isso não é prova de vida alienígena, mas de que testemunhos são imprecisos, contextos nem sempre são claros e informação degrada-se com o tempo.

Na ausência de evidências contundentes, o melhor que se pode fazer diante da pergunta "mas o que era aquilo no céu?" é deixar a questão em aberto ou adotar uma explicação provisória baseada no balanço das probabilidades: mal-entendidos, erros observacionais ou mesmo fraudes deliberadas – enfim, coisas que acontecem todos os dias, o tempo todo, em inúmeros contextos – são muito mais prováveis, dada a ausência de exemplos concretos e claros, a escala imensa do Universo, a diversidade da vida (que não tem motivo para privilegiar espécies que gostam de viajar pelo espaço) e as leis da Física, do que visitantes de outro mundo.

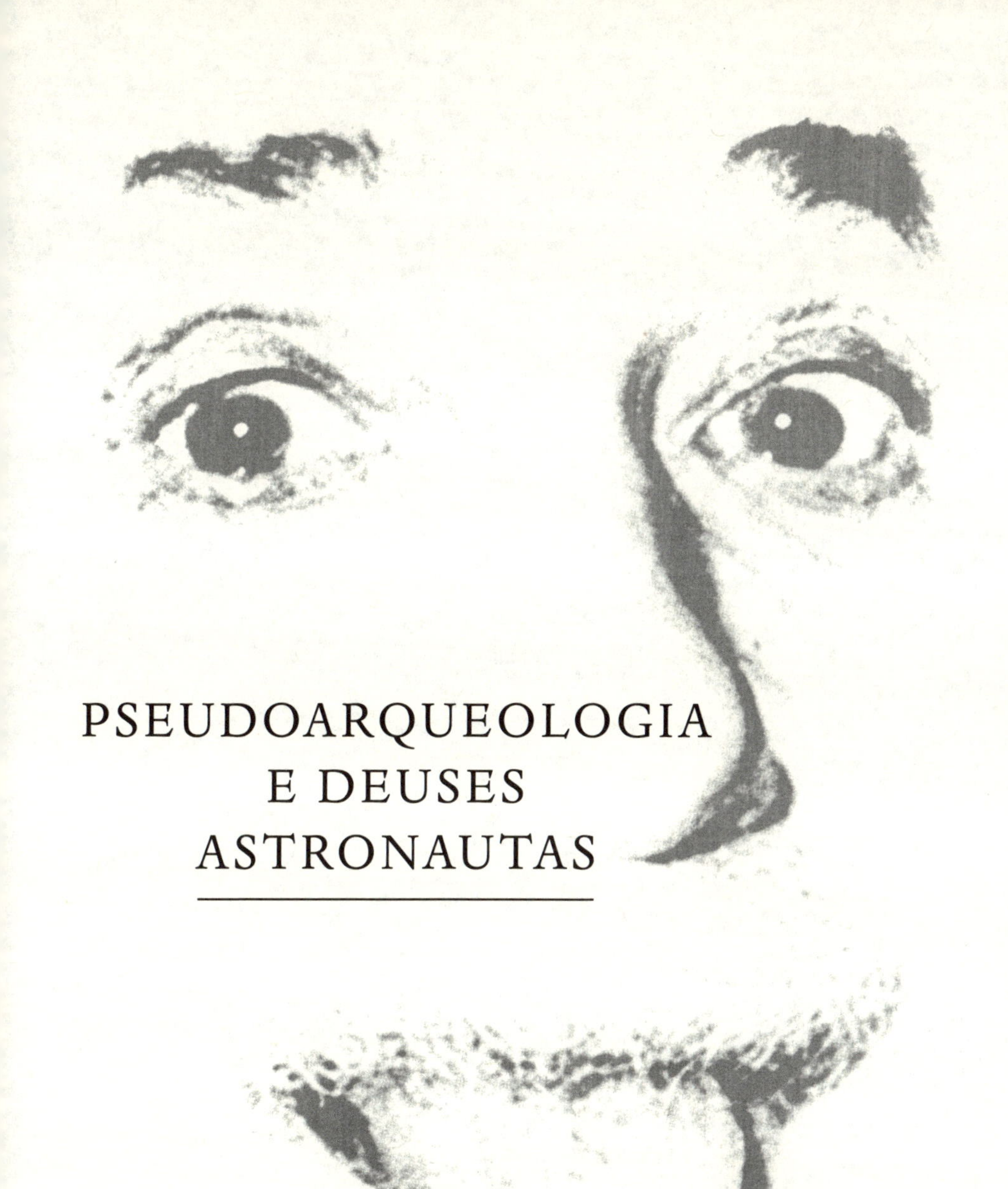

PSEUDOARQUEOLOGIA E DEUSES ASTRONAUTAS

Em agosto de 1939, poucas semanas antes da invasão da Polônia por tropas alemãs que daria início à Segunda Guerra Mundial, cinco oficiais da SS, a temida guarda de elite do Partido Nazista, deixavam o Tibete. Liderados pelo zoólogo e caçador Ernst Schäfer, os oficiais encerravam ali uma expedição de sete meses, repleta de aventuras, que os levara até Lhasa, a capital do reino do Dalai Lama, onde haviam se tornado amigos próximos da nobreza local e do regente (o décimo-terceiro Dalai Lama era falecido e a décima-quarta encarnação de Sua Santidade ainda não havia sido encontrada).

A expedição tinha vários objetivos políticos e científicos a cumprir, mas o que mais interessava ao comandante supremo da SS e principal patrono de Schäfer, Heinrich Himmler, era a busca por vestígios arqueológicos e antropológicos que confirmassem a origem tibetana dos arianos, a inexistente "raça superior" a que, segundo a doutrina nazista, pertenciam os alemães de sangue puro. Himmler havia estabelecido, dentro da SS, uma organização especial, a Ahnenerbe, para explorar, pesquisar e desvendar o passado glorioso dessa raça. Como escreve o jornalista e documentarista Christopher Hale:[1]

> Ele fundara a Ahnenerbe especificamente para avançar nos estudos da raça ariana (ou nórdica, ou indo-germânica) e de suas origens. Do quartel-general da Ahnenerbe [...] arqueólogos eram enviados para todas as partes do mundo para desenterrar as glórias da pré-história ariana. E pobres daqueles que falhassem em descobrir as cerâmicas e os artefatos da Raça-Mestra.

Himmler tinha crenças sobre a pré-história humana que incluíam colonizadores do espaço ("os arianos não evoluíram de macacos como o restante da humanidade, mas são deuses vindos diretamente do céu", escreveu ele numa carta[2]) e o continente perdido de Atlântida. Suas obsessões e o trabalho da Ahnenerbe fornecem uma tênue inspiração factual para as aventuras do arqueólogo cinematográfico Indiana Jones. Mas a falsificação do passado pelos nazistas servia a um propósito maior do que alimentar as fantasias do chefe da SS: era parte da própria justificativa político-ideológica do sistema.

A ideia de que a espécie humana seria formada por "raças" com características biológicas distintas dependia da construção de um passado fictício para a humanidade como um todo, e essa obra de ficção, por sua vez, dependia da submissão da arqueologia e da antropologia às razões de Estado; do mesmo modo, as doutrinas de "espaço vital" e de "sangue e solo" promulgadas por Adolf Hitler e seus auxiliares para justificar anexação de novos territórios ao Reich apoiava-se numa espécie de direito de herança do regime a terras em que, supostamente, houvesse vestígios de uma "cultura ancestral" germânica ou ariana. "O trabalho de nossos ancestrais [...] representa a maior reivindicação do território", escreveu um historiador.[3]

O uso de ficções arqueológicas para justificar – ou tentar justificar – ações militares ou preconceitos, principalmente preconceito raciais, não é exclusividade nazista, embora o Estado alemão do período 1933-1945 tenha levado essa estratégia ao paroxismo. Em 1943, como parte do "projeto de pesquisa" que buscava ligar etnicamente a raça ariana alemã à nobreza tibetana, mais de cem prisioneiros do campo de Auschwitz foram mortos para que seus corpos pudessem ser aproveitados como espécimes anatômicos, para comparação "científica" entre as características físicas das diferentes "raças".[4]

Os nazistas sustentavam sua ideologia racista e antissemita com base numa mitologia complexa, repleta de contradições e inconsistências, que em uma de suas versões localizava a origem da humanidade – ou, ao menos, de sua forma mais perfeita, os tais "arianos" – na Ásia Central (ou no continente perdido de Atlântida, de onde os arianos teriam então migrado para a Ásia Central). A hipótese de Charles Darwin, hoje exaustivamente confirmada, de que nossa espécie surgiu na África era desprezada ou ignorada. Áreas de pesquisa científica, como Arqueologia, Antropologia e Estudos de Folclore, foram mobilizadas para "comprovar" a obsessão pela origem (ou passagem) tibetana da Raça Mestra, obsessão que por sua vez era parte da justificativa pseudocientífica do Holocausto.

A tentação de reescrever o passado para melhor controlar (ou interpretar ou aceitar) o presente, satirizada pelo escritor britânico George Orwell no romance *1984*, sempre existiu. Os personagens de Orwell, no entanto, trabalhavam reescrevendo a História já registrada e falsificando documentos, o que envolvia um esforço considerável. A Arqueologia, nesse aspecto, é mais maleável, já que suas conclusões dependem da interpretação de vestígios físicos.

Se feita de modo científico, essa interpretação é guiada por uma série de regras e princípios que tendem a limitar os voos de fantasia e a construção de mitos. Mas o universo da pseudoarqueologia liga muito pouco para esses constrangimentos. Até mesmo o Brasil já foi palco de manobras do tipo.

O caso mais interessante talvez seja o instigado pelo chamado Documento 512 da Biblioteca Nacional.[5] Supostamente escrito na década de 1750, ainda na época do Brasil colônia, mas só vindo a público em 1839, um ano antes do Golpe da Maioridade que conduziu Pedro II ao trono do Império, o texto narra a descoberta, por um grupo de bandeirantes, dos vestígios de uma civilização perdida no interior da Bahia.

Como relata o historiador Johnni Langer em artigo publicado na *Revista Brasileira de História*,[6] a mera possibilidade de o Brasil ter abrigado um povo "avançado" de possível extração greco-romana – a descrição da cidade perdida inclui pórticos e estátuas com coroas de louros – causou entusiasmo na elite imperial. Escreve Langer:

> Ao início da formação do novo império, a elite intelectual já demonstrava um interesse objetivo em vincular vestígios monumentais com o reinado de D. Pedro II. E essas tão almejadas ruínas poderiam simbolizar a perenidade da nação brasileira. Ao mesmo tempo, rompendo a nossa vinculação histórica com Portugal, ao demonstrar que outras civilizações europeias estiveram em nosso solo muito tempo antes.

O historiador oferece ainda a transcrição de um excerto do manuscrito, preservando a ortografia original:

> [...] collumna de pedra preta de grandeza extraordinaria, e sobre ella huma Estatua de homem ordinario, com huma mao na ilharga esquerda, e o braço direito estendido, mostrando com o dedo index ao Polo do Norte; em cada canto da dita Praça está uma Agulha, a imitação das que uzavão os Romanos, mas algumas já maltratados, e partidos como feridas de alguns raios.[7]

Mais uma vez, a inspiração racista e eurocêntrica – encontrar vestígios de uma elite branca no Brasil anterior aos portugueses (e, quem sabe, até aos povos indígenas) – que, por tabela, oferecesse um verniz extra de legitimidade política e étnica à elite imperial. Diversas expedições em busca da cidade perdida aconteceram ao longo da década de 1840, mas os seguidos insucessos acabaram transformando o assunto em piada. Ainda assim, o mito da cidade perdida no sertão brasileiro viria a inspirar o explorador britânico Percy Fawcett, que desapareceu no interior do país em 1925, buscando vestígios de alguma civilização perdida.

Em seu livro *As cidades imaginárias do Brasil*,[8] Langer relata como os intelectuais do Brasil recém-independente do século XIX foram marcados pela ansiedade de mostrar que a nova nação era dona de um passado "à altura" da História das civilizações europeias.

Entre os frutos desse movimento encontram-se o mito de que a Pedra da Gávea, no Rio de Janeiro, seria uma esfinge contendo inscrições fenícias (assunto investigado pelo Instituto Histórico e Geográfico do Brasil em 1839, com resultados ambíguos) e a decifração, por ninguém menos do que o chefe do Museu Nacional na época, de supostas inscrições fenícias encontradas na Paraíba durante o Segundo Império.

A tradução do fenício apareceu na imprensa brasileira em 1873, mas em 1885 foi constatada a fraude. Quanto à Pedra da Gávea, suas supostas características antropomórficas e "inscrições" são mais bem explicadas como resultado de pareidolia – a tendência humana de interpretar estímulos aleatórios como se formassem conjuntos coerentes, como já dissemos. Casos clássicos são as faces e vultos de santos que algumas pessoas veem em manchas de umidade. Isso não impede, claro, que o efeito seja explorado por guias turísticos.

DEUSES ASTRONAUTAS

A forma mais caricata (e, hoje em dia, popular) de pseudoarqueologia é a que invoca deuses astronautas ou, como o History Channel prefere chamá-los atualmente, "astronautas do passado" – seres de outros planetas que teriam vindo à Terra e, dependendo da versão, ensinado os primórdios da cultura e da civilização aos humanos primitivos, ou ajudado fisicamente as civilizações nascentes da África e das Américas a erguer seus monumentos (curiosamente, não vemos ETs sendo convocados para explicar as grandes catedrais europeias: o racismo eurocêntrico segue sendo uma marca desse tipo de especulação).

No mesmo ecossistema ideológico em que prospera essa visão do passado animada por alienígenas, circula outra, superficialmente mais plausível, a da Civilização Perdida: a hipótese segundo qual o fato de diversas culturas – incluindo povos das Américas, da Oceania e do Oriente Médio – terem contos e lendas sobre grandes enchentes ou dilúvios não reflete o fato de que populações humanas tendem, por razões óbvias, a se estabelecer perto de fontes de água (grandes rios, litorais) e inundações são eventos comuns nesses ambientes, com grande chance de acabarem servindo de tema para o folclore local, mas sim a "memória coletiva" de uma catástrofe global (a Arca de Noé costuma ser mencionada nesse contexto).

Do mesmo modo, o fato de diversos povos terem erguido pirâmides refletiria não a realidade física de que empilhar pedras numa estrutura piramidal é a forma mais simples de erguer edifícios altos (ainda mais na ausência de tecnologias mais avançadas como aço e concreto armado), mas algum tipo de matriz cultural compartilhada entre, digamos, maias e egípcios.

Seguindo a mesma linha de raciocínio, a presença, em diversas culturas de diversas partes do mundo, de observatórios astronômicos ou de construções aparentemente alinhadas de acordo com o Sol ou outras estrelas não refletiria a necessidade de marcar a passagem do tempo e acompanhar o ciclo das estações (o que permitia prever épocas de chuva, migrações de animais, colheitas etc.), e sim um "conhecimento ancestral" que os povos "primitivos" teriam recebido de emissários da Grande Civilização Original ou dos astronautas pré-históricos.

Essa concepção geral, de que avanços científicos, tecnologias ou padrões culturais emergem apenas uma vez e depois se espalham pelo mundo, é chamada de hiperdifusionismo.

As duas ideias – a da interferência extraterrestre no passado humano e do hiperdifusionsimo – despontam na obra da grande charlatona russa Helena Petrovna Blavatsky, fundadora do sistema esotérico conhecido como teosofia, que encontraremos em nosso capítulo sobre antroposofia e o legado de Rudolf Steiner.

Blavatsky afirmava que seres espirituais do planeta Vênus haviam auxiliado na evolução humana[9] e que todas as civilizações originais da Terra derivam de uma mesma fonte primordial. Em seu livro *A doutrina secreta*, ela diz que escritos arcaicos chineses, egípcios, indianos, bem como parte do Velho Testamento, são todos cópias de um livro mais antigo.[10]

Paralelamente, em 1919, o jornalista americano Charles Fort especulava, em sua obra surrealista de não ficção *O livro dos danados*, que "somos propriedade. Eu diria que pertencemos a alguma coisa: que, era uma vez, esta Terra era uma terra de ninguém, que outros mundos exploraram e colonizaram aqui, e lutaram entre si pela posse, mas que hoje alguma coisa é nossa proprietária – que algo possui esta Terra".[11]

Muitas das ideias de Blavatsky foram assimiladas e adaptadas pelo nazismo, principalmente pela Ahnenerbe de Himmler, que como vimos acreditava numa origem extraterrestre da raça ariana e numa pré-história secreta do povo germânico. Depois da Segunda Guerra Mundial, os autores franceses Jacques Bergier e Louis Pauwels (1920-1997) fundiram, no *best-seller O despertar dos mágicos*, as ideias de Blavatsky, as especulações de Fort e a ficção de H. P. Lovecraft, autor americano que inovou o gênero do terror ao criar histórias em que monstros e fenômenos aparentemente sobrenaturais como vampiros ou fantasmas eram, na verdade, remanescentes de tecnologias extraterrestres ou de antigas colônias alienígenas.[12]

O livro de Bergier e Pauwels é uma verdadeira cornucópia de esoterismo, paranormalidade, pseudoarqueologia e pseudociências em geral.

Num estilo que depois viria a ser emulado por autores que seguiram na mesma veia temática, como o suíço Erich von Däniken (que desenvolveria com mais ênfase a linha dos alienígenas do passado) e o escocês Graham Hancock (que insiste na existência de uma supercivilização pré-histórica), *O despertar dos mágicos* está repleto de perguntas retóricas recheadas de ironia dirigidas aos "positivistas" (isto é, aos cientistas que estudam história e arqueologia a sério), insinuações forçadas que na superfície parecem deixar o leitor livre para "pensar por conta própria", elogios dirigidos pelos autores a si mesmos pela "coragem" e "ousadia" que demonstram.

Vejamos um exemplo do modo escorregadio de escrever que permite aos autores insinuar muito sem na verdade dizer nada, e ainda se passarem por "corajosos":

> Não rejeitamos a possibilidade de visitas de habitantes de outro mundo, ou de civilizações atômicas que desapareceram sem deixar vestígio, ou de estágios de conhecimento e técnicas comparáveis aos de hoje, ou de resquícios de ciências esquecidas sobrevivendo de diversos modos no que se conhece como esoterismo, ou evidência factual do que poderíamos chamar de mágica.

A prestidigitação retórica é notável: "Não rejeitamos a possibilidade" – ora, com a exceção de contradições lógicas patentes, como círculos quadrados ou solteiros casados, todas as coisas, são, a rigor, "possíveis". A tarefa do ser racional é pescar, no oceano infinito das possibilidades, o que é razoável e plausível, e jogar de volta na água o que não é. "Civilizações atômicas que desapareceram sem deixar vestígio": se não deixaram vestígio, o que se pode falar sobre elas? Como distinguir algo que não deixa vestígios daquilo que simplesmente não existe?

PIRI REIS

Outras características da obra de Bergier e Pauwels que foi reproduzida de novo e de novo por autores que os seguiram explorando o mesmo nicho de mercado são um profundo desleixo ao lidar com os fatos e a produção de interpretações exóticas para artefatos históricos e arqueológicos já bem compreendidos pela ciência.

Podem-se extrair inúmeros exemplos do livro, mas o caso do Mapa de Piri Reis é um dos mais interessantes e tem a peculiaridade de envolver, ainda que indiretamente, o Brasil.

O mapa uma relíquia histórica legítima, datada da segunda década do século XVI: contém um desenho de partes do Caribe que provavelmente foi copiado de uma carta original, perdida, de autoria de Cristóvão Colombo; na costa da América do Sul, traz um toponímico que talvez seja a mais antiga menção cartográfica preservada ao "Rio de Janeiro" ("Sano Sanyero"); e uma de suas anotações apresenta uma breve história do descobrimento do Brasil, escrita por um comandante naval turco menos de vinte anos após a viagem de Cabral.[13]

Mas não foram essas qualidades reais que tornaram o mapa famoso, e sim a associação espúria com continentes perdidos, civilizações pré-históricas e alienígenas do passado, construída ao longo de décadas por autores de pseudo-História que basicamente copiam as ideias e alegações uns dos outros e acrescentam seus próprios exageros particulares, sem se dar ao trabalho de conferir as fontes originais. E um dos primeiros elos nessa cadeia é exatamente *O despertar dos mágicos*. Ali, Louis Pauwels e Jacques Bergier introduzem uma série de informações claramente falsas a respeito do documento.[14]

Por exemplo, dizem que o mapa foi entregue à Biblioteca do Congresso americano pelo "oficial naval turco Piri Reis" no século XIX (Piri Reis é o autor do mapa, e viveu no século XVI); que o mapa mostra os contornos perfeitos das Américas do Norte e do Sul – na verdade, o mapa mostra apenas o Caribe, parte da América Central e a América do Sul, e os contornos estão longe de ser "perfeitos" (Cuba, por exemplo, aparece como parte do continente, não como uma ilha; e a Ilha de Marajó, como uma península). No fim de um extenso parágrafo, os autores questionam se os mapas teriam sido "traçados a partir de observações feita a bordo de uma máquina voadora ou veículo espacial?"

Muitos dos erros da dupla francesa foram copiados ao pé da letra ("plagiados" talvez seja o termo técnico) por Von Däniken e aparecem na edição original de sua obra mais famosa, o livro *Eram os deuses astronautas?*, assim como a inferência de participação alienígena (em edições posteriores, o autor suíço afastou-se um pouco do original francês e retratou-se de parte das alegações exageradas a respeito do mapa). Uma tradução brasileira recente de *Eram os deuses astronautas?* ainda preserva o trecho errôneo "inspirado" pelo livro de Pauwels e Bergier:

> As costas das duas Américas, assim como os contornos da Antártida, estavam delineados com precisão nos mapas de Piri Reis, que reproduziam não somente as linhas costeiras dos continentes, mas também toda a topografia de seu interior! Cadeias de montanhas, pontos culminantes, ilhas, rios e planaltos estavam desenhados com admirável exatidão.[15]

A lista de cópias dessas alegações equivocadas, cada nova iteração acrescentando um exagero extra, é extensa demais para citar. Alguns exemplos: Charles Berlitz, em seu livro sobre Atlântida,[16] diz que o mapa prova que os antigos gregos já conheciam a costa da América do Sul; Graham Hancock, numa minissérie para Netflix que foi sucesso de público no fim de 2022, diz que o mapa preserva não só uma descrição fiel da costa da Antártida, como também misteriosas ruínas no Caribe.[17]

Mas, afinal, o que é esse mapa? Trata-se de um pedaço de couro de camelo de forma irregular, um retângulo imperfeito, com aproximadamente 1 metro de altura e meio metro de largura, de autoria do almirante turco Muhiddin Piri, uma figura importante na história marítima do Império Otomano. O nome pelo qual ficou conhecido, "Piri Reis", é na verdade seu título militar – "Reis" significa algo como "comandante naval", ou "almirante". Era também cartógrafo, e como tal sua principal obra foi o *Livro dos Mares*, um guia detalhado de navegação do Mar Mediterrâneo, apresentado em 1526 ao sultão Suleiman, o Magnífico.

O "Mapa de Piri Reis" discutido por Von Däniken, Berlitz e outros é o único fragmento sobrevivente de um mapa muito maior, provavelmente um mapa-múndi, desenhado em 1513. O mapa inclui partes textuais, uma das quais apresenta as fontes consultadas: "Cartas do tempo de Alexandre, o Grande, que mostram o quarto habitado do mundo [...] quatro mapas portugueses recentes, e também de um mapa desenhado por Colombo na parte ocidental [...]".

Como explica o engenheiro e historiador da cartografia Gregory McIntosh em seu livro *The Piri Reis Map of 1513*, "tempo de Alexandre, o Grande" reflete uma confusão entre o faraó Ptolomeu I (general do exército de Alexandre que se tornou rei do Egito em 304 a.e.c.) e Cláudio Ptolomeu, e o astrônomo greco-egípcio cujo tratado "Geografia" serviu de base para boa parte da cartografia no mundo islâmico e, a partir do Renascimento, na Europa também. Já "o quarto habitado do mundo" refere-se ao "mundo conhecido" mapeado por Cláudio Ptolomeu, das Ilhas Canárias a Oeste até a Índia e o Norte da África.

Como documento histórico, sua maior importância vem do fato de incorporar, no desenho do Caribe, não só as observações, mas também as preconcepções de Colombo. Convencido de que havia chegado à Ásia, o navegador genovês tentou, ao desenhar seus mapas do Novo Mundo, conciliar o que via com o que esperava: os resultados são intrigantes – por exemplo, a Ilha de Hispaniola (que hoje abriga o Haiti e a República Dominicana) aparece girada em 90°, de modo que seu eixo principal passa a ser o norte-sul, e não (como é na realidade) leste-oeste. O motivo provável é que Colombo acreditava que Hispaniola era o Japão, um arquipélago que se estende no sentido norte-sul. Cuba, por sua vez, incorporada ao continente, é apresentada como parte da costa chinesa.

TERRA AUSTRALIS

Uma vez que a alegação de que a apresentação das Américas no mapa seria "perfeita" não resiste a dois segundos de inspeção visual cuidadosa (Marajó, uma península?), o que resta de "misterioso" no mapa de Piri Reis é a suposta representação "exata" da costa da Antártida, algo inexplicável porque impossível em 1513, já que o continente gelado foi avistado por navegantes pela primeira vez em 1819.

O que os defensores das hipóteses dos deuses astronautas/civilizações perdidas interpretam como "Antártida" no mapa de Piri Reis é uma dobra abrupta na costa sul-americana, que de repente cessa de avançar para o sul e começa a se prolongar em direção ao leste. O primeiro ponto a destacar, quando se analisa essa estranha curvatura, é que ela ocorre na altura do Trópico de Capricórnio. O que, se aceitarmos a ideia de que ela representa a Antártida, põe todo o sul do Brasil, a partir da cidade de São Paulo, no continente gelado.

O segundo ponto é que o suposto continente antártico aparece ligado à América do Sul – não é um novo continente, mas um prolongamento da costa brasileira. Uma explicação possível é que Piri Reis viu que o comprimento do couro estava acabando, e por isso começou a desenhar de lado, aproveitando a largura.

Outra, proposta por McIntosh, é que o almirante turco estava seguindo duas previsões teóricas de Cláudio Ptolomeu: primeira, a de que deveria existir um grande continente no hemisfério sul, para equilibrar o peso da Europa e da Ásia e manter a Terra estável em seu eixo; segunda, a de que os oceanos da Terra seriam na verdade um grande lago, cercados de massas continentais por todos os lados. Nesse sentido, tem lógica ligar o continente (teórico) de Terra Australis à América do Sul, para garantir o fechamento do lago (também teórico).

Essas convenções ptolomaicas perduraram por muito tempo: mesmo depois da primeira navegação do Cabo Horn, no início do século XVII, ter demonstrado que a América do Sul não estava ligada a outra massa de terra ainda mais meridional, destruindo assim a tese do grande lago, mapas-múndi e atlas continuaram a apresentar, ao redor do polo sul, um continente hipotético, séculos antes da descoberta real da Antártida.

Quanto à alegação de que a costa da Terra Australis de Piri Reis reproduz fielmente a costa da Antártida, ela é apenas falsa. A minissérie de Hancock traz uma animação em que os dois traçados parecem sobrepor-se de forma perfeita, mas é muito fácil fazer com que dois contornos de mapa pareçam idênticos: para isso, basta ignorar diferenças de escala e ser generoso nas distorções de projeção.

Falando em projeções distorcidas, Von Däniken, mais uma vez copiando trabalhos anteriores (no caso, *Maps of the Sea Kings*, de Charles H. Hapgood[18]), escreve que o mapa de Piri Reis corresponde a uma projeção equidistante do globo terrestre, centrada no Cairo, que por sua vez contém a mesma informação e o mesmo tipo de distorção no formato dos continentes que se pode obter de uma foto do planeta Terra tirada do espaço, a partir de uma nave pairando sobre a capital egípcia.

Nada disso é verdade. Um mapa de projeção equidistante é uma carta em que todo o globo terrestre aparece, incluindo o hemisfério oposto ao ponto focal. Uma foto tirada do espaço obviamente não mostraria o hemisfério oposto à nave onde está o fotógrafo. A função de um mapa equidistante é mostrar a menor distância possível entre seu ponto central – podem-se desenhar mapas centrados em qualquer parte da superfície terrestre – e os demais pontos do globo.

PIRÂMIDES

Dos monumentos do passado explorados pela pseudoarqueologia, nenhum talvez tenha sido mais maltratado do que as pirâmides de Gizé, no Egito. A associação entre as pirâmides e deuses alienígenas está tão entranhada na cultura popular que já rendeu filmes hollywoodianos, histórias em quadrinhos, romances de fantasia e, é claro, uma infinidade de memes.

A noção de que algum "mistério" especial cerca as pirâmides, porém, não é nova. Apenas a interferência extraterrestre representa um elemento original.

Autores da Antiguidade, como o grego Heródoto, embora errados em vários detalhes, tinham uma noção geral da história dos monumentos correta: as pirâmides do Egito haviam sido construídas por trabalhadores egípcios, como túmulos para faraós. Com o passar dos séculos, no entanto, mais e mais camadas de folclore e mitologia foram aderindo às enormes estruturas até que, na Idade Média, no mundo islâmico, apareceu a narrativa de que as pirâmides teriam sido construídas por sábios e patriarcas do período coberto pelo livro bíblico do Gênese para preservar a sabedoria dos antigos do grande dilúvio que se avizinhava.[19]

Esse conto medieval prefigura, quando não serve explicitamente de base para, as alegações de que as pirâmides teriam sido erguidas como repositórios do conhecimento da Atlântida ou de alguma outra misteriosa civilização perdida.

Embora a arqueologia moderna saiba que as pirâmides foram erguidas por egípcios (ao que tudo indica trabalhadores livres, bem acomodados e bem alimentados, não escravos estrangeiros maltratados) e tenha até uma boa ideia dos métodos envolvidos[20] – trenós de madeira para puxar os grandes blocos de pedra, rampas do mesmo material para erguê-los –, a consciência popular parece dominada pela ideia de que ainda envolvem algum grande "mistério".

Entre 2014 e 2015, por exemplo, a imprensa noticiou com destaque a "descoberta", por cientistas holandeses, do método usado pelos egípcios para transportar os blocos de pedra usados na construção da Grande Pirâmide de Quéops: apoiando-os em grandes trenós e lubrificando a areia à frente com água.[21]

A notícia veio cercada de uma boa dose de exagero. A ideia de que os egípcios lubrificavam o caminho por onde seus monumentos de pedra teriam de passar, antes de chegarem ao destino, não era exatamente original – como, aliás, o artigo científico dos holandeses, publicado no periódico *Physical Review Letters*, deixava claro.[22]

A história da evolução arquitetônica da pirâmide é bem clara no registro arqueológico egípcio. Estão preservadas a pirâmide de degraus de Djoser (cerca de 2660 a.e.c.), com 60 metros de altura; duas tentativas fracassadas de se erguerem pirâmides de faces lisas, não escalonadas (a pirâmide caída, que se tivesse sido completada teria chegado a 92 metros, e a pirâmide torta, de 105 metros, ambas obras encomendadas pelo faraó Sneferu, por volta de 2600 a.e.c.); e, finalmente, a primeira pirâmide de faces lisas bem-sucedida, também obra de Sneferu. Essa é a chamada Pirâmide Vermelha e tem a mesma altura do que a frustrada pirâmide torta.

O processo todo, que se desenrolou ao longo de várias décadas, mostra uma clara linha de aprendizado, tentativa e erro: é difícil imaginar que supercivilizações perdidas do passado, ou alienígenas capazes de atravessar a galáxia, precisassem de mais de meio século para descobrir como se constrói uma pilha triangular de pedras.

A pirâmide seguinte é a Grande Pirâmide, erguida para receber o corpo do faraó Quéops, ou Khufu (por volta de 2570 a.e.c.). Essa tumba monumental tem cerca de 147 metros de altura. É 40% maior que a Pirâmide Vermelha. Foi a edificação mais alta do mundo até a década de 1880.

Uma alegação comum é de que seria impossível transportar pedras para o alto da Grande Pirâmide por meio de rampas, porque, para manter a inclinação da rampa dentro de um ângulo razoável, essa estrutura de apoio teria de ser maior que a pirâmide em si, um óbvio contrassenso.

A crítica até faz algum sentido: há cálculos que indicam que uma rampa simples deixaria de ser prática assim que a pirâmide superasse os 60 metros de altura. Mas quem disse que os egípcios estavam limitados a rampas simples? Eles poderiam ter usado, por exemplo, rampas em ziguezague, ou uma espiral envolvendo a pirâmide.

Há alguns anos, o arquiteto francês Jean-Pierre Houdin propôs que os egípcios podem ter usado uma rampa espiral subindo por dentro da pirâmide, algo que no fim da obra acabaria incorporado à própria estrutura.[23] É verdade que o método exato utilizado continua a ser alvo de debate: mas é um debate em torno de uma escolha racional entre técnicas de construção disponíveis no mundo egípcio de 4.500 anos atrás – sem a necessidade de se apelar para raios antigravitacionais ou engenheiros atlantes.

CONHECIMENTO SECRETO

Mas talvez o domínio de técnicas arquitetônicas e de engenharia civil não seja o "conhecimento" a que os teóricos dos antigos astronautas e das civilizações perdidas se referem quando falam das pirâmides. Voltando a *O despertar dos mágicos*, lê-se ali que: "Hoje sabemos que os faraós depositaram nas pirâmides os resultados de uma ciência da qual ignoramos a origem e os métodos".

Entre esses "resultados", estariam o valor da constante matemática π (pi), a distância entre a Terra e o Sol e a duração exata do ano. Oito anos depois da publicação original de Pauwels e Bergier, Erich von Däniken apresentava, em *Eram os deuses astronautas?*, uma série de perguntas retóricas, dentre as quais destacamos duas:[24] "Será mera coincidência que a altura da pirâmide de Quéops, multiplicada por 1 bilhão [...] corresponde aproximadamente à distância entre a Terra e o Sol?" e "Será uma coincidência que a área da base da pirâmide, divida pelo dobro da altura, dá o famoso número $\pi=3,14159$?".

Antes de prosseguir, vale a pena notar que há uma incoerência na primeira questão: o argumento usual é de que o perímetro (e não a área) da base da pirâmide, dividido pelo dobro da altura, gera uma aproximação de pi.

Nenhum desses autores – certamente não Von Däniken, que de qualquer modo veio quase uma década mais tarde, e nem Pauwels e Bergier – estavam sendo originais. Apenas requentavam, numa forma atraente para a sensibilidade esotérica dos anos 1960, alegações que datavam, pelo menos, desde 1859, quando o editor e jornalista britânico John Taylor publicou *A Grande Pirâmide: quem a construiu? E Por Quê?*, livro cujos argumentos seriam expandidos e popularizados por outro autor, o astrônomo Charles Piazzi Smyth, em *Nossa herança na Grande Pirâmide* (1864).

A sensibilidade, aí, não era a do esoterismo lisérgico New Age dos anos 1960, mas a do literalismo bíblico da Era Vitoriana. Piazzi Smyth, por exemplo, era um aderente ferrenho do "israelismo britânico", a crença pseudocientífica de que os habitantes das Ilhas Britânicas são descendentes das Tribos Perdidas de Israel, portanto os verdadeiros herdeiros das promessas feitas por Deus ao povo hebreu na Torá e no Velho Testamento. Mais uma vez o racismo, agora sob a forma de antissemitismo, aparece como mola propulsora da falsificação do passado.

Para Taylor e Piazzi Smyth, as medidas da Grande Pirâmide, corretamente interpretadas, traziam uma confirmação independente de "fatos" narrados na Bíblia e – isso é sério – uma prova de que a polegada britânica era a unidade de medida ditada ao homem diretamente por Deus, muito superior ao sistema métrico ateu da Revolução Francesa.

Das supostas correspondências astronômicas, matemáticas e geográficas encontradas na pirâmide, eles deduzem o que seria a unidade de medida original da era bíblica, talvez ditada pelo próprio Criador, a "polegada piramidal".

Todo tipo de relação espantosa aparece quando se assume essa unidade. Um corredor da pirâmide tem 33 polegadas piramidais de comprimento, prefigurando a idade de Jesus na crucificação. O perímetro da pirâmide, em "polegadas piramidais", seria 36524, ou cem vezes a duração do ano solar em dias (365,24). E a polegada piramidal equivale a 1,00106 polegada inglesa!

O que temos aqui é mais uma expressão do mesmo tipo de falácia que vimos na tentativa de mostrar que a costa da Terra Australis mitológica desenhada no mapa de Piri Reis corresponde à costa da Antártida real: distorcendo escalas até encontrar alguma que "encaixe", é possível comprovar qualquer hipótese envolvendo formas ou números, por mais absurda que seja. Veremos alguns outros exemplos mais adiante.

A altura original da Grande Pirâmide era de 146,7 metros. A distância média da Terra ao Sol é 149,6 bilhões de metros. O resultado ao dividir o perímetro da base da pirâmide (921,6 metros) pelo dobro da altura dá 3,1402863. O valor de π, até a sétima casa decimal, é 3,1415927. Papiros egípcios antigos, que contêm instruções didáticas para calcular a área de superfícies circulares, pressupõem um valor de π de 3,1605.

As coincidências citadas no parágrafo anterior podem parecer espantosas até o momento em que paramos para pensar que, primeiro, "aproximadamente" é a palavra-chave (se os egípcios estavam recebendo informação privilegiada de outra dimensão, de outros planetas ou de uma civilização perdida que dominava os segredos da energia nuclear, o pessoal poderia, pelo menos, ter sido mais exato). Segundo, quando começamos a comparar números e fazer contas, todo tipo de coincidência aparece por... coincidência. Ainda mais quando selecionamos as coincidências sugestivas e descartamos o resto.

Por exemplo, por que para obter a aproximação de π é preciso dividir o perímetro pelo dobro da altura? E se fosse pela metade, ou por três vezes, ou pela altura exata, não seria igualmente "espantoso"? Sete é um número mágico, que aparece diversas vezes na Bíblia (o patriarca Lamech, pai de Noé, viveu 777 anos; a Besta do Apocalipse tem sete cabeças). Por que não sete vezes, então, ou um sétimo? As pragas do Egito, terra das pirâmides, foram dez. E assim por diante.

Se você, leitor, medir a sua altura e multiplicar pelo dobro do comprimento do seu nariz, o resultado será "espantosamente" próximo de alguma coisa. Um de nós (Carlos Orsi) fez o experimento e obteve 8,6, o que é quase igual ao produto de duas das constantes matemáticas mais importantes, a base dos algoritmos naturais, "e", e π. Então, como explicar que o produto matemático fundamental e X π (8,5397) está inscrito no meu nariz?

Fácil: primeiro achamos número, e então saímos procurando algo de significativo que correspondesse a ele. Dá para fazer o contrário também, começar com o valor significativo e ficar fazendo contas até encontrar alguma relação que corresponda ao valor "aproximado" de alguma coisa. Digamos que se queira encontrar a distância entre a Terra e Marte no Cristo Redentor.

Jesus morreu aos 33 anos de idade. A estátua tem 30 metros de altura; a diferença, portanto, é três (uma aproximação de π). Já a envergadura do Redentor é de 28 metros. Subtraindo três de 28 obtemos 25, o que é aproximadamente igual à distância média entre os dois planetas (254.000.000.000 metros), dividida por cem milhões. Tudo "faz mesmo sentido": Jesus, afinal, foi crucificado por guerreiros romanos, e Marte era o deus romano da guerra.

Uma boa dica para quem se vê intrigado por alegações de "conhecimento codificado" em monumentos e textos antigos é perguntar-se o que é mais provável, se os antigos realmente esconderam o conhecimento ali, e de forma tão enigmática, ou se somos nós que estamos distorcendo o trabalho deles, projetando e encaixando lá, à força, o conhecimento de nossa época.

Em um dos muitos trechos de humor involuntário de *O despertar dos mágicos*, Pauwels e Bergier dizem que, em vez de a humanidade passar 20 séculos tentando determinar empiricamente a distância da Terra ao Sol, "teria bastado multiplicar por 1 bilhão a altura da pirâmide de Quéops". Claro! Por que ninguém pensou nisso? Talvez porque fosse preciso saber a distância primeiro para poder notar a coincidência depois.

Uma análise cuidadosa mostra que toda a suposta "evidência" apresentada a favor da ideia de que alienígenas estiveram aqui no passado ou de que as civilizações mais antigas conhecidas foram fundadas ou inspiradas por alguma outra ainda mais antiga e cientificamente avançada é, na verdade, feita de sugestões baseadas em supostas lacunas (algumas poucas reais, a maioria, falsas) do conhecimento histórico ou antropológico: como "não sabemos" como a estrutura tal foi construída ou o que o desenho ali representa, alienígenas e sábios da Atlântida parecem uma explicação tão boa quanto qualquer outra.

Alienígenas e atlantes, portanto, são sugeridos como hipóteses que preencheriam certos espaços vagos na história humana. Há que se indagar, porém, se a hipótese é razoável, se mesmo sendo razoável seria melhor do que eventuais hipóteses alternativas, e se as tais "lacunas do conhecimento" são de fato lacunas.

A razoabilidade da hipótese é, para dizer o mínimo, problemática: a chance de a Terra ser visitada por formas de vida de outros planetas é infinitesimal, como vimos no capítulo sobre objetos voadores não identificados. Quanto à Atlântida ou outras supercivilizações perdidas do passado, simplesmente não há evidência de que tenham existido, e como hipótese são desnecessárias para explicar os monumentos e os feitos das civilizações que conhecemos. Os egípcios bastam para explicar o Antigo Egito, os maias bastam para explicar a Civilização Maia, do mesmo modo que os franceses bastam para explicar a Catedral de Notre Dame.

Muita suposta "evidência" de alienígenas do passado apoia-se na interpretação impressionista de obras de arte: esta figura pintada nesta pedra aqui – não parece um astronauta? A questão crucial, parece *para quem*, nunca é articulada.

Esse tipo de leitura busca encaixar o passado histórico num esquema de referências ancorado na imaginação e no repertório disponíveis no presente: o fato de uma imagem evocar uma nave espacial ou um astronauta, quando vista com os olhos do homem moderno, não implica que ela tivesse o mesmo referente para nossos antepassados, séculos atrás.

Contexto, como sempre, é fundamental. Um círculo desenhado em torno da cabeça de uma figura humana numa pintura medieval provavelmente representa o halo de santidade; em torno da cabeça de um personagem de história em quadrinhos de ficção científica dos anos 1950, o domo de vidro de seu traje espacial. Quem pode dizer o que um círculo desenhado em torno da cabeça de uma figura numa pintura rupestre pré-histórica poderia significar em sua época?

Essa cegueira de contexto tem sua origem numa motivação política. Foi a ideia racista, propagada na Europa e assimilada nas Américas a partir do século XVIII,[25] de que os povos não europeus seriam de algum modo "inferiores" e incapazes de grandes feitos, que iniciou a busca por explicações extraordinárias para os monumentos, descobertas e conquistas desses povos.

Muitas das pessoas que hoje se entusiasmam com hipóteses de deuses astronautas e civilizações perdidas provavelmente não são racistas, mas o *hobby* que cultivam está impregnado dessa ideologia: como escreve o arqueólogo Sean Rafferty,[26] foram condicionadas culturalmente a aceitar "a premissa básica de que populações não brancas e não ocidentais eram incapazes de construções complexas".

A OUTRA FACE

Alegações baseadas em pseudoarqueologia também já foram usadas por membros de grupos historicamente oprimidos ou governos de países periféricos para estimular orgulho étnico e nacional.

Na Índia, há um movimento para resgatar a suposta "ciência perdida" da Antiguidade – alguns pesquisadores acreditam que relatos míticos preservados em épicos como *Ramaiana* (composto entre os séculos VIII a.e.c. e III a.e.c.) descrevem maravilhas tecnológicas (como naves espaciais e manipulação genética) criadas por gênios indianos do passado.[27] Felizmente, a comunidade científica do país vem reagindo com indignação a esses esforços pseudocientíficos, que recebem apoio do governo. Em 2014, o primeiro-ministro Narendra Modi citou outros episódios mitológicos para "provar" que os antigos indianos dominavam a genética e técnicas cirúrgicas modernas.[28]

O uso de hiperdifusionismo como motor de orgulho étnico não se restringe aos "arianos" da Europa (ou América do Sul) vitoriana e do pré-Segunda Guerra Mundial. Mais tarde, aparece na formulação da tese da "Atena Negra" ou do "Legado Roubado" – a ideia de que toda a base da civilização ocidental (entendida como a Filosofia e a Matemática dos gregos antigos) foi "roubada" do Egito, que, de acordo com a tese, teria sido povoado predominantemente por negros.

Ambas são proposições pseudocientíficas: há quem diga que Aristóteles "roubou" sua filosofia da Biblioteca de Alexandria, o que é uma impossibilidade cronológica, já que a biblioteca foi estabelecida 200 anos após a morte do filósofo (a cidade de Alexandria foi fundada por Alexandre da Macedônia, de quem Aristóteles foi professor, cerca de dez anos antes de morrer). Curiosamente, a ideia do Egito como fonte de toda a sabedoria do mundo é um mito europeu, difundido originalmente por autores gregos como Heródoto e Platão, e depois retomado pelos místicos e esotéricos franceses dos séculos XVIII e XIX.

Quanto à aparência dos antigos egípcios, os dados disponíveis indicam que era norte-africana, mais semelhante aos povos do Mediterrâneo e do Oriente Médio do que com os atuais moradores da África Subsaariana.

A despeito disso, o Egito foi governado, durante a 25ª dinastia, por faraós originários de Kush (atual norte do Sudão), que conquistaram o país no século VIII a.e.c.[29]

Uma ala mais perversa do movimento afrocentrista – no sentido de que tenta engrandecer um povo oprimido às custas de minimizar os méritos de outro – sugere que a civilização olmeca da América Central teria nascido de uma colônia egípcia, fundada por faraós negros. O principal propositor da ideia foi o britânico Ivan Van Sertima. A proposta sofre de uma série de incoerências, indo da total ausência de evidência de que a antiga civilização egípcia tenha se aventurado em viagens transatlânticas, à incongruência cronológica: a dinastia Kushita governou o Egito entre 740 e 650 a.e.c., e a civilização olmeca floresceu entre 1500 e 400 a.e.c., sendo velha demais para ter sido "fundada" por egípcios da 25ª dinastia. Van Sertima diz que os egípcios teriam ensinado os olmecas a erguer pirâmides, mas quando os kushitas conquistaram o Egito, construir pirâmides já tinha saído de moda quase 2 mil anos antes.[30]

Em sua *Encyclopedia of Dubious Archaeology*,[31] Kenneth L. Feder resume bem a situação: "Afrocentrismo é tão errado quanto eurocentrismo ou qualquer outro 'centrismo' que se queira inventar. Todas as regiões do mundo desenvolveram culturas que foram, cada uma à sua maneira, sofisticadas e elaboradas [...] nunca houve um único 'povo genial'".

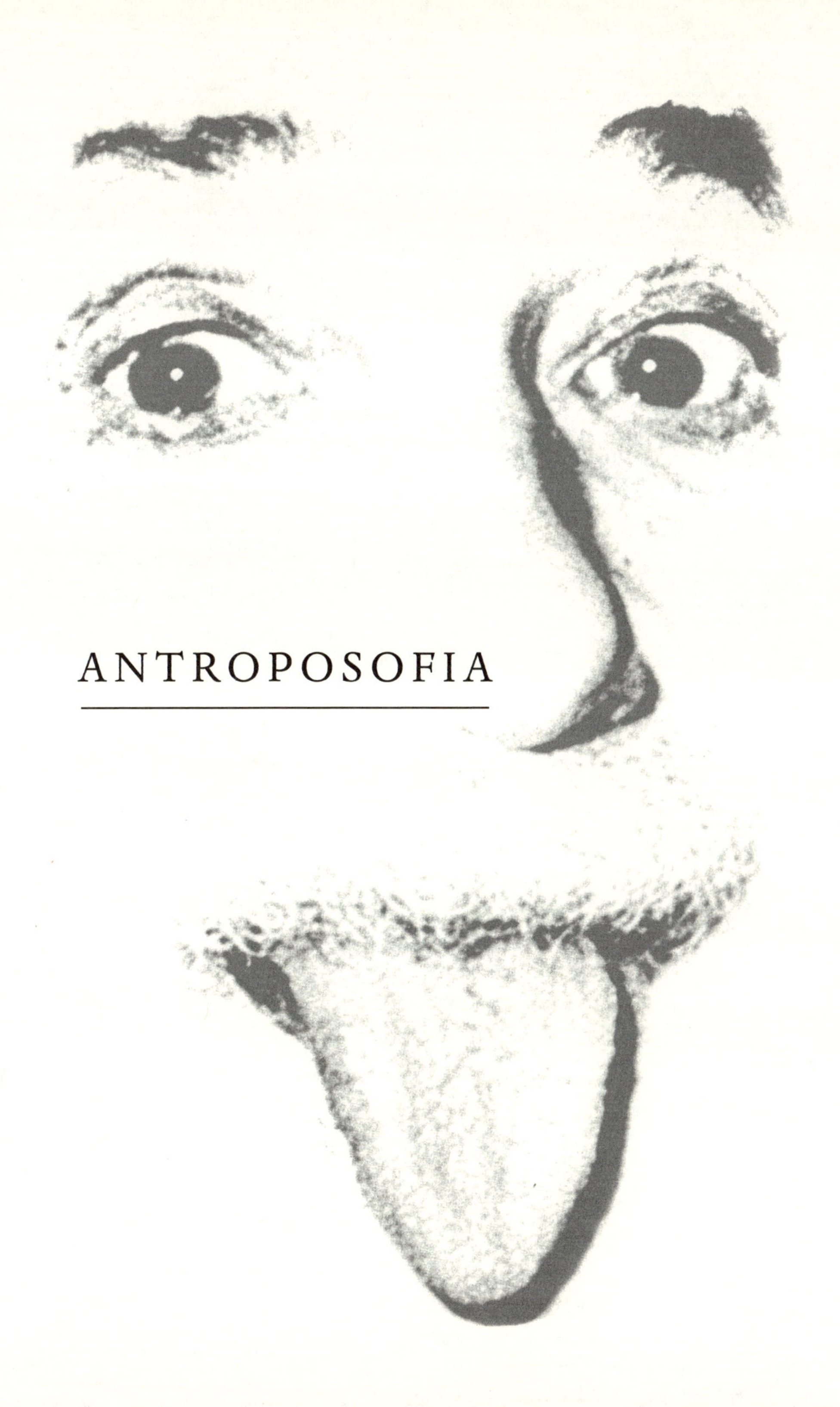

ANTROPOSOFIA

A maioria das pessoas, no Brasil, que já teve algum contato superficial com a antroposofia, a "ciência espiritual" criada pelo austríaco Rudolf Steiner no início do século passado, provavelmente a encontrou em escolas Waldorf ou por meio da medicina antroposófica, modalidade alternativa ("integrativa e complementar", segundo o eufemismo da moda) reconhecida pelo Sistema Único de Saúde (SUS). Talvez algumas dessas pessoas também saibam que a pediatria antroposófica é uma fonte histórica de resistência à vacinação infantil.[1]

Também é provável que, nesses encontros fortuitos, a antroposofia tenha sido apresentada como uma "filosofia alternativa" ou "visão holística de mundo", não como uma forma de religiosidade pseudocientífica que afirma a realidade histórica do continente perdido de Atlântida, vê problemas de saúde como efeito de predisposições inatas trazidas de encarnações anteriores e considera certas formas de doença e sofrimento como elementos úteis, quando não necessários, para a limpeza do carma e o progresso entre encarnações – esta é uma das fontes da desconfiança em relação às vacinas, aliás.

Ainda, nas versões editadas para consumo público, Steiner costuma ser apresentado como "filósofo" ou "educador", não como líder messiânico, ocultista, pseudocientista e defensor da supremacia branca:[2] para ele, o grau de evolução espiritual do indivíduo se reflete na cor da pele (quanto mais clara, melhor; negros e ameríndios, por exemplo, seriam formas degeneradas[3]).

Tradicionalmente, mesmo intelectuais não filiados à antroposofia, mas simpáticos ao esoterismo e a "formas alternativas" de conhecimento, como o filósofo, jornalista e escritor britânico Colin Wilson[4] e o músico e jornalista Gary Lachman,[5] tendem a chamar muito mais atenção, de forma positiva e elogiosa, para as ideias de Steiner sobre a suposta realidade concreta e objetiva das experiências espirituais e sua insistência no valor intrínseco da subjetividade humana.

Um dos principais apóstolos de Steiner nos Estados Unidos, Stewart C. Easton escreve que, na fusão entre objetividade e subjetividade preconizada pela antroposofia, "conhecer" converte-se em "amar".[6] Easton sugere que o olhar antroposófico sobre a natureza remove a "frieza" da objetividade científica e traz uma relação mais benéfica e equilibrada com o meio ambiente.

Esses autores, sejam apologistas (como Easton) ou comentaristas independentes (como Wilson e Lachman), preferem minimizar, ou mesmo omitir, a afinidade de Steiner com a mitologia racial abraçada pelo nazismo, um ponto que só voltou a ser alvo de investigação em tempos recentes.

Na narrativa antroposófica da evolução das espécies, espíritos humanos vão reencarnando em corpos de pele e cabelos mais claros à medida que progridem. Cabelos loiros e olhos azuis causam inteligência.[7] Genocídios podem ser necessários e bem-vindos: em seu livro *O significado oculto do sangue*,[8] Steiner pondera que "certos povos aborígenes precisam perecer no momento que colonizadores chegam a sua parte do mundo".

ANTI-DARWIN

Antes de prosseguir e explicar o que, afinal, a antroposofia prega, é importante entender o contexto em que surgiu. O século XIX já foi descrito como uma época de "crise de factualidade das religiões": a prerrogativa de produzir fatos extraordinários e explicá-los foi deixando os locais e livros sagrados e transferindo-se para laboratórios e livros de ciência. O movimento espiritualista foi uma primeira tentativa de vencer esse desconforto, por meio de conciliação e síntese. Com a publicação de *A origem das espécies* em 1859, no entanto, o que até então era um incômodo crescente explodiu, na cabeça de muitos, em conflito aberto entre ciência e religião.

O fundamentalismo bíblico e o movimento criacionista são dois produtos dessa disputa, mas estão longe de ser os únicos. A crise intelectual também produziu "teorias da evolução" antidarwinianas, que negavam o agnosticismo materialista implícito nos mecanismos de variações aleatórias e seleção natural, e propunham um processo evolutivo mítico, guiado por forças e valores espirituais.

Para muitos, a forma como a evolução por seleção natural desequilibrava a dicotomia matéria-espírito, mais até do que o impacto da teoria sobre a suposta realidade das narrativas bíblicas, era o verdadeiro problema: a ideia de que o ser humano pudesse ser explicado em termos estritamente naturais, sem a necessidade de apelar para realidades "superiores" – ou, como o próprio Charles Darwin anotou em um de seus cadernos privados, "o pensamento ser uma secreção do cérebro".[9]

A possibilidade, fortemente sugerida pela Biologia, de não haver nada mais "mágico" do que trocas de elétrons por trás dos dramas da condição humana ainda hoje soa intolerável para muita gente (embora uma parcela significativa da humanidade conviva muito bem com isso), e opções para aliviar essa angústia sem abrir mão (ao menos, de modo ostensivo) da realidade científica começaram a surgir ainda enquanto a tinta secava no livro de Darwin.

A mais bem-sucedida, ao menos do ponto de vista de apelo para o público, dessas evoluções alternativas foi a proposta por Helena Petrovna Blavatsky, mencionada anteriormente, por meio da Sociedade Teosófica, fundada em 1875. A teosofia de Blavatsky era uma mistura de espiritismo, hinduísmo, budismo e ciência popular – isto é, a ciência da época, tal como filtrada por autores populares e (mal) compreendida pelo público em geral.

Vivia-se uma época em que supostas "diferenças raciais" eram vistas como chave para compreender diferenças históricas, culturais e até religiosas entre povos: Isaac Taylor, um influente clérigo anglicano, considerava que as diferenças culturais entre católicos e protestantes poderiam ser causadas por variações étnicas no formato da cabeça dos povos.[10] Nesse clima, não surpreende que a teosofia incorporasse a noção pseudocientífica, mas então popular, de que diferentes estágios evolutivos da humanidade seriam representados por diferentes raças.

TEOSOFIA

Na narrativa teosófica da evolução, seres humanos são entidades eminentemente espirituais cuja existência na Terra se dá em ciclos históricos, separados por cataclismos (a submersão da Atlântida, claro, sendo um deles). Cada ciclo é dominado por uma raça-raiz, com a qual convivem suas sub-raças e remanescentes, vagamente degenerados, das raças-raízes de ciclos anteriores. A "atual" raça raiz é a ariana.[11]

"Raça ariana" é um conceito hoje obsoleto, lembrado mais pelo uso, por nazistas e supremacistas brancos, para se referirem a si mesmos. Até na época em que a locução era levada mais a sério, seu significado era difuso e impreciso. Em termos técnicos, aplicava-se às populações de língua nativa indo-europeia,[12] o que talvez explique a cooptação como sinônimo de "brancos não judeus".

A teosofia adotou-o de forma inconsistente: às vezes parecia referir-se a um grau de evolução espiritual, dando a impressão de que as hierarquias raciais da doutrina diziam mais respeito à iluminação interior ("raças" da alma, digamos) do que à aparência física ou hereditariedade. Outras vezes, no entanto, havia referência direta a certos povos e grupos étnicos como mais ou menos avançados.

Essas ambiguidades permitiam que a doutrina fosse interpretada de diversas maneiras por pessoas de diferentes gostos e inclinações. Na Áustria e na Alemanha, alguns grupos teosóficos adaptaram – distorceram? – os ensinamentos de Blavatsky para criar a ariosofia, uma visão mística e épica do passado e do destino dos povos germânicos ("arianos"). Nesses grupos surgiu muito do que viria a ser adotado como iconografia e mitologia pelo nazismo.

Durante anos, Steiner foi a principal figura do movimento teosófico não só na Alemanha e na Áustria, mas também na Holanda e na Suíça. Com o passar do tempo, no entanto, sua visão do mundo esotérico foi divergindo cada vez mais dos ensinamentos da teosofia.

Embora aceitasse conceitos como os de raças-raiz, de uma evolução física e espiritual da humanidade ao longo de diversas eras, incluindo passagens pelos continentes míticos de Atlântida e Lemúria, e também compartilhasse da crença teosófica na existência dos "Arquivos Akáshicos" – uma espécie de grande registro de tudo o que já aconteceu no Universo, acessível a certas mentes privilegiadas –, Steiner via com maus olhos as tendências orientalistas de Blavatsky e de sua sucessora, a britânica Anne Bessant. Desagradava-lhe o fato de a doutrina teosófica basear-se, ostensivamente, em supostas revelações transmitidas a Blavatsky por mestres ocultos, os mahatmas, que viveriam em reclusão no Himalaia.

Para Rudolf Steiner, as descobertas da ciência espiritual não dependiam necessariamente de revelações trazidas por grandes mestres, mas poderiam ser feitas, assim como ocorre nas ciências físicas, por qualquer um com os recursos, o treinamento e a competência necessários. No caso, o "competente" seria: Rudolf Steiner, cujas "pesquisas" particulares produziram uma forma de cristianismo esotérico que se afastava das raízes budistas e hinduístas do sistema de Blavatsky.

O rompimento final com a Sociedade Teosófica veio em 1912 e levou à criação, no ano seguinte, da antroposofia. A causa imediata do cisma foi a decisão da liderança global da Sociedade Teosófica de proclamar que o menino indiano Jiddu Krishnamurti era o novo Mestre Universal, efetivamente uma segunda encarnação de Cristo.

Steiner manteve muito da "teoria da evolução" da teosofia em sua nova doutrina, mas substituiu o caráter cíclico da evolução teosófica por um de progresso contínuo, com raças superiores surgindo em resposta ao aperfeiçoamento espiritual da espécie, e raças inferiores sendo preservadas como "porta de entrada" para novas almas imaturas (no caso dos negros) ou como reservatório para espíritos estagnados, que se recusam a progredir (asiáticos e judeus). Raças podem se tornar obsoletas e genocídios não passam da ação das forças cósmicas que guiam a evolução humana, num processo de "eugenia cósmica". "Antroposofistas abraçaram a eugenia não principalmente porque tinham fé na ciência moderna, mas porque acreditavam que raça e espiritualidade estavam intrinsecamente ligadas."[13]

Sua obra dá a entender que o destino da humanidade será atingido quando todas as almas tiverem evoluído o suficiente para encarnar em corpos "alemães" ("a raça branca é a raça do futuro, a que cria o Espírito",[14] escreve ele) – e todas as demais tiverem desaparecido, seus defeitos e limitações superados pela evolução espiritual trazida pelas sucessivas reencarnações do ego.

Rudolf Steiner morreu em 1925, oito anos antes de o Partido Nazista chegar ao poder na Alemanha, mas as criações que deixou – a antroposofia e suas aplicações práticas, como a agricultura biodinâmica (uma precursora do plantio orgânico), a educação Waldorf e a medicina antroposófica – viriam a interagir, quase sempre de modo colaborativo e orgânico, com o regime.

A medicina antroposófica tornou-se, junto da homeopatia, uma das vigas-mestras da "Nova Arte Alemã de Curar", a medicina alternativa oficial do Reich, ocupada com "curas naturais" e "higiene racial". A agricultura biodinâmica também acomodou-se sem dificuldades ao princípio nazista de "sangue e solo", da unidade entre povo e terra, com a visão romântica do camponês ariano que cultiva seu sítio em harmonia com as forças da natureza e usa a sabedoria ancestral das tribos germânicas (associada às técnicas místicas reveladas por Steiner) para ser capaz de produzir desprezando os fertilizantes químicos que aviltam o espírito e que são oferecidos pelo intelectualismo materialista da "influência judaica"[15], que, segundo a mitologia antissemita do nazismo, trabalhava para corromper e cortar os laços entre o povo ariano, seu solo sagrado e a natureza.

Em janeiro de 1939, a temida SS estabeleceu o Instituto de Pesquisa Germânica para Alimentos e Nutrição, que viria a supervisionar uma rede de hortas biodinâmicas em campos de concentração e em fazendas nos territórios conquistados pelos nazistas na Europa Oriental. A plantação biodinâmica de Dachau produzia ervas medicinais para a SS.[16]

No pós-guerra, historiadores antroposóficos ou simpáticos ao esoterismo esforçaram-se em destacar a extinção formal das organizações antroposóficas da Alemanha, ordenada pelos nazistas em 1935, e chamar a atenção para a grande repressão a movimentos esotéricos desencadeada em 1941, depois que o vice-Führer, Rudolph Hess fez seu voo não autorizado para o Reino Unido, na tentativa de negociar um acordo de paz com a Coroa britânica.

O voo causou escândalo na cúpula nazista, lançando Hitler num tremendo acesso de fúria, descrito em detalhe pelo arquiteto Albert Speer[17] em sua autobiografia. Hess acreditava em esoterismo, ocultismo, era um promotor de medicina alternativa (em 1934, abrira um hospital dedicado a práticas alternativas na cidade de Dresden) e havia consultado seu astrólogo pessoal antes de se lançar na aventura britânica.

A dura repressão aos praticantes alemães de atividades esotéricas, alternativas e ocultistas que se seguiu foi, como explica o historiador Eric Kurlander,[18] uma vingança e expressão do triunfo de setores do Estado nazista, adversários do vice-Führer, sobre os "feiticeiros" e "milagreiros" até então protegidos por Hess. Kurlander também nota que o impulso vingativo perdeu fôlego rapidamente. Escreve ele:

> Semanas depois, muitos ocultistas tinham sido soltos. Dentro de meses, o regime havia recuado de sua política ostensiva de erradicar o ocultismo. A natureza perfunctória da Ação Hess e suas consequências ambivalentes portanto reforçam nossa impressão geral de uma conexão subjacente entre ocultismo e nazismo – uma relação que viria a se aprofundar após a Ação Hess.

"Ação Hess" é o nome dado pelo historiador à caçada aos ocultistas desencadeada após o voo do vice-Füher. É interessante notar que nos dois momentos, o da dissolução formal dos grupos antroposóficos em 1935 e o da Ação Hess em 1941, a reação da cúpula mundial da antroposofia (baseada da Suíça e liderada pela viúva e pelo biógrafo oficial de Steiner) e dos principais antroposofistas da Alemanha não foi a de rebeldes encurralados, mas a de irmãos traídos. "Rudolf Steiner não era um pacifista, nem um amigo da raça judaica", escreveu o líder antroposófico Jurgen von Grome numa carta protestando contra o banimento de 1935.[19]

As escolas Waldorf da Alemanha tentaram, enquanto puderam, sobreviver no regime hitlerista, ressaltando seus pontos de convergência doutrinária com o nazismo. Mas entre 1935 e 1941 foram se fechando uma a uma, sucumbindo tanto aos ataques perpetrados pela paranoia do Estado nazista contra o ensino privado quanto à vingança particular dos adversários antiesotéricos de Rudolph Hess. O próprio gabinete de Hess havia elaborado, ainda em 1934, um relatório elogiando a semelhança entre os princípios pedagógicos de Steiner e os expostos por Hitler no *Mein Kampf*.[20]

Um dos principais elaboradores do pensamento antroposófico na era pós-Steiner, o antropólogo Richard Karutz, defendeu o ensino Waldorf para o Partido Nazista escrevendo que, graças aos métodos "autoritários" da pedagogia de Steiner, os formandos das escolas Waldorf "juntam-se com entusiasmo ao movimento nacional-socialista".[21]

ANTROPOSOFIA E CIÊNCIA

Enquanto a teosofia se apresentava como uma espécie de interseção entre ciência e religião, Steiner afirmava claramente estar criando uma ciência própria – "ciência espiritual" – em pé de igualdade com ciências humanas e naturais:[22] quando afirma, por exemplo, que o ser humano tem, além do corpo físico, um corpo etéreo e um corpo astral, Steiner quer dizer que esses corpos extras têm o mesmo tipo de realidade que os braços ou as pernas. Segundo ele, seria possível, por meio de exercícios especiais, desenvolver a faculdade de explorar o mundo espiritual (que ele chama de "mundos superiores") e de acessar os "Arquivos Akáshicos".

Uma compreensão adequada da realidade só seria possível fundindo a visão espiritual, que se manifesta sob a forma de impressões subjetivas – ele as chama de imaginações, inspirações, intuições –, às impressões normais dos sentidos. A ciência natural, "materialista", ofereceria apenas um recorte parcial, imperfeito (e enganoso) do mundo.

Essa é a parte da doutrina de Steiner que autores como Lachman e Wilson admiram e elogiam, já que oferece uma aparente alternativa ao que veem como o materialismo excessivo da cultura moderna. Também é exaltada por Easton, que a considera mais madura e adequada para lidar com questões ambientais. O problema é que um sistema que se propõe a ser capaz de produzir conhecimento sobre a realidade, com valor científico, precisa passar pelos mesmos testes de qualidade e confiabilidade a que a ciência é submetida, e nisso o "processo Steiner" falha miseravelmente.

Como o filósofo sueco Sven Ove Hansson aponta,[23] o "método científico" antroposófico é incapaz de satisfazer um par de critérios fundamentais exigidos da ciência comum e que o próprio Steiner considerava imprescindíveis: intersubjetividade (experimentos iguais devem produzir resultados iguais, não importa quem os realiza) e verificabilidade empírica (afirmações teóricas devem ter consequências práticas, consequências essas que podem ser observadas e confirmadas).

Esses dois critérios são o mínimo necessário para viabilizar, por exemplo, uma tecnologia: é graças à verificabilidade que sabemos que as leis (teóricas) da Física permitem construir computadores que funcionam, e é graças à intersubjetividade que sabemos que computadores construídos seguindo essas leis, não importa por quem e em que parte do mundo, vão funcionar.

No caso da antroposofia, não existe intersubjetividade: é o apelo à autoridade da palavra de Steiner – não os resultados de experimentos independentes – que determina se uma visão espiritual é "verdadeira" ou não. A própria existência da realidade especial que Steiner afirmava acessar, incluindo os "Arquivos Akáshicos", pertence mais às esferas da fé e da fantasia do que à da investigação imparcial e independente.

Os princípios da antroposofia também carecem de confirmação empírica. Não só as alegações antroposóficas sobre a fisiologia esotérica do corpo humano (que descreveremos em detalhe na próxima seção) nunca foram confirmadas por observações e estudos científicos adequados, como as informações trazidas por Steiner dos "Arquivos Akáshicos" contradizem frontalmente fatos históricos bem documentados e estabelecidos. E não apenas do passado remoto, como na suposta história de Atlântida, mas de períodos bem mais recentes, como a Idade Média.

Num caso descrito em detalhes por Colin Wilson,[24] Steiner certa vez relatou ter recebido uma visão espiritual da corte do rei Arthur durante uma visita ao castelo de Tintagel, na Cornualha (Inglaterra). Numa palestra, o criador da antroposofia disse que: "Olhando com a visão oculta para o que se passa lá ainda hoje, recebemos uma magnífica impressão. Vemo-los parados ali, esses Cavaleiros da Távola Redonda, observando o jogo dos poderes da luz e do ar, os espíritos elementais".

Steiner também disse que:[25] "Toda a configuração deste castelo em Tintagel indica que os Doze sob o comando de Arthur eram essencialmente uma comunidade miguelina, pertencentes à era em que Miguel ainda administrava a Inteligência Cósmica". (Steiner tinha ideias próprias a respeito da influência dos arcanjos da tradição judaico-cristã, entre os quais um é Miguel, sobre a história humana.)

Ainda segundo o pai da antroposofia, essa visão oculta do passado lhe mostrara Arthur e os cavaleiros lutando para civilizar a Europa continental. O problema é que todas essas visões são baseadas num caldo ralo de mito e literatura, sem nenhum tipo de correspondência com fatos históricos. O que Steiner "viu" não passa, demonstravelmente, de uma ilusão.

Pondo de lado, por um momento, a questão da existência (ou não) de um líder de carne e osso que teria inspirado as narrativas em torno das aventuras do rei Arthur, o fato é que o castelo de Tintagel que, segundo Steiner, tinha sido configurado para receber os cavaleiros da Távola Redonda só foi construído no século XIII, pelo menos setecentos anos depois dos tempos em que teria vivido o Arthur real, se é que Arthur real houve (o consenso atual entre historiadores é de que o rei Arthur "não foi mais real do que Sherlock Holmes ou o Doutor Who"[26]). E a Europa continental jamais foi "civilizada" por um rei inglês, claro.

A própria visão antroposófica da evolução humana, baseada no "fato científico" de que haveria raças mais ou menos evoluídas, e a insistência de que a mera presença de negros na Europa ameaçava a "raça ariana" com decadência física e espiritual[27] mostra que tanto o mundo espiritual acessado pelo pai da antroposofia, bem como o "Arquivo Akáshico", continham não verdades objetivas e entes reais, mas uma coleção de delírios, idiossincrasias e ilusões alimentada pelas crenças pessoais de Rudolf Steiner e pelos preconceitos comuns de seu país, sua classe social e sua época.

MEDICINA

Tudo isso poderia ser mera curiosidade histórica, um estudo de caso para psicólogos e sociólogos, mas ganha contornos perigosíssimos quando o assunto é saúde. A visão espiritual de Steiner lhe revelou uma anatomia esotérica, com desdobramentos ocultos do corpo humano e sistemas não reconhecidos pela ciência "materialista".

Na obra fundadora da medicina antroposófica, escrita em parceria com a médica holandesa Ita Wegman, lemos que as técnicas de introspecção e meditação que dão acesso aos "mundos superiores" abrem também vistas do organismo humano e da saúde que precisam ser encaradas como fatos científicos. No tratado médico de Steiner e Wegman,[28] diabete é causada por um adormecimento do ego; gota, por um excesso de espírito animal. O ego causa ainda a circulação do sangue.

Em linhas gerais: na visão antroposófica, o corpo humano é formado pelo que poderíamos chamar de quatro camadas: a física é aquela a que todos temos acesso e que a ciência de verdade estuda. As outras três são a etérea, a espiritual e a alma, ou ego. Além disso, o corpo físico é dividido em três sistemas: o sensorial (cérebro, sentidos, nervos), o rítmico (coração, circulação) e o digestório (vísceras, braços e pernas). Plantas têm apenas corpo físico e etéreo; animais irracionais, corpo físico, etéreo e espírito.

Não se trata de metáfora ou poesia: a "ciência" antroposófica lê isso tudo literalmente, fantasiando (e descrevendo) relações complexas, às vezes em nível bioquímico, entre essas camadas e entre camadas e sistemas, relações que o médico antroposófico precisa levar em consideração, aplicando os ensinamentos de Rudolf Steiner à sua intuição espiritual.

Doenças, nessa visão, têm causas profundas que vão além da presença de microrganismos patogênicos, contaminantes ambientais ou de predisposições genéticas. A causa verdadeira é sempre um desequilíbrio entre camadas e sistemas, e a cura depende do restabelecimento desse equilíbrio. A farmacopeia antroposófica assemelha-se à homeopática, valendo-se de princípios ativos "potencializados" (isto é, altamente diluídos). Na teoria antroposófica, as diluições sucessivas permitem que o caráter etéreo ou espiritual da substância se sobressaia.

O médico antroposófico "deve saber se um medicamento particular em uma potência particular estimula a organização do ego, e se um outro medicamento deve ser capaz de acalmar a atividade excessiva da organização sensorial".[29]

Problemas cardíacos, por exemplo, podem ser causados por disputas de poder entre os sistemas sensório e digestivo: como o coração fica no meio do caminho, acaba sofrendo com o estresse.[30] A cura da doença seria sempre um efeito indireto da restauração do equilíbrio.

Um exemplo de diagnóstico antroposófico, apresentado no livro fundador da medicina antroposófica.[31] diz: "Fraqueza geral da organização do ego resultando na expressão da atividade do corpo etéreo não ser suficientemente inibida pela organização do ego. Resultado, funções orgânicas vegetativas espalhando-se para a cabeça, sistema nervoso e sentidos [...]".

Essa ideia geral – de que todos os problemas de saúde têm uma única causa (desequilíbrio) e uma única cura (reequilíbrio) – é comum a inúmeros sistemas de cura pré-modernos e resiste em boa parte da medicina alternativa contemporânea. O que, exatamente, estaria desequilibrado (humores, energias, corpos astrais, sistemas) varia de um esquema doutrinário para o outro, mas o tema do desequilíbrio permanece.

Trata-se de um modelo intuitivo que, na ausência de conhecimentos mais específicos sobre anatomia, fisiologia, etiologia e patologia (isto é, sobre a estrutura e o funcionamento do corpo humano, e sobre as causas reais do adoecimento), pode ajudar a dar sentido ao sofrimento trazido por problemas de saúde. Quando o conhecimento factual e objetivo passa a existir e se encontra disponível, no entanto, a tese do "desequilíbrio" como causa geral de todos os tipos de doença reduz-se a metáfora, e isso na melhor das hipóteses. Se continua a ser tratada como dado concreto, a ideia do desequilíbrio como causa universal do adoecimento não passa de superstição.

Além do compromisso com a fisiologia esotérica das quatro camadas e três sistemas, e com a superstição do desequilíbrio, a medicina antroposófica também carrega o peso das fantasias de Rudolf Steiner sobre carma e reencarnação. Como vimos, ele acreditava que o ser humano evoluía, enquanto indivíduo, ao longo de sucessivas encarnações. Mais do que isso, afirmava que cada encarnação apresentava ao ego desafios que ele deveria superar para seguir evoluindo. Nessa visão, limitações físicas, sociais e econômicas seriam não azares ou injustiças, mas "lições" necessárias no caminho de um destino glorioso.

Em diversos escritos, Steiner trata doenças infantis que, hoje, podem ser evitadas por meio de vacinas – como sarampo, por exemplo – como manifestações físicas de um aprimoramento espiritual, o que leva alguns médicos antroposóficos a supor que vacinas fazem mais mal do que bem ao inibir o progresso da alma.

Em seus escritos sobre vacinação,[32] Rudolf Steiner repetidamente bate na tecla de que as vacinas podem pôr em risco o desenvolvimento espiritual da criança. Portanto, pessoas vacinadas precisam receber orientações especiais para poderem acessar os benefícios esotéricos que a doença iria lhes trazer. Durante a sessão de perguntas e respostas que se seguiu a uma palestra dada em Zurique em 1921, Steiner disse o seguinte:

> Quando se reconhece que certas doenças têm algo a ver com as características da alma do ser humano, que elas, de certa forma, são uma superação do que a pessoa não foi capaz de alcançar numa vida prévia na Terra, e que esses processos físicos de doença, que temos de suportar, estão equilibrando – que os processos de uma doença também se ligam aos fenômenos da alma –,

> então podemos entender por que, devido a um certo sentimento inconsciente, instintivo, algumas pessoas podem sentir aversão por esse elixir, a vacina.[33]

No Brasil, o médico infectologista Guido Carlos Levi menciona, em seu livro *Recusa de vacinas: causas e consequências*,[34] um surto de sarampo na cidade de São Paulo, onde "alguns dos acometidos eram crianças com pais e/ou pediatras antroposóficos e, em consequência, não vacinados".

Artigo publicado em 2013 na revista *Arte Médica Ampliada*,[35] da Associação Brasileira de Medicina Antroposófica, ao mesmo tempo em que reafirma o compromisso da associação com o calendário de vacinações infantis do Ministério da Saúde, aponta que, segundo a doutrina antroposófica, doenças como rubéola e sarampo podem ser benéficas para a criança.

Steiner dizia que até mesmo epidemias podiam ter um papel importante no desenvolvimento espiritual da humanidade, e que avanços como saneamento básico talvez estivessem retardando o progresso do *Homo sapiens*. Como até hoje faz muita gente que vive saudável e confortável, a ele também parecia que a saúde e o conforto dos outros poderiam representar uma violação das leis da Natureza.

BIODINÂMICA

Rudolf Steiner aparentemente foi um daqueles egos monumentais incapazes de responder a qualquer pergunta com um honesto "não sei". Quando lhe pediram suas ideias sobre o cultivo da terra, o resultado foi um conjunto de palestras proferidas em 1924 que representou o início do movimento da agricultura biodinâmica.[36] Steiner tinha uma visão romântica da agricultura – sua fazenda ideal seria um espaço de perfeito equilíbrio entre ser humano, animais de criação, plantas e solo, com o fazendeiro sempre atento "ao tipo de solo que favorece cada espécie, as plantas companheiras que prefere, as condições climáticas, o tempo do ano, até mesmo às configurações planetárias".[37] A fazenda, na visão antroposófica, prospera se a terra for mantida "com um bom coração".

A biodinâmica rejeita fertilizantes químicos e inseticidas industrializados, mas recomenda a aplicação de certos preparados "potencializados" (isto é, diluídos segundo a tradição homeopática) que desempenhariam funções semelhantes. Como a menção a "configurações planetárias" no parágrafo acima sugere, o fazendeiro biodinâmico/antroposófico deve prestar atenção e respeitar não apenas a realidade ecológica física – as espécies nativas e os cultivares, os insetos e as minhocas, a saúde das fontes de água e do solo, o ciclo das estações – mas também aquelas realidades espirituais acessadas por Steiner.

Ou, nas palavras de Stewart Easton:[38]

> as forças etéricas formativas cujas assinaturas, por assim dizer, podem ser percebidas, embora as forças em si, como a eletricidade, sejam para sempre invisíveis; a terra em si como um organismo que expira pela manhã e inspira ao entardecer; as influências dos corpos planetários [...] o fazendeiro biodinâmico deve treinar-se para observar como as forças invisíveis se fazem indiretamente visíveis.

Easton afirma que a compreensão do mundo biológico só pode vir de "um pensamento tingido com o calor do sentimento, e é parte da missão da alma consciente em transcender o mero pensamento intelectual".

Steiner preconizava atividades que só podem ser descritas como mágicas – por exemplo, encher um chifre de vaca com material de compostagem e deixá-lo enterrado durante certos períodos, e depois ir removendo e "potencializando" o conteúdo – e que, segundo sua doutrina, dotariam os adubos naturais de propriedades extraordinárias, concentrando forças cósmicas e etéricas. Em termos práticos – qualidade do produto, capacidade de produção, sustentabilidade ecológica –, a agricultura biodinâmica partilha de boa parte das vantagens aparentes (e dos problemas reais) da agricultura orgânica,[39] mas com uma camada extra de mágica e ocultismo.

ENSINO WALDORF

Rudolf Steiner também elaborou um sistema educacional baseado em suas revelações esotéricas das quatro camadas do corpo, da estrutura tripartite do ser humano e da evolução individual e racial ao longo de sucessivas reencarnações. Esse sistema foi implementado na primeira Escola Waldorf, aberta na cidade alemã de Stuttgart em 7 de setembro de 1919. Hoje, existem milhares de escolas Waldorf pelo mundo.

Essas escolas são independentes entre si e, portanto, é impossível afirmar o quanto cada uma delas se mantém dentro do que poderia ser chamado de ortodoxia antroposófica. O mesmo vale, aliás, para os médicos antroposóficos: o quanto cada profissional se deixa influenciar e guiar pela visão espiritual de Steiner, em detrimento da boa medicina e das evidências científicas, é uma questão estritamente pessoal.

Entre as características mais gerais do ensino Waldorf, encontramos uma atenuação do papel da escola como transmissora de conteúdos, dados factuais e competências técnicas, sendo que provas e testes de conhecimento recebem pouca importância; o uso da mitologia e das artes, incluindo teatro e música, como ferramentas didáticas; e a construção de uma relação professor-aluno baseada em confiança, afeto e hierarquia, com o professor instalado numa posição de autoridade carismática mas inquestionável, como um mestre espiritual.

A doutrina antroposófica prevê um desdobramento das quatro camadas do ser humano (física, etérea, espiritual ou astral, ego) numa sequência temporal que acompanha o desenvolvimento da criança, com momentos críticos separados por intervalos de sete anos. Tanto a pedagogia quanto o currículo tradicionais do ensino Waldorf foram construídos para levar esse desdobramento em consideração.

Easton escreve que "essa educação tem essencialmente por base o reconhecimento da criança como um ser espiritual, com um certo número de encarnações atrás de si, retornando ao nascer para o mundo físico, num corpo que devagar será moldado num instrumento útil pelas forças espirituais que traz em si". Entre as ideias peculiares de Steiner está a de que não se deve tentar fortalecer a capacidade de memorização da criança enquanto ela ainda tiver dentes de leite, porque é a troca de dentição que marca a libertação do corpo etérico. Esse corpo é, segundo a antroposofia, a sede adequada da memória.

O ensino Waldorf tem fãs fora da comunidade antroposófica, por seu caráter menos estressante, pela preocupação com artes e música e pelo olhar atencioso e individualizado lançado aos alunos, mas escolas que adotam o sistema têm sido criticadas em várias partes do mundo por desestimular vacinação,[40] promover "curas" pseudocientíficas,[41] e, claro, usar os conceitos pseudocientíficos de Steiner sobre reencarnação e o tempo de maturação das diferentes camadas humanas para definir práticas pedagógicas e, em alguns casos, fazer proselitismo antroposófico,[42] promover um "culto de Steiner" e usar material didático racista.[43] Alguns desses problemas, denunciados principalmente no exterior,[44] começam também a vir a público no Brasil.[45]

LEGADO

A antroposofia conta com uma penetração especial no Brasil. Isso provavelmente porque tem uma forte compatibilidade com o espiritismo kardecista (Steiner em geral desprezava médiuns e a ideia de buscar contato com os mortos, mas abria exceção para Allan Kardec,[46] que também falava em sucessivas reencarnações e evolução espiritual) e com a homeopatia, que são as duas formas de "conhecimento alternativo" mais populares deste país.

Além disso, ao rejeitar os elementos asiáticos, budistas e hinduístas, da teosofia e reservar em sua doutrina um espaço de honra para a figura de Cristo, Rudolf Steiner, mesmo sem saber, fez da antroposofia um sistema mitológico bem adaptado ao gosto brasileiro por cristianismos sincréticos e esotéricos.

Defensores contemporâneos do legado de Steiner costumam minimizar o papel de suas ideias místicas e ocultistas mais obviamente ridículas, além de seu racismo, e buscam apontar um suposto "sentido mais profundo" em seu trabalho – uma linha comum é negar que ele fosse racista e atribuir a acusação a leituras "superficiais" ou "fora de contexto" dos textos do guru (o historiador Peter Staudenmaier, que estudou o movimento antroposófico a fundo, aponta, em seu livro *Between Occultism and Nazism* [Entre o ocultismo e o nazismo], que edições "oficiais" recentes da obra de Steiner têm sistematicamente omitido ou editado as passagens mais constrangedoras).

A tentativa de reconfigurar Steiner como filósofo/educador – nos moldes de, digamos, Maria Montessori, Jean Piaget ou Paulo Freire – esbarra, porém, tanto na autoimagem do próprio, que insistia em se apresentar como o dono de um acesso privilegiado à realidade etérea-espiritual, quanto no fato de que ele nunca foi realmente levado a sério fora de seu círculo de fãs esotéricos.

Por exemplo, o filósofo Walter Benjamin não hesita, num ensaio publicado em 1932, em referir-se a Steiner como "farsante", a seus pronunciamentos como "asneiras oleaginosas" e em tratar a antroposofia como prova do "fracasso da educação".[47] Outro importante crítico cultural da Alemanha entreguerras, Siegfried Kracauer, refere-se à antroposofia como uma doutrina inadequada para "pessoas de reflexão".[48]

O escritor checo Franz Kafka registra em seus diários de 1911 alguns encontros com Steiner, e sua disposição para com o grande mestre esotérico é, em geral, irônica e condescendente. Kafka parafraseia uma fala de Steiner, pondo em evidência a megalomania do homem – "a ele, somente, foi dada a missão de unir a teosofia à ciência. E é por isso que ele também sabe tudo".[49] Depois: "Um médico de Munique cura doentes com cores escolhidas pelo doutor Steiner".

Embora considere que a antroposofia ainda deve ao mundo uma crítica aberta e sincera do racismo esotérico de seu fundador (o que certas escolas Waldorf já fizeram,[50] ainda que de forma tímida), Staudenmaier é mais generoso do que Kafka e Benjamin. Ele enxerga chances de redenção na doutrina, que afinal também enfatiza a importância do desenvolvimento individual e a capacidade universal do ser humano de aprimorar-se (ainda que, etnicamente, alguns já nasçam "mais aprimorados" do que os outros). O historiador pondera que o futuro da antroposofia não precisa ser escravo de seu passado.

Submeter textos que dizem e propõem atrocidades à reinterpretação criativa com o intuito de conciliá-los com o bom senso, a ética e a ciência é o arroz com feijão de boa parte da teologia liberal moderna e de fração considerável do proselitismo político também: muitas religiões respeitadas e ideologias políticas populares têm textos fundamentais que, se lidos de modo literal, endossam atrocidades, mas acabam suavizados por meio de interpretação e contextualização. Não há, *a priori*, motivos para que o mesmo processo não possa "salvar" a antroposofia de seus problemas conceituais e práticos mais salientes. A questão que fica é: mas salvar para quê?

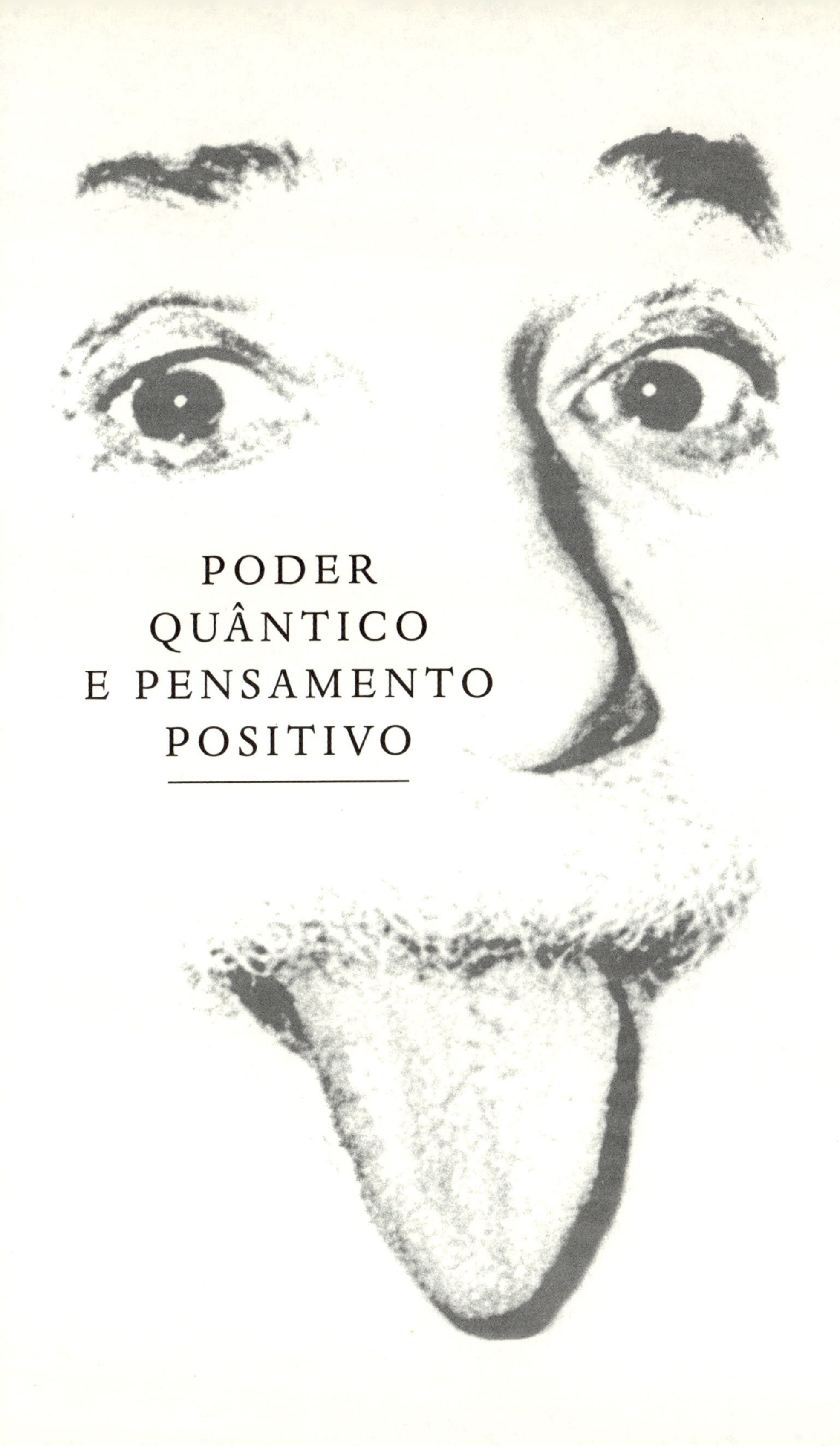
PODER
QUÂNTICO
E PENSAMENTO
POSITIVO

Desenvolvida inicialmente nas primeiras décadas do século passado, a Física Quântica confrontou a humanidade com a constatação de que, em algumas circunstâncias, escolhas feitas pelo observador afetam o fato observado: o exemplo mais comum é o do experimento da fenda dupla, em que decisões sobre o arranjo do equipamento determinam se a luz vai se comportar como onda ou partícula.[1]

Resultados fascinantes assim acabaram levando algumas pessoas a imaginar que a ciência estaria, finalmente, reconhecendo o poder da força de vontade e do pensamento positivo para alterar a realidade. Essa ideia – de que o trabalho mental de "crer" e "desejar" gera uma força que age no mundo – é antiga, encontra-se na base do pensamento mágico, e está errada. O advento da Física Quântica não fez nada para mudar esse fato.

Em seu monumental livro-texto sobre a psicologia da superstição, *Believing in Magic* (Acreditando em mágica),[2] o psicólogo americano Stuart Vyse aponta que um dos principais determinantes da crença em superstições é "o desejo universal do ser humano por autonomia e controle". Ele cita o trabalho pioneiro do antropólogo Bronislaw Malinowski, que em um famoso ensaio, "Magic, Science and Religion" (Mágica, ciência e religião),[3] notou que o pensamento mágico aparece "sempre que os elementos de acaso e acidente, e o jogo emocional entre esperança e medo, têm amplo espaço".

Sobreviver – oxalá, prosperar – no Brasil das últimas décadas tem sido, exatamente, um "jogo emocional entre esperança e medo". Perder esse jogo regido por acaso e acidente significa não somente a ruína econômica, mas principalmente, para o pequeno empresário e o trabalhador "por conta", também ruína pessoal e familiar. Não surpreende, portanto, que cada vez mais pessoas se sintam atraídas por propostas supersticiosas.

O pensamento supersticioso costuma ser definido como a crença de que eventos que não guardam nenhuma relação entre si estariam unidos por elos de causa e efeito: por exemplo, bater na madeira e evitar um desastre, usar uma roupa "da sorte" e ir bem numa prova, enviar "boas vibrações" para o Universo e ganhar na loteria, consumir um preparado homeopático e recuperar a saúde.

Muitas vezes, a percepção de que há uma óbvia lacuna entre a causa presumida e o efeito desejado é atenuada por um apelo a relações simbólicas, de semelhança e de significado, que produzem uma impressão vaga (e enganosa) de que aquilo "faz sentido": assim, a ideia de que usar uma touca feita com as plumas de um pássaro sagrado pode curar câncer de próstata talvez não encante ninguém, mas e se fosse câncer de cérebro? Ou enxaqueca?

Essas relações simbólicas, de aparência e semelhança, dão margem às chamadas *magia simpática* (coisas que "têm afinidade" afetam uma à outra, como na ideia de que o planeta Marte, que tem o nome do deus da guerra, estimula a violência); *magia homeopática* (coisas semelhantes afetam uma à outra, como uma planta em forma de rim ser usada em remédios populares para problemas renais); e *magia de contágio* (coisas que um dia estiveram em contato mantêm algum tipo de conexão mágica entre si, como no uso de fios de cabelo ou aparas de unha para trazer o amor ou causar doenças).

As intuições que dão origem a essas modalidades de pensamento supersticioso são poderosas e ainda influenciam muito a cultura e a sociedade. A proposição de que é possível lançar ou remover maldições de pessoas e objetos, por exemplo, ainda é amplamente aceita.[4]

A galáxia das superstições é vasta, assim como são inesgotáveis as roupagens que pode assumir, e as linguagens de que pode se apropriar. Cada época tem seus próprios filtros mentais. Há dois mil anos, luzes estranhas no céu evocavam a ideia de anjos; hoje, de extraterrestres. Muita gente que talvez despreze a lógica da magia de contágio pode vir a aceitá-la se a encontrar formulada, por exemplo, na linguagem do "emaranhamento quântico".

Dependendo do extrato sociocultural em que se vive, apelos diretos à superstição, ou mesmo às formas de religiosidade que se aproximam dela, tendem a ser malvistos, mal aceitos e, até, alvos de chacota. A despeito disso, a ânsia por autonomia e controle, frente ao acaso e ao desconhecido, segue premente. A saída é disfarçar o pensamento supersticioso como esoterismo sofisticado – ou ciência. Ou ambos.

HERMÉTICO

"Não encontramos magia quando o resultado é certo, confiável e sob controle estrito de métodos racionais e processos tecnológicos", prossegue Malinowski em seu texto clássico. O ensaio é de 1925, sete anos após a publicação nos Estados Unidos de um curioso volume intitulado *The Kyballion*,[5] supostamente um apanhado de antiga sabedoria esotérica da escola greco-egípcia de Hermes Trismegisto.

Hermes é uma figura mítica; a origem do mito, uma fusão de figuras dos panteões grego e egípcio, é incerta, mas os textos atribuídos a ele – e que chegaram até nós – datam dos primeiros séculos da era comum, embora pensadores medievais tenham especulado, erroneamente, que seriam os escritos de uma espécie de grande mestre primordial, o professor que teria instruído Moisés no caminho do monoteísmo.

Essa imagem de fundador primevo da sabedoria ocidental ainda é cultivada em certos círculos esotéricos, e é dela que o Kyballion se vale, ao enunciar, como seu primeiro princípio, que "O TODO é MENTE; o Universo é Mental". A implicação sendo a de que, mudando pensamentos, muda-se a realidade física: uma validação venerável, milenar e com ares filosóficos, do princípio supersticioso do pensamento mágico: a ideia de que pensar faz acontecer.

No entanto, o autor do livro, assinado, misteriosamente, por "Três Iniciados", era americano e chamava-se William Walker Atkinson. Atkinson tinha uma série de outros pseudônimos, incluindo Yogi Ramacharaka, e foi um dos pais do movimento de autoajuda que ficou conhecido como "New Thought" ("Novo Pensamento"), todo ele fixado no preceito de que os pensamentos criam a realidade, que o ser humano se define pelo que pensa de si mesmo e de seu lugar no mundo.

Essa é uma afirmação – você é o que você pensa – que carrega uma infinidade de nuances de significado, dos mais metafóricos ao estritamente literal. Pode querer dizer que autoconfiança é um pré-requisito do sucesso; que quem se concentra numa meta tende a prestar mais atenção nas oportunidades de conquistá-la; como também afirmar que o pensamento positivo faz mágica.

Atkinson punha-se neste último campo. Um dos livros mais famosos que publicou com seu próprio nome tinha como título *Thought Vibration, Or the Law of Attraction in the Thought World* (Vibração do pensamento, ou a lei da atração no mundo dos pensamentos),[6] onde afirma que "pensamentos são uma força – uma manifestação de energia – com um poder de atração magnético", e algumas linhas à frente: "Quando pensamos, fazemos rodar vibrações de um grau altíssimo, mas tão reais quanto as vibrações de luz, calor, som, eletricidade".

Essas vibrações, segundo ele, têm uma força tremenda. "Não apenas nossas ondas de pensamento influenciam a nós mesmos e outros, mas têm um poder de atração – atraem para nós os pensamentos dos outros, coisas, circunstâncias, pessoas, 'sorte', de acordo com a característica do pensamento mais importante em nossas mentes".

Essa é, claro, a mesma "Lei da Atração" alardeada por Rhonda Byrne em seu *best-seller* esotérico de 2006, *O segredo*.[7] O livro de Atkinson é de 1906, e ele já fazia uso (indevido) de conceitos e ideias que apareciam na fronteira da Física de sua época, como "raios de luz invisíveis". Ele também tenta usar a lei da gravidade para convencer seus leitores. Escreve, por exemplo:[8]

> Gravitação é uma Conexão ou Vínculo unindo a Mente em diversas Partículas, em vez de suas Substâncias ou Materiais. Pelas linhas de Gravitação passam as 'ondas pensamento', resultantes da Excitação das Partículas – essas fugazes, cambiantes, inconstantes ondas de Emoção [...]. Gravitação não apenas realiza seu próprio trabalho, mas também age como 'portadora' para as ondas da Força-Desejo.

Cem anos depois, Byrne e outros autores, como Amit Goswami[9] e Deepak Chopra,[10] tinham, como cabide para pendurar sua crença supersticiosa no poder dos bons pensamentos e das emoções positivas, algo ainda mais espantoso do que a misteriosa capacidade da atração gravitacional de influenciar corpos à distância: toda a área, altamente contraintuitiva, da Física Quântica encontrava-se à disposição.

QUÂNTICO

No início do século passado, os físicos viram-se diante de um grande problema: algumas previsões deduzidas a partir das leis da física clássica – aquela fundada por Galileu Galilei e Isaac Newton – não estavam batendo com a realidade e, pior, gerando resultados estranhos, quando não absurdos.

O mais famoso desses enigmas dizia respeito à relação entre a temperatura de um objeto e a energia que ele emite: o exemplo clássico é o do pedaço de metal que começa a ficar vermelho à medida que é aquecido, até começar a brilhar. Leis derivadas da Física clássica eram capazes de prever essa relação – à temperatura tal, a energia emitida será tal e qual – mas só até certo ponto. A partir de determinado momento, não só as previsões teóricas divergiam da realidade, como às vezes apontavam para valores infinitos, como se uma barra de ferro aquecida pudesse gerar mais energia que o Sol! Então, o Sol deveria produzir muito mais energia do que o Sol.

O que, obviamente, não faz sentido nenhum. Procurando uma solução para o problema, cientistas – primeiro Max Planck, seguido de perto por Albert Einstein, Niels Bohr e outros – propuseram que a energia não seria contínua, como um fluxo ininterrupto, mas quantizada – isto é, formada por partículas individuais. Essa mudança na forma de pensar energia trouxe consequências revolucionárias para a ciência.[11]

Uma dessas consequências foi a descoberta do caráter dual da luz e da possível influência das escolhas do observador, que já apresentamos. Outra foi a constatação de que a Física Quântica é eminentemente probabilística. Isso significa que certas propriedades das partículas fundamentais da matéria, como posição, só podem ser previstas ou calculadas como probabilidades: qual a chance de a partícula estar aqui ou ali. Apenas quando uma medição – ou observação – direta é feita que a posição assume um valor definido.

Na versão caricatural que poderíamos chamar de Quântica da Prosperidade, isso se traduz na ideia de que a realidade só existe quando alguém olha para ela, e que quem olha tem autonomia para decidir o que essa tal de realidade vai ser. Assim, seus problemas não são reais, a menos que você insista em pensar neles.

Essa leitura amalucada acontece pela mistura entre o sentido técnico com que certos termos são usados na ciência (onde medição e observação podem ser feitas por objetos inanimados) e o sentido normal, do dia a dia, em que só seres humanos "medem" ou "observam".

Um dos (vários) problemas que esse estilo de Quântica da Prosperidade enfrenta é explicar como o Universo poderia ter existido antes de haver alguém para olhar para ele, nos bilhões de anos entre o Big Bang e o início da vida na Terra.

As saídas usuais são propor um "campo de consciência" ou trazer algum tipo de olhar divino para a jogada. Ambas são manobras que destroem as pretensões científicas da área: não há evidência nenhuma de que um "campo de consciência" exista no Universo, seja lá o que isso for, e quando se põe Deus no meio, bem, a conversa passa a ser sobre religião, não ciência.

Às vezes, tenta-se salvar o "campo de consciência" igualando-o a outra entidade supostamente misteriosa, o vácuo quântico. Na Teoria Quântica de Verdade, o espaço nunca está 100% vazio: mesmo num estado mínimo de energia, partículas aparecem e desaparecem o tempo todo.[12] Há muita pseudociência propondo que essa propriedade do espaço, de nunca estar completamente vazio, poderia ser usada como uma fonte inesgotável de energia.

A caricatura, oferecida por algumas facções dentro da Quântica da Prosperidade, propõe que certos tipos de meditação permitem à mente "acessar o vácuo quântico" e extrair dali não energia infinita para mover carros, turbinas ou naves espaciais, mas "potenciais infinitos" para manipular a realidade e, até, reconstruir moléculas de DNA. Porque vácuo é espaço vazio, meditação é mente vazia, então uma coisa sintoniza a outra – é o que dizem.[13]

Vamos notar como, mais uma vez, pontes metafóricas ("sintonizar", "mente vazia") e um simulacro de unidade semântica, que só existe porque os termos são arrancados de seus contextos corretos (a aproximação espúria entre o "vácuo" da Teoria Quântica e o "vazio" da meditação, por exemplo, remete à superstição simpática e à magia de contágio), são usados para dar uma ilusão de substância ao que, no fim, não passa de faz de conta e pensamento mágico.

Figuras como Chopra e o também já citado Amit Goswami misturam "observação" no sentido de "interação com outro objeto" (um termômetro "observa", ou registra, a temperatura numa sala ao interagir com as moléculas de ar no ambiente, por exemplo) com "observação" no sentido de "alguém vê", e vendem a ideia de que o Universo só assume uma forma definida quando alguém repara nele. Que consciência cria realidade. Que, enfim, o pensamento mágico-supersticioso é endossado pela física mais avançada.

É uma ideia, ao menos, na superfície, muito atraente, na medida em que parece aumentar a sensação de controle de cada indivíduo sobre a própria vida. Por exemplo, um ebook intitulado *Quantum Sorcery Basics*[14]

(O Básico da Feitiçaria Quântica), assinado por alguém que usa o pseudônimo "Magus Zeta", afirma que "a força mais poderosa do Universo é o Observador. Cada evento que acontece no Universo [...] tem um número infinito de estados quânticos possíveis, até que o Observador dê sua olhada". Em *Quantum Healing*[15] (Cura Quântica), Chopra escreve que "consciência cria realidade".

Mas a ciência mostra exatamente o contrário. Um experimento[16] publicado em 2017 propôs-se a testar, mais uma vez, princípios fundamentais da mecânica quântica. A medição, envolvendo uma previsão teórica conhecida como "violação da desigualdade de Bell",[17] dependia crucialmente do arranjo de um grupo de detectores de partículas: era necessário garantir que os equipamentos não fossem influenciados por alguma coisa presente nas imediações (incluam-se aí os entes conscientes – os cientistas – ou qualquer pensamento mágico).

Para evitar isso, o arranjo dos detectores foi definido de acordo com sinais que chegavam de estrelas distantes 600 anos-luz da Terra – ou seja, os sinais passaram os últimos 600 anos viajando pelo espaço, sem nenhum tipo de contato com o que acontecia aqui, no Sistema Solar. E a mecânica quântica funcionou perfeitamente, a despeito da total ausência de interferência humana; a não ser, claro, que alguém tenha previsto esse experimento pelo menos 600 anos de ele acontecer.

"Vibração" e "energia" sofrem uma descontextualização ainda mais radical do que "observação". Quando um locutor esportivo diz que "a torcida está vibrando na maior energia positiva", ele certamente não quer dizer que as pessoas na arquibancada passam por convulsões provocadas por um fluxo súbito de pósitrons, que são partículas idênticas ao elétron, exceto pelo fato de que têm carga elétrica positiva.

Do mesmo modo, dizer que uma pessoa tem "uma energia inesgotável" – isto é, que é simpática, transmite entusiasmo, parece estar sempre de bom humor – não significa que ela nunca vai precisar de um carregador para o celular.

Energia emocional e a "energia" que aparece nas equações da Física Quântica, e que é um constituinte básico da realidade material à nossa volta, não são a mesma coisa, embora compartilhem o nome e um certo parentesco metafórico. Confundi-las é cair na armadilha da magia simpática. Afirmar que, "segundo a Física Quântica", os pensamentos devem "vibrar na frequência da prosperidade" para atrair dinheiro revela uma confusão conceitual comparável à de achar que Coca-Cola é um tipo de adesivo, porque tem "cola" no nome.

Existem, enfim, duas físicas quânticas, que, assim como as paralelas da geometria euclidiana, só se encontram no infinito. Uma, estudada e produzida por cientistas em universidades e laboratórios, desvenda a estrutura microscópica da matéria, busca respostas para questões fundamentais da natureza do tempo e do espaço e torna possíveis tecnologias como a televisão, o raio laser e a internet.

A outra é promovida por gente que acha que $E=mc^2$ quer dizer que pensamentos (E, de energia) viram dinheiro (m, de matéria) quando estamos muito motivados (c^2, velocidade da luz ao quadrado). Que a série de filmes *Matrix* era uma espécie de documentário: a realidade teria mesmo um "código-fonte" que pode ser hackeado por mentes iluminadas (iluminação que pode ser adquirida, a suaves prestações, em convenções de auditório de hotel ou seminários on-line). Que, assim como o "código-fonte da realidade", o DNA humano pode também ser reprogramado pelo pensamento.

E essa segunda "Física Quântica", infelizmente, é a que aparece mais nos discursos atuais do cotidiano. Esse fato confirma o padrão, que já havíamos observado a partir dos apelos à lei da gravidade feitos por Atkinson em seus textos de "New Thought" e que é reconhecido, há tempos, por cientistas sociais: o misticismo de cada era tende a seguir de perto a (in)compreensão popular da ciência da época: uma visão ao mesmo tempo simplificada e sensacionalizada do conhecimento científico disponível.[18] Visão que, nos últimos cento e poucos anos, vem sendo filtrada pela ficção científica.

Por exemplo, os teosofistas do início do século passado falavam num "corpo etéreo" que serviria de veículo para a alma viajar por aí, quando dormimos ou sonhamos.[19] O "éter", então, era um material hipotético, dotado de propriedades prodigiosas, alvo de intensa especulação científica. Essa hipótese acabou abandonada ao longo dos anos 1910, à medida que a Teoria da Relatividade de Einstein se firmava. Mas a pseudociência, em geral, tem uma forte tendência conservadora.

Mais ou menos nessa época, médiuns estabeleciam contato com Mestres Espirituais de Vênus[20] ou Marte,[21] planetas então vistos, na especulação científica respeitável, como provavelmente habitáveis. Eram também os anos em que Edgar Rice Burroughs publicava romances populares sobre civilizações baseadas nesses mundos, como *Uma princesa de Marte* (1912) e *Os piratas de Vênus* (1932).

Mas, além de ser interessante, esse fenômeno da "quântica popular" também é um problema, porque, assim como no caso do "corpo etéreo", dos gurus venusianos e da gravidade de Atkinson, o que está em andamento é uma tentativa de recrutar o jargão das ciências para fazer com que crenças infundadas ou supersticiosas soem razoáveis ou, mesmo, verdadeiras e incontroversas.

No caso do que estamos chamando de Física Quântica do Sucesso, a superstição "validada" é, claro, a do bom e velho poder do pensamento positivo, a ideia de que a diferença entre sucesso e fracasso está muito mais ligada à atitude mental do indivíduo do que a circunstâncias externas (sorte, família, condições socioeconômicas etc.) ou, mesmo, ao esforço dispendido diretamente com o objetivo – afinal, às vezes a gente se esforça muito e tudo dá errado do mesmo jeito. O "quântico", aqui, é o elo mágico que liga mentalização correta a resultado desejado.

Na maior parte do tempo, a Quântica de Verdade ignora solenemente a existência desse parasita, a Quântica da Prosperidade. As razões são fáceis de entender: cientistas precisam fazer ciência, afinal, e palavras e conceitos pertencem à cultura humana mais ampla, não são propriedade de nenhum grupo em particular.

Mas ignorar parasitas nunca é uma boa ideia: além do jargão, veem-se também debilitadas a respeitabilidade e a reputação do organismo hospedeiro. Existe toda uma indústria da Quântica da Prosperidade, com seus astros e celebridades próprios, astros e celebridades que acabam se tornando a face pública da "Física Quântica" para uma fração significativa do público.

QUÂNTICO E HERMÉTICO

Ver-se ao sabor da sorte e do acaso produz a tentação de aderir a superstições e a linguagem do "New Thought", seja em seu estado esotérico bruto ou revestida de uma pátina quântica, dá a oportunidade de praticar superstição de forma sofisticada, sem incorrer imediatamente nos ônus sociais e psicológicos associados. É óbvio que o mundo ia se encher de gente vendendo isso.

E vendendo caro. Há quem ofereça por aí sessões de "treinamento vibracional quântico" com direito a "reprogramação de DNA" por algumas centenas (ou milhares, no caso de acesso VIP) de reais.

Um livro disponível gratuitamente on-line, intitulado "*Como cocriamos nossa realidade*,[22] dá até a "frequência vibracional" dos estados emocionais. Vergonha vibra a 20 Hz. Controlando seus pensamentos e emoções, o indivíduo conseguiria "elevar sua vibração", e tudo fica bem. Exceto quando não fica.

Algo que encontramos várias vezes ao longo deste livro, ao tratarmos de "curas" e "terapias" enganosas ou inválidas, também se aplica às fórmulas mágicas de sucesso: quem fracassa não volta para contar a história, não entra nos comerciais e "documentários" promovidos no YouTube.

Em sua obra sobre superstições, Stuart Vyse reconhece que nem toda crença mágica é necessariamente deletéria: em alguns casos, superstições ajudam a manter a serenidade necessária para que seja possível enfrentar o inesperado da melhor forma. Mas ele destaca que há superstições danosas e custosas.

Cita o caso de um estudante que fazia questão de só entrar para fazer prova depois de encontrar uma moeda no chão – um sinal de que teria sorte no exame. A obsessão chegou a um ponto em que o jovem passava horas percorrendo calçadas e jardins em dias de prova.

No caso do complexo formado por "New Thought", esoterismo à la *O segredo* e autoajuda "quântica", além dos gastos com livros, treinamentos, palestras, vídeos etc. e da propagação de erros fundamentais sobre ciência, há ainda um preço psicológico alto a ser pago.

Existem, por exemplo, estudos que mostram que visualizações positivas – "ter um sentimento profundo" de que já se conquistou uma meta, como um novo emprego ou um bem de consumo – mais atrapalham do que ajudam a atingir o objetivo e podem favorecer o desenvolvimento de problemas como depressão.[23,24] Para não dizer que não há resultados menos decepcionantes, trabalho publicado no *Journal of Marketing* vê benefícios da visualização positiva, mas que "os efeitos benéficos existem apenas quando a meta já está bem próxima".[25]

Outros estudos,[26] e livros como *Sorria*[27], de Barbara Ehrenreich, mostram como a pressão de patrulhar constantemente os próprios pensamentos e emoções, bloqueando e erradicando qualquer semente de negatividade, fingindo que nada de ruim jamais acontece e forçando-se a só pensar ("atrair") o que é positivo, pode ser estressante e desestabilizante.

A ilusão de poder trazida por esse tipo de filosofia pseudocientífica tem um lado frio e perverso: torna muito fácil culpar vítimas – de recessões econômicas, de atos de violência, e até mesmo, em sua forma mais cruel, culpar pacientes de terem provocado, em si mesmos, doenças muitas vezes terminais, como o câncer. Afinal, se a consciência cria a realidade e o Universo manda de volta para nós o que "investimos" nele, de onde teria vindo esse tumor?

IMORTALIDADE

Muitas vezes, é difícil distinguir o vendedor de pensamento positivo de suas vítimas. Há casos, inúmeros, em que acabam sendo vítimas uns dos outros. Aqui vamos apresentar um exemplo histórico especialmente notável.

Em novembro de 1938, o americano James Bernard Schafer, líder de um grupo que misturava esoterismo e autoajuda, chamado Fraternidade Real de Mestres Metafísicos, sediada numa mansão nos arredores da cidade de Nova York, anunciou que seu grupo iria adotar um bebê e criá-lo num ambiente tão puro e saudável – só emoções positivas ao redor, apenas boas vibrações, alimentação vegetariana e natural – que ele viveria para sempre.[28]

Schafer, é bom que se diga, não era um excêntrico que andava pelas ruas embrulhado num lençol, descalço e fumando maconha. Usava ternos bem cortados, tinha amigos na elite econômica. Era, de fato, o que hoje poderíamos chamar de palestrante motivacional e *coach*. Ele se apresentava como um "mensageiro" dedicado à "feliz tarefa de ajudar as pessoas a se ajudarem".

O Mestre Metafísico falava para multidões no Carnegie Hall e vendia métodos e processos para atingir o sucesso via poder do pensamento positivo. Sua Fraternidade tinha uma pegada mais "mística" do que de outros vendedores de sonhos da Grande Depressão, mas o "livro sagrado" do movimento era *Quem pensa enriquece*,[29] de outro grande charlatão do período, Napoleon Hill, publicado em 1937.

Tanto Hill quanto Schafer promoviam a crença no poder da crença, do pensamento positivo. Notavelmente, em *Quem pensa enriquece*, Hill delineia um trajeto que vai da sensibilidade religiosa ao jargão pseudocientífico da época: "A fé é a química-chefe da mente. Quando a fé é misturada ao pensamento, o subconsciente capta o pensamento instantaneamente, traduz tal pensamento em seu equivalente espiritual e o transmite à Inteligência Infinita, como no caso da oração".[30]

Em seu livro *The Theosophical Enlightenment*[31] (O Iluminismo Teosófico), a historiadora Joscelyn Godwin oferece a tese de que, ao criticar e desmoralizar (ao menos aos olhos de parte da população) as tradições religiosas, o iluminismo, inadvertidamente, abriu as portas para a popularização do ocultismo, do misticismo e para o florescimento das pseudociências.

As pessoas ainda queriam acreditar em milagres que caem do céu e no poder das intenções profundas em mudar a realidade. Se já não era mais aceitável identificar a fonte desses milagres com o Deus da Bíblia e chamar essas intenções profundas de prece, paciência: substitutos, num vocabulário mais chique e "científico" – fosse de inspiração gravitacional, quântica, eletromagnética ou, como sugere o apelo ao "subconsciente", psicanalítica –, seriam encontrados.

O plano da criança imortal – a ideia de que um fluxo de pensamento positivo e boas vibrações poderia gerar vida eterna – era uma consequência lógica natural da crença de que (citando mais uma vez o livro de Hill), "o éter no qual esta pequena Terra flutua, no qual nos movemos e existimos, é uma forma de energia que se move a uma taxa de vibração inconcebivelmente alta e que esse éter é preenchido com uma forma de poder universal que se adapta à natureza dos pensamentos que temos em nossa mente e nos influencia, de maneira natural, a transmutar nossos pensamentos em seu equivalente físico".[32]

Schafer partiu em busca de pais e mães que estivessem tendo dificuldade em sustentar seus filhos recém-nascidos, oferecendo-se para assumir a criação de um bebê. No fim, convenceu a garçonete Catherine Gaunt (ou "Gauntt"), que cedeu a filha de três (ou cinco, as fontes divergem) meses, Jean, para o experimento.

Não houve adoção formal: a criança simplesmente passou a viver na mansão dos Mestres Metafísicos, e a Fraternidade assumiu todas as responsabilidades e despesas relativas à bebê. Segundo a reportagem da *Fortean Times*, nunca ficou claro se a mãe recebeu algum pagamento.

O plano era manter Jean numa "dieta da eternidade", estritamente vegetariana, e sempre cercada de "pensamentos positivos". Segundo uma nota distribuída na época pela Associated Press, "sua educação será rigidamente controlada, e ninguém poderá falar de morte ou doenças com ela".

Mais uma vez, trata-se de uma extrapolação perfeitamente lógica. No caso, do princípio de que as pessoas atraem para suas vidas aquilo em que pensam e de que falam. Ou, como nosso velho conhecido, Atkinson, escreve:

> Estamos enviando nossos pensamentos, com intensidade maior ou menor, o tempo todo, e colhemos os frutos desses pensamentos. Nossas ondas de pensamento não apenas influenciam a nós mesmos e outros, como também têm poder de atração – atraem para nós os pensamentos de outros, coisas, circunstâncias, pessoas, 'sorte', de acordo com os pensamentos em nossas mentes.[33]

A reportagem da *Fortean Times* cita Schafer dando a seguinte declaração: "Continuaremos a impressioná-la com a beleza da vida e com o aspecto da vida que tentamos viver. Se uma criança nunca pensar nada que seja mau ou destrutivo, não haverá como derrubá-la".

A babá encarregada de cuidar de Jean era mantida num plantão de 24 horas e vigiada para não sucumbir a nenhuma negatividade. Um tipo de pressão que não deve ter sido muito diferente da sentida pelos executivos e funcionários de grandes corporações e pequenas *start-ups* seduzidas pelas versões atuais das mesmas ideias ruins.

O experimento de vida eterna durou dois anos. Em dezembro de 1941, Catherine Gaunt pediu a criança de volta, ameaçando criar um escândalo na imprensa. Schafer aceitou devolver a criança, dizendo ao público que a causa da imortalidade agora estava nas mãos da família natural de Jean, mas brigou para ficar com os presentes que a bebê-celebridade havia recebido durante seus 15 meses de fama, incluindo um anel de diamante avaliado em dezenas de milhares de dólares.

A Fraternidade entrou em colapso pouco depois, com membros que se sentiram fraudados pelo Mestre Metafísico, processando-o e exigindo reparações. Schafer teve de vender a mansão para pagar dívidas e tornou-se sócio de Napoleon Hill numa revista de autoajuda. A revista não foi para a frente e o metafísico acabou preso por fraudar investidores. Solto, tentou voltar ao mercado de cursos sobre sucesso e palestras de autoajuda, mas (nenhuma ironia aqui) sem sucesso. Cometeu suicídio, junto com a esposa, em 1955. A notícia da morte, dada numa coluna e meia do *New York Times* com o título "Duplo Suicídio Relembra Seita Estranha", menciona brevemente o caso da bebê imortal.

E quanto a ela? Até onde se sabe, a menina Jean Gaunt cresceu para ter uma vida normal, casou-se, teve filhos e, segundo a *Fortean Times*, ainda estava viva em 2002, mas não encontramos informações mais recentes sobre ela.

Seu padrinho e inspirador-mor de Schafer, Napoleon Hill, morreu em 1970, também muito distante do sucesso financeiro. Hill era um mitômano contumaz: em seus livros, dizia ter recebido lições importantes sobre sucesso de grandes magnatas com quem, na verdade, nunca se encontrou, ou com quem esteve por poucos minutos, apenas para tirar uma foto de fã e ir embora. Um longo ensaio biográfico publicado sobre ele no site Gizmodo[34] mostra que passou a maior parte da vida adulta sendo sustentado por pequenas falcatruas ou pela caridade da esposa, ou ex-esposa, da ocasião (casou-se pelo menos cinco vezes).

De certa maneira, Hill morreu como um gênio não reconhecido – mas não pelos motivos que gostaria. O artigo em Gizmodo constrói um bom caso em defesa da tese de que, na obra e na vida de Napoleon Hill, encontramos o mapa fundamental, a estrutura básica dos esquemas e ideologias de "conquista do sucesso" do mundo moderno, dos cursos que prometem ensinar a enriquecer, passando pelos processos de *coaching* e chegando à literatura motivacional de autoajuda.

Não que Hill tenha inventado isso tudo sozinho (Atkinson havia começado a editar um jornal com o título *New Thought* em 1901, e a tese de Joscelyn Godwin sobre o iluminismo sugere que essas ideias sempre estiveram por aí, apenas foram trocando de roupa com o passar do tempo), mas o livro *Quem pensa enriquece* seria um momento especial de síntese, um ponto onde tudo o que veio antes se concentra antes de explodir de novo, renascendo num novo formato.

Vejamos, por exemplo, a seguinte frase: "A mente subconsciente consiste de um campo de consciência".[35] Antecipa Deepak Chopra e Amit Goswami. Mesmo trechos onde a "tecno-baboseira" – o jargão pseudocientífico – está envelhecido podem ser facilmente atualizados. Exemplo: "Vibrações de uma taxa extremamente elevada são as únicas captadas e transmitidas pelo éter, de um cérebro para outro". "Éter", um jargão científico ultrapassado, pode ser facilmente substituído por algo como "campo quântico" ou "campo morfogenético" ou "biocampo" etc., sem perda (ou ganho, na verdade) de sentido e coerência.

Em 2016, uma nova edição de *Think and Grow Rich*[36] (*Quem pensa enriquece*), reescrita para eliminar esses e outros anacronismos (e gerar direitos autorais para o "coautor"), constrói o mesmo trecho da seguinte forma: "Pensamento manifesta-se como energia elétrica dentro do cérebro humano. Apenas impulsos de pensamento altamente 'energizados' são transmitidos de um cérebro para outro".

E vamos comparar um pouco de Napoleon Hill "vintage", 1937, com um conselho de Tony Robbins, o rei do *coaching* motivacional no século XXI:

> Qualquer impulso de pensamento que é repetidamente passado para a mente subconsciente é, enfim, aceito e atuado pela mente subconsciente, que procede para traduzir esse impulso em seu equivalente físico.[37] (Hill)

> Eu me atribuí um alvo, e todo dia eu congruentemente dei ao meu cérebro uma mensagem clara, precisa, direta, de que essa era minha realidade. Tendo um alvo preciso, minha poderosa mente inconsciente guia meus pensamentos e ações para produzir os resultados desejados.[38] (Robbins)

A linguagem muda, Robbins é um escritor (um pouco) melhor, mas a ideia supersticiosa, baseada na intuição mágica da simpatia, segue sendo a mesma: a fantasia da Lei da Atração ("metas são como ímãs. Atraem as coisas que as tornam realidade", escreve Tony Robbins em outro trecho do mesmo livro).

Como vimos na introdução deste *Que bobagem!*, a mente humana é presa de diversos vieses cognitivos e, na pressa, lança mão de heurísticas – atalhos, às vezes convenientes, às vezes nem tanto – para formular ideias e conclusões.

Também somos alvo da tentação constante de confundir relações simbólicas, cuja realidade se restringe ao universo mental de culturas específicas, com relações dotadas de realidade física, objetiva, como a que existe entre massa e gravidade. Pessoas, algumas iludidas elas mesmas, outras mal-intencionadas, aproveitam-se dessas características humanas e usam uma linguagem que imita a ciência mais avançada de cada época – gravidade e eletromagnetismo no início do século XX, Física Quântica agora, no XXI – para revestir de plausibilidade o que não passa de superstição.

Epílogo

Certa vez, em uma festinha infantil, um de nós (Natalia), envolveu-se numa discussão com outros pais e mães sobre alergias em crianças. Logo, alguém sugeriu: "Sabe o que é bom para isso? Homeopatia"! Natalia então perguntou se todos ali sabiam o que era homeopatia, no que se baseava, quais eram os princípios, a lógica que seguia. E explicou. Depois de ouvir, uma das mães reagiu, chocada: "Mas, então, não tem nada lá? É só água? Mas que bobagem!"

A semente deste *Que bobagem!* está aí. Não se trata de desqualificar ou demonizar gente que acredita em práticas de saúde sem comprovação científica ou que tem ideias exóticas (e demonstravelmente falsas) sobre a história humana ou a própria natureza da realidade.

Como vimos, muitas dessas pessoas foram vítimas de um marketing perverso e de uma sociedade que não investe em letramento científico e ensino de pensamento crítico e racional. Nosso título busca refletir e evocar o senso de indignação que desperta quando alguém se dá ao trabalho de explicar ao público, de modo claro, de onde vêm essas práticas e noções, como são financiadas, os sistemas ideológicos e interesses que as sustentam. Essa indignação, que fez a mãe na festinha exclamar "Que bobagem!", é o que queremos provocar com este livro.

Claro, a indignação requer observadores imparciais, o que é difícil de encontrar no mundo moderno. Martin Gardner, pioneiro do movimento cético e divulgador de ciência dos EUA, conta, na introdução à segunda edição do seu livro *Fads and Fallacies in the Name of Science*[1] (traduzido aqui como *Manias e crendices em nome da ciência*), onde cada capítulo denunciava uma forma de pseudociência popular nos anos 1950, que recebeu muitas cartas revoltadas de pessoas extremamente ofendidas com o livro.

Mas, para sua surpresa, a maior parte dos queixosos atacava um capítulo específico – só o de discos voadores, só o de medicina alternativa etc. – e considerava os demais excelentes. Sabemos da probabilidade de isso acontecer também conosco: a maioria das pessoas parece ter, pelo menos, uma pseudociência de estimação. Ficaremos satisfeitos, nestes casos, em plantar no mínimo uma semente de ceticismo que leve o leitor a considerar: será?

O argumento mais recorrente de muitas pseudociências da área de saúde é de que elas são complementares, não alternativas, ao sistema de base científica, e por isso permitem integrar "o melhor dos dois mundos". Alega-se que ninguém mandou abandonar a medicina moderna, ou parar de estudar física de partículas, ou, ainda, afirmou que psicanálise era científica. O apelo ao "melhor dos dois mundos" e a "outras epistemes e paradigmas" são argumentos comuns do vendedor de ilusões.

John Farley, da Universidade de Nevada, arrisca imaginar o que aconteceria se essa ideia de "o melhor dos dois mundos" fosse utilizada em outras áreas além da Medicina.[2] "Biólogos teriam que integrar o criacionismo à evolução darwiniana, enquanto químicos teriam que integrar alquimia à química moderna. Geólogos poderiam integrar a crença de que a Terra tem apenas 6 mil anos (e é plana) ao processo moderno de datação de rochas. Físicos integrariam máquinas de moto perpétuo à conservação de energia e às leis da termodinâmica. E astrônomos poderiam integrar a astrologia à astronomia. Isso é obviamente ridículo. Não é uma boa ideia integrar crenças sem sentido com conhecimento científico".

Mas e diferentes epistemes e paradigmas? Como lidar com o argumento de que nem tudo pode ser avaliado pelo método científico? É uma proposta que até soa razoável. Afinal, nem tudo na vida é ciência. Música, arte, esportes, literatura são aspectos importantes da experiência humana que não podem ser julgados por critérios científicos, e não são menos valiosos por isso. Mas para entender, descrever e interferir no funcionamento do mundo natural, a ciência ainda é nossa melhor ferramenta. Dizer que algo funciona em outra episteme (ou, como dizem alguns às vezes, confundindo conceitos, "paradigma") é, portanto, admitir que não joga pelas regras da ciência e não deve, portanto, partilhar da sua credibilidade quando o assunto é a realidade concreta, o que é capaz de afetá-la ou não, e como.

"Episteme": "O que é para uma ciência ser ciência"; "a totalidade das relações que podem ser descobertas, para um dado período, entre as ciências, quando analisadas ao nível das regularidades discursivas".[3] "Paradigma": "O conjunto de compromissos compartilhados de uma comunidade científica"; "o que os membros de uma comunidade científica, e só eles, compartilham".[4]

Como as definições acima, retiradas das obras dos pais de ambos os conceitos – Michel Foucault e Thomas Kuhn, respectivamente – mostram, "episteme" parece uma ideia muito mais ambiciosa do que "paradigma": uma episteme é um sistema compartilhado por várias ciências; um paradigma, algo válido dentro de comunidades científicas particulares. Em comum, os conceitos têm, além do fato de referirem-se à ciência, a característica de não serem lá muito precisos e darem margem a confusão – mesmo nos trabalhos dos autores originais.

Em debates sobre ciência e pseudociência, ambos os termos costumam aparecer de modo pouco rigoroso e quase intercambiável, significando, grosso modo, a "regra do jogo" do conhecimento: as bases e os pressupostos que fazem com que um conjunto de alegações sobre a realidade conte como "conhecimento", num determinado contexto histórico e social. Bobagens pseudocientíficas se recusam a aceitar as regras do jogo. Mas querem ser reconhecidas como ciência mesmo assim, porque veem que o "branding" científico gera credibilidade aos olhos do público (e não prejudica as vendas, muito pelo contrário).

Assim chegamos ao paradoxo de algo se vender como científico – isto é, capaz de explicar, descrever e afetar a realidade prática, empírica, tão bem quanto os produtos da ciência –, ao mesmo tempo que alega que a ciência é incompetente para testá-lo.

Digamos que você queira mudar um aspecto bem concreto da sua realidade: o lugar onde se encontra. Você quer sair da sua cidade e ir a Paris.

Não importa o quanto de elaboração teórica tente demonstrar que a diferença entre tapete voador e avião a jato é apenas uma questão de "paradigma" ou "episteme". O fato concreto é que as leis da Física (que guiam a construção e operação do aeroplano) são capazes de transportar seres humanos e bagagem até a Cidade Luz, e as leis que regem o tapete voador, sejam lá quais forem, não são.

Energias curativas, bolinhas de açúcar mágicas, terapias que invocam os antepassados e maluquices inventadas sobre o poder avassalador dos desejos inconscientes operam, todas, sob "leis de tapete voador". Podem render boas metáforas, boa literatura, boa retórica, mas assim como a *Odisseia* não prova que os deuses do Olimpo existem, uma história bem contada não é necessariamente uma história real.

Ah, mas a ciência já esteve errada no passado. Então, quem me garante que não está errada agora?

Lá se vão décadas, Isaac Asimov publicava o que talvez seja um dos melhores ensaios de divulgação científica já escritos, *The Relativity of Wrong* (algo como "A Relatividade do Errado"), em que explicava que, embora as ideias da ciência sobre a realidade sempre estejam, de algum modo, erradas – afinal, a ciência progride a partir da crítica e da revisão das próprias descobertas – elas estão menos erradas hoje do que estavam há cem, ou duzentos anos.

Diz um trecho: "Quando as pessoas achavam que a Terra era plana, elas estavam erradas. Quando as pessoas achavam que a Terra era esférica, elas estavam erradas. Mas se você acha que achar que a Terra é esférica é tão errado quanto achar que a Terra é plana, então seu ponto de vista está mais errado do que os outros dois juntos".

A ciência progride e acumula novas evidências, mas para mudar consensos científicos bem estabelecidos como evolução das espécies, mudanças climáticas causadas pelo homem e todos os fundamentos químicos e físicos que embasam a medicina moderna, para incorporar o conceito de que quanto mais se dilui uma substância, mais potente ela fica, ou que a mecânica quântica explica mau olhado, as novas evidências teriam que ser tão revolucionárias a ponto de jogar todo o conhecimento científico que permitiu todos os avanços tecnológicos alcançados até hoje no lixo, de uma vez só.

Por que é importante apontar bobagens pseudocientíficas? É só uma questão de vaidade intelectual? Enfim, que mal há em acreditar que nossos signos são compatíveis, que tomar suco de couve ajuda o sistema imune, que complementar um tratamento médico com bolinhas de açúcar faz a doença passar mais depressa ou achar que ETs construíram as pirâmides? Parecem crenças inofensivas? Mas não são. Como esperamos ter mostrado, crenças injustificadas, desde as que parecem apenas divertidas, como astrologia e óvnis, até as com mais potencial de dano imediato, como medicina tradicional chinesa ou dietas malucas, compartilham algo: o pensamento mágico.

Pensamento mágico pode levar pessoas em situações de vulnerabilidade e desespero a tomarem decisões perigosas e irreversíveis. Pessoas morrem, adoecem, perdem as economias de uma vida, desfazem amizades e rompem relações familiares por acreditar em bobagens. Pessoas são rotineiramente enganadas por charlatões, em um mercado perverso altamente especializado em vender bobagens.

Buscamos oferecer uma vacina para o pensamento mágico, um manual para reconhecer mercadores de ilusões e identificar soluções mágicas. Esperamos assim poupar a saúde, o bem-estar e o bolso do leitor.

* * * *

Agradecemos aos professores Alicia Kowaltowski e Sebastião de Sousa Almeida, da Universidade de São Paulo, pelo auxílio com informações técnicas. Todas as opiniões e os eventuais erros presentes neste livro são, é claro, responsabilidade dos autores.

Notas

Introdução "Um modo de olhar para o mundo"

[1] Lee McIntyre, *The Scientific Attitude*, Cambridge, MIT Press, 2019.

[2] Chris Gosden, *Magic: A History*, New York, Farrar, Straus & Giroux, 2020.

[3] Peter Medawar, *Pluto's Republic*, Oxford, Oxford University Press, 1982.

[4] Confira, por exemplo, Malcolm Glaskill, *Witchcraft: A Very Short Introduction*, Oxford, Oxford University Press, 2010.

[5] V. Lemos, "'Quiseram fazer meu mapa astral na entrevista': quando o signo vira critério para conseguir emprego", em *BBC Brasil*, 4 mar. 2020, disponível em https://www.bbc.com/portuguese/geral-51566835, acessado em 5/02/2022.

[6] C. Baima, "'Fit cultural': ciência ou só mais uma moda corporativa?", em *Revista Questão de Ciência*. 16/7/2021, disponível em https://www.revistaquestaodeciencia.com.br/index.php/artigo/2021/07/14/fit-cultural-ciencia-ou-so-mais-uma-moda-corporativa, acessado em 25/08/2022.

[7] T. Harv Eker, *Os segredos da mente milionária*, Rio de Janeiro, Sextante, 2006.

[8] Paul Boghossian, *Fear of Knowledge*, Oxford, Clarendon Press, 2006.

[9] Ronaldo Pilati, *Ciência e pseudociência*, São Paulo, Contexto, 2018.

[10] T. Schick Jr. e L. Vaughn, *How To Think About Weird Things*, New York, McGraw-Hill, 2014.

[11] T. Schick Jr. e L. Vaughn, *How To Think About Weird Things*, New York, McGraw-Hill, 2014.

[12] J. Y. L. Chow, B. Colagiuri e E. J. Livesey, "Bridging the divide between causal illusions in the laboratory and the real world: the effects of outcome density with a variable continuous outcome", em *Cogn Res Princ Implic.* v. 4, n.1:1, 28 jan. 2019; doi: 10.1186/s41235-018-0149-9. PMID: 30693393; PMCID: PMC6352562.

[13] H. Matute et. al., "Illusions of causality: how they bias our everyday thinking and how they could be reduced", em *Front. Psychol.*, 02 jul. 2015; https://doi.org/10.3389/fpsyg.2015.00888.

[14] S. A. McLeod, "Pavlov's dogs", em *Simply Psychology*, 8 out. 2008, disponível em www.simplypsychology.org/pavlov.html, acessado em jan. 2023.

[15] N. Kleitman e G. Crisler, "A quantitative study of a salivary conditioned reflex", em *Am. J. Physiol.*, v. 79, 1927, p. 571.

[16] A. Pollo, M. Amanzio, A. Arslanian, C. Casadio, G. Maggi e F. Benedetti, "Response expectancies in placebo analgesia and their clinical relevance", em *Pain*, v. 93, n. 1, pp. 77-84, jul. 2001.

[17] M. Amanzio, A. Pollo, G. Maggi e F. Benedetti, "Response variability to analgesics: a role for non-specific activation of endogenous opioids", em *Pain*, v. 93, n. 1, pp. 77-84, jul. 2001.

[18] O. Pfungst, "Clever Hans (The horse of Mr. Von Osten): A contribution to experimental animal and human psychology", em *Create Space Independent Publishing Platform*, 2 jul. 2015.

[19] Taylor e Gough, "No way to treat a friend: lifting the lid on complementary and alternative veterinary medicine", em *5M Publishing*, 2017.

[20] D. Ramey, "Is there a placebo effect for animals?", 2008, disponível em https://sciencebasedmedicine.org/is-there-a-placebo-effect-for-animals/, acessado em 05/01/ 2023.

[21] *Bíblia Sagrada*: Edição Pastoral, São Paulo, Paulus, 1990;

[22] Imogen Evans et. al., *Testing Treatments*, London, Pinter & Martin, 2011

[23] Ulrich Tröhler, "James Lind and scurvy: 1747 to 1795", 2003, em *JLL Bulletin: Commentaries on the history of treatment evaluation*, disponível em https://www.jameslindlibrary.org/articles/james-lind-and-scurvy-1747-to-1795/, acessado em 07/04/2023.

[24] Ernst E. e Simon S., *Trick or Treatment? Alternative Medicine on Trial*, London, Corgi, 2009.

[25] A sangria foi uma prática instituída desde a Grécia Antiga, baseada na teoria dos humores, e na crença de que o humor em excesso precisava ser purgado. Para isso, utilizava-se uma lâmina, e posteriormente um "escarificador", capaz de cortar a pele em vários locais simultaneamente. Sanguessugas também foram amplamente utilizadas. A finalidade era literalmente deixar o paciente sangrar, para eliminar o excesso de um dos humores.

[26] P. H. A. Chen, , J. H. Cheong, E. Jolly et al., "Socially transmitted placebo effects", *Nat Hum Behav* v. 3, pp. 1295-1305, 2019. https://doi.org/10.1038/s41562-019-0749-5.

[27] R. B. Bausell, *Snake Oil Science: The Truth About Complementary and Alternative Medicine*, Oxford, Oxford University Press, 2009.

[28] R. Shapiro, *Suckers: How Alternative Medicine Makes Fools of Us All*, Kindle Edition, 2010.

Capítulo "Astrologia"

[1] *Folha de S. Paulo*, edições de 13/07/2014, 18/01/2016 e 16/09/2018.

[2] "Auspicious C-sections", *The Economist*, 15 fev. 2012, disponível em https://www.economist.com/babbage/2012/02/15/auspicious-c-sections, acessado em 05/02/2022.

[3] K. Paul, "Capricorns need not apply: is it legal to pick a roommate by astrological sign?", em *The Guardian*, 22 abr. 2019, disponível em https://www.theguardian.com/society/2019/apr/22/roommate-astrology-zodiac-discrimination, acessado em 05/02/2022.

[4] V. Lemos, "'Quiseram fazer meu mapa astral na entrevista': quando o signo vira critério para conseguir emprego", em *BBC Brasil*, 4 mar. 2020, disponível em https://www.bbc.com/portuguese/geral-51566835, acessado em 05/02/2022.

[5] P. Valle, "Astrologia tem aparecido cada vez mais em seleções de emprego. Saiba como agir", em *Extra* 15 mar. 2020, disponível em https://extra.globo.com/economia-e-financas/emprego/astrologia-tem-aparecido-cada-vez-mais-em-selecoes-de-emprego-saiba-como-agir-rv1-1-24305679.html, acessado em 05/02/2022.

[6] Roger Beck, *A Brief History of Ancient Astrology*, New Jersey, Wiley-Blackwell, 2007. Tradução dos autores.

[7] Tasmin Barton, *Ancient Astrology*, Abingdon, Routledge, 1994.

[8] Eric Kurlander, *Hitler's Monsters*, Connecticut/London, Yale University Press, 2017.

[9] O que fica exemplificado em obras como o tratado sobre plantas terapêuticas e astrologia publicado por Nicholas Culpeper (1616-1654) na Inglaterra em 1652, "The Culpeper Herbal", onde se lê, entre outras receitas, que o trevo é regido por Mercúrio e alivia as dores da gota.

[10] Karl Marx e Frederich Engels, *O Manifesto Comunista*, São Paulo, Boitempo, 1998.

[11] Pekka Teerikorpi et.al., "How far away are the stars?", em *The Evolving Universe and the Origin of Life*, Springer International Publishing, 2019.

[12] Urban T. Holmes Jr., "The position of the North Star circa 1250", em *Isis: A Journal of the History of Science Society*, v. 32, n. 1, julho de 1940. https://doi.org/10.1086/347636.

[13] Jeremy B. Tatum, "The signs and constellations of the zodiac", disponível em https://adsabs.harvard.edu/full/2010JRASC.104..103T, acessado em 08/03/2022.

[14] Alexey Dodsworth Magnavita, "Afinal, o meu signo mudou?", disponível em https://www.personare.com.br/conteudo/afinal-o-meu-signo-mudou-m1152, acessado em 8/3/2022.

[15] Louise Edington, *The Complete Guide to Astrology*, Berkeley, Rockridge Press, 2020.

[16] Louise Edington, *The Complete Guide to Astrology*, Berkeley, Rockridge Press, 2020.

[17] Christian Rudder, *Dataclysm: Who We Are (When We Think No One's Looking)*, New York, HarperCollins Publishers, 2014.

[18] David Voas, "Ten million marriages: an astrological detective story", em *Skeptical Inquirer*, v. 32, n. 2, mar.-abr. 2008.

[19] Geoffrey O. Dean e I. W. Kelly, "Is astrology relevant to consciousness and psi", em *Journal of Consciousness Studies* v.10, n. 6-7, pp. 175-198, 2003. https://philpapers.org/rec/DEAIAR, acessado em 07/04/2023.

[20] Michel Gauquelin, *Dream and Illusions of Astrology*, New York, Prometheus Books, 1979.

[21] Michel Gauquelin, *The Truth About Astrology*, Oxford, Basil Blackwell Publisher, 1983.

[22] Michel Gauquelin, *Dream and Illusions of Astrology*, New York, Prometheus Books, 1979.

[23] David King, *Death in the City of Light*, New York, Hachette, 2011.

[24] Mather Dean e Smit Nias, *Tests of Astrology*, Amsterdam: AinO Publications, 2016.

[25] G. Dean, "Does astrology need to be true?", em *The Hundredth Monkey*, New York, Prometheus Books, 1991.

[26] G. Dean e A. Mather, *Recent Advances in Natal Astrology*, Perth, Analogic, 1977.

[27] D. Hamblin, "The need for doubt and the need for wonder", em *Astrological Journal*, v. 24, n. 3, Astrological Association, 1982.

[28] "Previsões para 2022", em Personare, disponível em https://www.personare.com.br/previsoes-para-2022, acessado em 19/03/2022.

[29] "Veja as previsões de 2022 para seu signo", em *Extra*, disponível em https://extra.globo.com/tv-e-lazer/veja-as-previsoes-de-2022-para-seu-signo-rv1-1-25331614.html, acessado em 19/03/2022;

[30] E. Griffith, "Astrology: Venture capitalists put their money into the $2.1bn industry", em *The Independent*, 26/04/2019, disponível em https://www.independent.co.uk/life-style/horoscopes-astrology-industry-venture-capitalists-aquarius-a8886341.html, acessado em 19/03/2022; veja também J. Kaplan e M. Stenberg, "Meet the astrology entrepreneurs who turned an awful 2020 into a boom for the $2.2 billion industry", em *Business Insider*, 26/12/2020, disponível em https://www.businessinsider.com/astrology-industry-boomed-during-pandemic-online-entrepreneurs-2020-12, acessado em 19/03/2022.

[31] "Astrology could help take pressure off NHS doctors, claims conservative MP", em *The Guardian*, 15 fev. 2015, disponível em https://www.theguardian.com/politics/2015/feb/25/astrology-help-nhs-claim-conservative-mp-david-tredinnick, acessado em 07/04/2023.

Capítulo "Homeopatia"

[1] "Insights on global homeopathy products market size & share projected to hit at USD 50,203.3 million and rise at a CAGR of 18.7% by 2028: industry trends, demand, value, analysis & forecast report", em Zion Market Research, disponível em https://www.prnewswire.com/news-releases/insights-on-global-homeopathy-products-market-size--share-projected-to-hit-at-usd-50-203-3-million-and-rise-at-a-cagr-of-18-7-by-2028-industry-trends-demand-value-analysis--forecast-report--zion-market-research-301549050.html, acessado em 16/12/2022.

[2] "Homeopathic products market size to hit USD 19.7 Bn by 2030", disponível em https://www.precedenceresearch.com/homeopathic-products-market, acessado em 16/12/2022.

[3] Disponível em https://www.marketresearchfuture.com/reports/homeopathy-market-4970, acessado em 16/12/2022.

[4] B. Bausell, *Snake Oil Science: The Truth About Complementary and Alternative Medicine*, Oxford, Oxford University Press 2009.

[5] R. Shapiro, *Suckers: How Alternative Medicine Makes Fools of Us All*, Kindle edition, 2010.

[6] "Findings from a nationwide online survey of adults on attitudes toward homeopathic products, including an oversample of Washington, D.C. residentes", Center for Inquiry, disponível em https://cdn.centerforinquiry.org/wp-content/uploads/2019/09/22151635/LRP-Report-Center-for-Inquiry-f-082619-Update-1.pdf, acessado em 16/12/2022.

[7] R. Porter, *The Greatest Benefit to Mankind: A Medical History of Humanity*, New York, HarperCollins Publishers, 1997.

[8] P. E. Kopperman "'Venerate the Lancet': Benjamin Rush's yellow fever therapy in context", em *Bull Hist Med.*, v. 78, n. 3, pp. 539-74, 2004. doi: 10.1353/bhm.2004.0126. PMID: 15356370.

[9] Lenin Bicudo Bárbara, *Investigações sobre a ignorância humana*, Tese (Doutorado), Faculdade de Filosofia, Letras e Ciências Humanas da Universidade de São Paulo, São Paulo, 2018.

[10] Oliver Wendell Holmes, *Homeopathy and its kindred delusions*, Adelaide, The University of Adelaide Library, 2014.

[11] Lenin Bicudo Bárbara, *Investigações sobre a ignorância humana*, Tese (Doutorado), Faculdade de Filosofia, Letras e Ciências Humanas da Universidade de São Paulo, São Paulo, 2018.

[12] Ruy Madsen Barbosa Neto, *Bases da Homeopatia*, Curitiba, Appris, 2017.

[13] Disponível em http://www.wholehealthnow.com/homeopathy_info/, acessado em 19/11/2022.

[14] E. Ernst, "Homeopathy: what does the 'best' evidence tell us?", *Medical Journal of Australia*, v. 192, n. 8, pp. 458-460, ago. 2010.

[15] S. Barret, website on pseudosciences, disponível em http://homeowatch.org/, acessado em 7/4/2023.

[16] Uma diluição seriada é obtida da seguinte maneira: usando como exemplo a diluição 1/100 ou C da homeopatia: partindo de uma solução original, 1 ml dessa é misturado com 99 ml de água. Essa é a solução 1C, diluída 100 vezes. Pega-se então 1 ml da solução 1C, adiciona-se 99 ml de água, formando a solução 2C, e assim sucessivamente.

[17] Goldacre B. Bad Science. *Quacks, Hacks, and Big Pharma Flacks*. Kindle Edition. Faber & Faber; Reprint edition (October 12, 2010)

[18] R. Shapiro, *Suckers: How Alternative Medicine Makes Fools of Us All*, New York, Vintage Books, 2009.

[19] I. Johnson, "American Chemical Society says homeopathy is 'bunk' – here's why", em *The Independent*, 11 maio 2016, disponível em https://www.independent.co.uk/life-style/health-and-families/health-news/homeopathy-american-chemical-society-bunk-complementary-alternative-medicine-a7023786.html , acessado em 19/11/2022.

[20] J. Gunter, "Can quantum mechanics explain homeopathy?", em 9 jul. 2015, disponível em https://drjengunter.com/2015/07/09/can-quantum-mechanics-explain-homeopathy/, acessado em 16/12/2022.

[21] E. Ernst, *Homeopathy – The Undiluted Facts*, New York, Springer International Publishing, 2016.

[22] E. Davenas, F. Beauvais e J. Amara et al. "Human basophil degranulation triggered by very dilute antiserum against IgE", em *Nature* v. 333, pp. 816-818, 1988. doi:10.1038/333816a0.

[23] Michael Baum et al. *The American Journal of Medicine*, v. 122, n. 11, pp. 973-974.

[24] J. Maddox, J. Randi, J. e W. Stewart, "'High-dilution' experiments a delusion", em *Nature* v. 334, pp. 287-290, 1988. doi:10.1038/334287a0.

[25] Colaboração Cochrane é uma organização mundial formada por pesquisadores independentes com o objetivo de oferecer as melhores evidências, em forma de meta-análise, sobre assuntos de interesse médico e científico. O grupo não possui nenhum conflito de interesses, já que não é vinculado a nenhuma universidade, multinacional ou organização internacional.

[26] E. Ernst, "A systematic review of systematic reviews of homeopathy", em *British Journal of Clinical Pharmacology*, v. 54, n. 6, pp. 577-582, 2002. doi:10.1046/j.1365-2125.2002.01699.x.

[27] E. Ernst, "Homeopathy: what does the 'best' evidence tell us?", em *Med J Aust* 192, n. 8, pp. 458-460, 2010.

[28] Australian government – NHMRC INFORMATION PAPER Evidence on the effectiveness of homeopathy for treating health conditions, mar. 2015. http://www.nhmrc.gov.au/health-topics/complementary-medicines/homeopathy-review.

[29] A. Shang, K. Huwiler-Müntener, L. Nartey e P. Jüni, S. Dörig, J. A. Sterne, D. Pewsner, M. Egger Lancet, "Are the clinical effects of homoeopathy placebo effects? Comparative study of placebo-controlled trials of homoeopathy and allopathy", em *Lancet*, v. 366, n. 9487, pp. 726-32 , 27 ago.-set. 2005.

[30] Stefania Milazzo et al., "Efficacy of homeopathic therapy in cancer treatment", em *European Journal of Cancer*, v. 42, n. 3, pp. 282-289, 2006.

[31] J. Jacobs, B. Guthrie, G. Montes, L. Jacobs, N. Colman, A. Wilson, R. DiGiacomo, "Homeopathic combination remedy in the treatment of acute childhood diarrhea in Honduras", em *The Journal of Alternative and Complementary Medicine*, 2006.

[32] C. N. M. Renckens, T. Schoepen e W. Betz, "Beware of quacks at the WHO", em *Skeptical Inquirer*, v. 29, n.5, pp. 12-14, 2005.

[33] "Homeopathy and the WHO", disponível em https://senseaboutscience.org/activities/voys-homeopathy/, acessado em 16/12/2022.

[34] "Swiss report on alternative therapies", disponível em http://www.swissinfo.ch/eng/alternative-therapies-are-put-to-the-test/29242484, acessado em 16/12/2022.

[35] "House of Commons UK – Evidence check 2: Homeopathy – Science and Technology Committee", disponível em http://www.publications.parliament.uk/pa/cm200910/cmselect/cmsctech/45/4504.htm#a10, acessado em 16/12/2022.

[36] "Australian government – NHMRC Information Paper – Evidence on the effectiveness of homeopathy for treating health conditions", disponível em https://www.nhmrc.gov.au/about-us/resources/homeopathy, acessado em 16/12/2022, mar. 2015.

[37] Solenne Le Hen, "La Haute autorité de santé recommande de ne plus rembourser les médicaments homéopathiques" 16 maio 2019, disponível em https://www.francetvinfo.fr/sante/medicament/la-haute-autorite-de-sante-recommande-de-ne-plus-rembourser-les-medicaments-homeopathiques_3446463.html, acessado em 16/12/2022.

[38] "Homeopathy no longer available in NHS in England as last CCG ends funding. National Health Executive" 08/08/2018, disponível em https://www.nationalhealthexecutive.com/News/homeopathy-no-longer-available-in-nhs-as-last-ccg-ends-funding, acessado em 16/12/2022.

[39] Thompson, H. Homeopathy: Group fights France's no reimbursement rule. Connexion. 3/1/2021. Disponível em https://www.connexionfrance.com/article/French-news/Homeopathy-Group-fights-France-s-no-reimbursement-rule-from-in-court, acessado em 16/12/2022.

[40] A. Levinoviz, "Homeopathic medicines will carry labels saying they're unscientific". Slate, 16/11/2016. disponível em https://slate.com/technology/2016/11/the-ftcs-new-homeopathic-medicine-rules-will-backfire.html, acessado em 16/12/2022.

[41] "Política Nacional de Práticas Integrativas e Complementares", disponível em https://www.gov.br/saude/pt-br/acesso-a-informacao/acoes-e-programas/pnpic, consultado em 13/12/2022.

[42] "Medicina integrativa", disponível em https://www.einstein.br/especialidades/oncologia/conheca-oncologia-einstein/medicina-integrativa, acessado em 13/12/2022.

[43] Disponível em https://www.aima.net.au, acessado em 13/12/2022.

[44] "Complementary, alternative, or integrative health: what's in a name?", disponível em https://www.nccih.nih.gov/health/complementary-alternative-or-integrative-health-whats-in-a-name, acessado em 07/04/2023.

[45] "'Tratamento precoce', antivacinação e negacionismo: quem são os Médicos pela Vida no contexto da pandemia de covid-19 no Brasil?", disponível em https://www.scielo.br/j/csc/a/Pz6T7KybnrbncppQMVFq9ww/, acessado em 16/12/2022.

[46] *Política Nacional de Práticas Integrativas e Complementares no SUS*, Ministério da Saúde, Secretaria de Atenção à Saúde, Departamento de Atenção Básica, Brasília, Ministério da Saúde, 2006, disponível em https://bvsms.saude.gov.br/bvs/publicacoes/pnpic.pdf, acessado em 03/04/2023.

[47] W. I. Sampson, "Why the national center for complementary and alternative medicine (NCCAM) should be defunded". Quackwatch. 10/12/2002. disponível em https://quackwatch.org/related/nccam/, acessado em 16/12/2022.

[48] *Skeptical Inquirer*, v. 36, n. 1, jan.-fev. 2012.

[49] N. Botha, "Challenging bad medicine: How to use the media effectively", em *Bizcommunity* 30 nov. 2017, disponível em https://www.bizcommunity.com/Article/196/330/170788.html, consultado em 13/12/2022.

[50] "Um ano de vida, com muito trabalho a fazer", disponível em https://www.revistaquestaodeciencia.com.br/editorial/2019/11/30/depois-de-um-ano-ainda-com-muito-trabalho-pela-frente, acessado em 26/12/2022.

[51] H. Alexander, "Parents guilty of manslaughter over daughter's eczema death", em *The Sydney Morning Herald* 5 jun. 2009, disponível em https://www.smh.com.au/national/parents-guilty-of-manslaughter-over-daughters-eczema-death-20090605-bxvx.html, acessado em 16/12/2022.

[52] "Homeopathy boy died of encephalitis. Ansa" 29 maio 2017, disponível em https://www.ansa.it/english/news/general_news/2017/05/29/homeopathy-boy-died-of-encephalitis-3_13e02493-4e62-4787-9162-12d831121ef6.html, acessado em 16/12/2022.

[53] "Asthmatic 'told to give up drugs'", em *Independent.ie* 4 dez. 2001, disponível em https://www.independent.ie/irish-news/asthmatic-told-to-give-up-drugs-26063764.html, acessado em 16/12/2022.

[54] Skyler B. Johnson, Henry S. Park, Cary P. Gross, James B. Yu, "Use of alternative medicine for cancer and its impact on survival", em *JNCI: Journal of the National Cancer Institute*, v. 110, n. 1, , pp. 121-124, jan. 2018. https://doi.org/10.1093/jnci/djx145

[55] "First worldwide manifesto against pseudosciences in health", disponível em https://www.apetp.com/wp-content/uploads/2020/10/First-worldwide-manifesto-against-pseudosciences-in-health.pdf., acessado em 16/12/2022.

[56] K. Smith, "Against homeopathy – a utilitarian perspective", em *Bioethics*, v. 26, pp. 398-409, 2012a. doi: 10.1111/j.1467-8519.2010.01876.x.

[57] K. Smith, "Homeopathy is unscientific and unethical", em *Bioethics*, v. 26, pp. 508-512, 2021b. doi: 10.1111/j.1467-8519.2011.01956.x.

[58] Edzard Ernst e Kevin Smith, "More harm than good?: The moral maze of complementary and alternative medicine", *Springer Verlag*, 2018.

[59] Lawrence Torcello, "What's the harm? Why the mainstreaming of complementary and alternative medicine is an ethical problem", em *Ethics in Biology, Engineering and Medicine* v. 4 n. 4, pp. 333-344, 2013.

[60] D. Gotoff e T. Dixon, "Findings from a nationwide online survey of adults on attitudes toward homeopathic products, including an oversample of Washington, D.C. residents". *CFI*. 2019, disponível em https://cdn.centerforinquiry.org/wp-content/uploads/2019/09/22151635/LRP-Report-Center-for-Inquiry-f-082619-Update-1.pdf, acessado em 16/12/2022.

Capítulo "Acupuntura e Medicina Tradicional Chinesa"

[1] Editorial, em *Revista Questão de Ciência*, 28 nov. 2019, disponível em https://www.revistaquestaodeciencia.com.br/editorial/2019/10/28/perigosa-promocao-da-medicina-tradicional-chinesa-no-brasil, acessado em 04/01/2023.

[2] National Center of Complementary and Integrative Health, disponível em https://www.nccih.nih.gov/health/traditional-chinese-medicine-what-you-need-to-know, acessado em 04/01/2023.

[3] Política Nacional de Práticas Integrativas e Complementares no SUS, Ministério da Saúde, Secretaria de Atenção à Saúde, Departamento de Atenção Básica, Brasília, Ministério da Saúde, 2006, disponível em https://aps.saude.gov.br/ape/pics/praticasintegrativas, acessado em 04/01/2023.

[4] WHO international standard terminologies on traditional Chinese medicine, 2022, disponível em https://www.who.int/publications/i/item/9789240042322, acessado em 04/01/2023.

[5] World Health Organization. International Statistical Classification of Diseases and Related Health Problems (ICD), disponível em https://www.who.int/classifications/classification-of-diseases, acessado em 04/01/2023.

[6] Editorial, em *Revista Questão de Ciência*, 24 jun. 2019, disponível em http://revistaquestaodeciencia.com.br/index.php/editorial/2019/06/24/muito-lobby-pouca-ciencia-oms-e-medicina-tradicional-chinesa, acessado em 04/01/2023.

[7] "The big push for Traditional Chinese Medicine", em *Nature* v. 561, 27 set. 2018.

[8] Front. *Public Health*, Sec. Health Economics, 28 abr. 2022.https://doi.org/10.3389/fpubh.2022.865887

[9] "Absolute Reports. Traditional Chinese Medicine Market 2023-2027", em *Globe Newswire* 15 nov. 2022, disponível em https://www.globenewswire.com/en/news-release/2022/11/15/2555883/0/en/Traditional-Chinese-Medicine-Market-2023-2027-Future-Investment-Expansion-Plan-Market-Dynamics-Key-Players-Opportunities-Challenges-Risks-Factors-Analysis-Sales-Price-Revenue-Gross.html, acessado em 04/01/2023.

[10] "Why China's traditional medicine boom is dangerous", em *The Economist* 1º set. 2017, disponível em https://www.economist.com/china/2017/09/01/why-chinas-traditional-medicine-boom-is-dangerous, acessado em 08/01/2023.

[11] "China is ramping up its promotion of its ancient medical arts", em *The Economist,* 31 ago. 2017, disponível em https://www.economist.com/leaders/2017/08/31/china-is-ramping-up-its-promotion-of-its-ancient-medical-arts, acessado em 08/01/2023.

[12] O. Dyer, "Beijing proposes law to ban criticism of traditional Chinese medicine", em *BMJ*, v. 369, m2285, 2020; doi:10.1136/bmj.m2285.

[13] "Beijing's regulations on TCM remove prohibition against slandering TCM", disponível em https://www.globaltimes.cn/content/1208809.shtml, acessado em 08/01/2023.

[14] Os autores estão cientes de que o uso da palavra "denegrir" tem conotações racistas, mas optaram por fazer a tradução literal do termo usado na reportagem do *Global Times*.

[15] Instituto Confúcio na Unesp, disponível em https://www.institutoconfucio.com.br, acessado em 08/01/2023.

[16] J. da Matta, Instituto Confúcio de Medicina Chinesa é oficialmente inaugurado. UFG. 12 dez. 2022, disponível em https://www.ufg.br/n/163061-instituto-confucio-de-medicina-chinesa-e-oficialmente-inaugurado, acessado em 13/01/2023.

[17] P. Unschuld, *Medicine in China: A History of Ideas*, Berkeley, University of California Press, 25 ed. 2010.

[18] S. Basser, "Acupuncture: a history", disponível em http://www.acuwatch.org/hx/basser.shtml, acessado em 09/01/2023.

[19] J. Curran "The Yellow Emperor's classic of internal medicine", em *BMJ*, v. 336, n. 7647, p. 777, 5 abr. 2008; doi: 10.1136/bmj.39527.472303.4E. PMCID: PMC2287209.

[20] P. Unschuld, *Medicine in China: A History of Ideas*, Berkeley, University of California Press, 25 ed., 2010.

[21] H. Hall, "Puncturing the Acupuncture Myth", em *Science-Based Medicine*, 21 dez. 2018, disponível em https://sciencebasedmedicine.org/puncturing-the-acupuncture-myth/, acessado em 09/01/2023.

[22] N. Pasternak, "Tudo o que você precisa saber sobre acupuntura", em *Revista Questão de Ciência*, 26 fev. 2020, disponível em https://www.revistaquestaodeciencia.com.br/questao-de-fato/2020/02/26/tudo-o-que-voce-precisa-saber-sobre-acupuntura, acessado 09/01/2023.

[23] S. Basser, "Acupuncture: A History", em Acupuncture Watch, 22 fev. 2005, disponível em https://quackwatch.org/acupuncture/hx/basser/, acessado em 03/04/2023.

[24] D. W. Kwok, "Scientism in Chinese thought", em *New Haven* p. 135, 1965, disponível em https://quackwatch.org/acupuncture/hx/basser/, acessado em 03/04/2023.

[25] Li Zhisui, *The Private Life of Chairman Mao*, New York, Random House, 1994, pp. 521, 525-6.

[26] M. Gross, "Between party, people, and profession: The Many faces of the 'doctor' during the Cultural Revolution", *Medical History,* v. 62, n. 3, pp. 333-359, 2018. doi:10.1017/mdh.2018.23.

[27] Chunjuan Wei, "Barefoot Doctors: The Legacy of Chairman Mao's Health Care", 2013, disponível em https://www.researchgate.net/publication/260248644_Barefoot_Doctors_The_Legacy_of_Chairman_Maos_Health_Care, acessado em 7/4/2023.

[28] A. Taub, Acupuncture: nonsense with needles. Acupuncture watch, 21 fev. 2005, disponível em https://quackwatch.org/acupuncture/general/taub/, acessado em 09/01/2023.

[29] K. Atwood, "'Acupuncture anesthesia': a proclamation from chairman Mao (Part I)", em *Science-Based Medicine*, 15 maio 2009, disponível em https://sciencebasedmedicine.org/acupuncture-anesthesia-a-proclamation-of-chairman-mao-part-i/, acessado em 09/01/2023.

[30] International Association for the Study of Pain, disponível em https://www.iasp-pain.org/?Section=Home, acessado em 09/01/2023.

[31] K. Atwood, "'Acupuncture Anesthesia': a proclamation from chairman Mao (Part II)", em *Science-Based Medicine*, 29 maio 2009, disponível em https://sciencebasedmedicine.org/acupuncture-anesthesia-a-proclamation-from-chairman-mao-part-ii/ acessado 09/01/2023.

[32] J. J. Bonica, "Therapeutic acupuncture in the people's Republic of China implications for American medicine", em *Jama*, v. 228, n. 12, pp. 1544-51, 17 jun. 1974. PMID: 4406704.

[33] J. J. Bonica, "Acupuncture anesthesia in the People's Republic of China implications for American medicine", em *Jama* v. 229, n. 10, pp. 1317-25, 2 set. 1974. PMID: 4408150.

[34] J. J. Bonica, "Anesthesiology in the People's Republic of China", em *Anesthesiology*, v. 40, n. 2, pp. 175-86, fev. 1974. doi: 10.1097/00000542-197402000-00016. PMID: 4812715.

[35] J. J. Bonica, "Acupuncture anesthesia in the People's Republic of China implications for American medicine", em *Jama*.; v. 229, n. 10, pp. 1317-25, 2 set. 1974. PMID: 4408150.

[36] J. J. Bonica, "Anesthesiology in the People's Republic of China", em *Anesthesiology*, v. 40, n. 2, pp. 175-86, fev. 1974. doi: 10.1097/00000542-197402000-00016. PMID: 4812715.

[37] S. Basser, "Acupuncture: a history", em *The Scientific Review of Alternative Medicine*, v. 3, pp. 34-41, 1999, disponível em https://arcapologetics.org/wp-content/uploads/2021/11/Acupuncture-A-History-Stephen-Basser.pdf, acessado em jan. de 2023.

[38] Debra R. Godson, Jonathan L. Wardle, "Accuracy and precision in acupuncture point location: a critical systematic review", em *Journal of Acupuncture and Meridian Studies*, v. 12, n. 2, , pp. 52-66, 2019, disponível em 10/01/2023;https://www.sciencedirect.com/science/article/pii/S2005290118300530, acessado em ISSN 2005-2901, https://doi.org/10.1016/j.jams.2018.10.009.

[39] SkepDoc. Do acupuncture points exist? can acupuncturists find them?, 28 set. 2019, disponível em https://www.skepdoc.info/do-acupuncture-points-exist-can-acupuncturists-find-them/, acessado em 10/01/2023.

[40] Shuo Gu e Jianfen Pei, "Innovating Chinese herbal medicine: from traditional health practice to scientific drug discovery frontiers in pharmacology", em *Front. Pharmacol*, v. 8, n. 381, 16 jun. 2017, disponível em https://www.frontiersin.org/articles/10.3389/fphar.2017.00381, acesso em 10/01/2023. DOI=10.3389/fphar.2017.00381.

[41] L. C. Matos, J. P. Machado, F. J. Monteiro, H. J. Greten, "Understanding Traditional Chinese Medicine Therapeutics: An Overview of the Basics and Clinical Applications", em *Healthcare* (*Basel*), v. 9, n. 3, p. 257, 1º mar. 2021. doi: 10.3390/healthcare9030257. PMID: 33804485; PMCID: PMC8000828.

[42] Y. Tu, "Angew", *Chem. Int.*, v. 55, 10210, 2016.

[43] The Nobel Assembly at the Karolinska Intitute. "Avermectin and Artemisinin – Revolutionary Therapies against Parasitic Diseases", disponível em https://www.nobelprize.org/uploads/2018/07/advanced-medicineprize2015.pdf, acessado em 05/01/2023.

[44] A. P. Grollman, D. M. Marcus, "Global hazards of herbal remedies: lessons from Aristolochia: The lesson from the health hazards of Aristolochia should lead to more research into the safety and efficacy of medicinal plants", em *EMBO Rep.*, v. 17, n. 5, p. 619-25, maio 2016. doi: 10.15252/embr.201642375.

[45] A. P. Grollman e D. M. Marcus, "Global hazards of herbal remedies: lessons from Aristolochia: The lesson from the health hazards of Aristolochia should lead to more research into the safety and efficacy of medicinal plants", *EMBO Rep*, v. 17, n. 5, pp. 619-25, maio 2016. doi: 10.15252/embr.201642375. Epub 2016 abr. 25. PMID: 27113747; PMCID: PMC5341512.

[46] J. Park, A. White, C. Stevinson, E. Ernst e M. James, "Validating a new non-penetrating sham acupuncture device: two randomized controlled trials", em *Acupunct Med*, v. 20, pp. 168-74, 2002.

[47] J. Park, A. White, H. Lee e E. Ernst, "Development of a new sham needle", em *Acupunct Med*, v. 17, pp. 110-2, 1999.

[48] M. Haake, H. H., Müller, C. Schade-Brittinger, H. D. Basler, H. Schäfer, C. Maier, H. G. Endres, H. J. Trampisch e A. Molsberger, "German Acupuncture Trials (GERAC) for chronic low back pain: randomized, multicenter, blinded, parallel-group trial with 3 groups", em *Arch Intern Med*, v. 167, pp. 1892-8, 2007.

[49] D. Melchart, A. Streng, A. Hoppe, B. Brinkhaus, C. Witt, S. Wagenpfeil, V. Pfaffenrath, M. Hammes, J. Hummelsberger, D. Irnich, Weidenhammer, S.N. Willich, K. Linde K, "Acupuncture in patients with tension-type headache: randomised controlled trial", em *BMJ*, v. 331, pp. 376-82, 2005.

[50] K. Linde, A. Streng, S. Jürgens, A. Hoppe, B. Brinkhaus, C. Witt, S. Wagenpfeil, V. Pfaffenrath, M. G. Hammes, W. Weidenhammer, S. N. Willich e D. Melchart, "Acupuncture for patients with migraine: a randomized controlled trial", *JAMA*, v. 293, p. 2118-25, 2005.

[51] C. Witt, B. Brinkhaus, S. Jena, K. Linde, A. Streng, S. Wagenpfeil, J. Hummelsberger, H. U. Walther, D. Melchart e S. N. Willich, "Acupuncture in patients with osteoarthritis of the knee: a randomised trial", em *Lancet*, v. 366, pp. 136.43, 2005.

[52] D. C. Cherkin, K. J. Sherman, A. L. Avins, J. H. Erro, L. Ichikawa, W. E. Barlow, K. Delaney, R. Hawkes, L. Hamilton, A. Pressman, P. S. Khalsa e R. A. Deyo, "A randomized trial comparing acupuncture, simulated acupuncture, and usual care for chronic low back pain" em *Arch Intern Med*" v. 169, p. 858-66, 2009.

[53] M. S. Lee, E. Ernst., "Acupuncture for surgical conditions: an overview of systematic reviews", em *Int J Clin Pract*, v. 68, n. 6, pp. 783-9. doi: 10.1111/ijcp.12372, jun. 2014. Epub 22 jan. 2014.

[54] L. A. Smith, A. D. Oldman, H. J. McQuay e R. A. Moore, "Teasing apart quality and validity in systematic reviews: an example from acupuncture trials in chronic neck and back pain", em *Pain* v. 86, n. 1-2, pp. 119-32, maio 2000.

[55] A. Gilbey, E. Ernst, e K. Tani, , "Review", *Focus on Alternative and Complementary Therapies*, v. 18, pp. 8-18, 2013. https://doi.org/10.1111/fct.12004.

[56] J. Allen, S. S. Mak, M. Begashaw et al., "Use of acupuncture for adult health conditions, 2013 to 2021: A systematic review", em *Jama Netw Open*, v. 5, n. 11, e2243665, 2022. doi:10.1001/jamanetworkopen.2022.43665.

[57] "Friends of science in medicine", em "*Cochrane Reviews on Acupuncture*", mar. 2018, disponível em https://www.scienceinmedicine.org.au/wp-content/uploads/2018/03/Cochrane-acupuncture-2018.pdf, acessado 10/01/2023.

[58] E. Ernst, M. S. Lee e T. Y. Choi, "Acupuncture: does it alleviate pain and are there serious risks?", em *A Review of Reviews. Pain*, v. 152, pp. 755-64, 2011.

[59] Wang Yuyi, Wang Liqiong, Chai Qianyun e Liu Jianping, "Positive results in randomized controlled trials on acupuncture published in Chinese journals: A systematic literature review", em *The Journal of Alternative and Complementary Medicine*, A129-A129, maio 2014. http://doi.org/10.1089/acm.2014.5346.abstract.

[60] Colquhon e Novella, "Acupuncture is theatrical placebo", em *Anesthesia & Analgesia*, v. 116, n. 6, pp. 1360-1363, jun. 2013. | DOI: 10.1213/ANE.0b013e31828f2d5e.

[61] S. Lazarus, "Used as a natural Viagra in Chinese medicine, seahorse numbers are declining", em CNN. 6 jun. 2019, disponível em https://edition.cnn.com/2019/06/06/asia/seahorse-trade-chinese-medicine-intl/index.html, acessado em 07/01/2023.

[62] Editorial. "The World Health Organization's decision about traditional Chinese medicine could backfire", *Nature*, 5 jun. 2019, disponível em https://www.nature.com/articles/d41586-019-01726-1 acessado em 07/01/2023.

[63] J. Hsu, "The hard truth about the rhino horn 'aphrodisiac' market. *Scientific American*. 5 abr. 2017, disponível em https://www.scientificamerican.com/article/the-hard-truth-about-the-rhino-horn-aphrodisiac-market/ acessado em 07/01/2023.

[64] Y. Feng, K. Siu, N. Wang et al., "Bear bile: dilemma of traditional medicinal use and animal protection", em *J Ethnobiology Ethnomedicine* v. 5, n. 2, 2009. https://doi.org/10.1186/1746-4269-5-2.

[65] R. Fobar, "China promotes bear bile as coronavirus treatment, alarming wildlife advocates", em *National Geographic* 25 mar. 2020, disponível em https://www.nationalgeographic.com/animals/article/chinese-government-promotes-bear-bile-as-coronavirus-covid19-treatment, acessado em 08/01/2023.

[66] J. Quian, "How can tigers and rhinos be medicine?", *DW*. 11 ago. 2018, disponível em https://www.dw.com/en/chinas-medicinal-tiger-bones-and-rhino-horns-tradition-or-travesty/a-46193315, acessado em 08/01/2023.

[67] M. Standaert, "'This makes Chinese medicine look bad': TCM supporters condemn illegal wildlife trade", em *The Guardian*, 26 maio 2020, disponível em https://www.theguardian.com/environment/2020/may/26/its-against-nature-illegal-wildlife-trade-casts-shadow-over-traditional-chinese-medicine-aoe, acessado em 08/01/2023.

[68] K. McNamara, "Overharvesting threatens 'Himalayan Viagra' fungus: IUCN", em *Phys.org*, 9 jul. 2020, disponível em https://phys.org/news/2020-07-overharvesting-threatens-himalayan-viagra-fungus.html, acessado em 10/01/2023.

[69] D. Anderson e C-Y. Hou, "Caterpillar fungus, the world's most valuable parasite, can cost up to $63,000 per pound", em *Business Insider*, 14 jun. 2021, disponível em https://www.businessinsider.com/caterpillar-fungus-expensive-most-valuable-parasite-2019-3, acessado em 10/01/2023.

[70] M. L. Coghlan et al. "Deep sequencing of plant and animal DNA contained within traditional Chinese medicines reveals legality issues and health safety concerns". *PLoS Genetics*, v. 8 n. 4, 2012. https://doi.org/10.1371/journal.pgen.1002657.

[71] M. Coghlan, et al., "Combined DNA, toxicological and heavy metal analyses provides an auditing toolkit to improve pharmacovigilance of traditional Chinese medicine (TCM)", em *Sci Rep* v. 5, n. 17475, 2015. https://doi.org/10.1038/srep17475.

[72] C. K. Ching, S. P. L. Chen, H. H. C. Lee, YH Lam, S. W. Ng, M. L. Chen, M. H. Y. Tang, S. S. S. Chan, C. W. Y. Ng, J. W. L. Cheung, T. Y. C. Chan, N. K. C. Lau, Y. K. Chong, T. W. L. Mak, "Adulteration of proprietary

Chinese medicines and health products with undeclared drugs: experience of a tertiary toxicology laboratory in Hong Kong", em *Br J Clin Pharmacol*, v. 84, n. 1), pp. 72-178, jan. 2018. doi: 10.1111/bcp.13420. Epub 2017 Oct 4. PMID: 28965348; PMCID: PMC5736835.

[73] E. Ernst, "Acupuncture – a treatment to die for?", *Journal of the Royal Society of Medicine*, v. 103, n. 10, 2010. 10.1258/jrsm.2010.100181.

[74] E. Ernst, "The risks of acupuncture", em *Int J Risk Saf Med.*, v. 6, n. 3, pp. 179-86, 1995. doi: 10.3233/JRS-1995-6305. PMID: 23511615.

[75] M. W. C. Chan, , X. Y. Wu,., J. C. Y. Wu et al., "Safety of acupuncture: overview of systematic reviews", em *Sci Rep* v. 7, n. 3369, 2017. https://doi.org/10.1038/s41598-017-03272-0.

Capítulo "Curas naturais"

[1] Paul Rozin, Mark Spranca, Zeev Krieger, Ruth Neuhaus, Darlene Surillo, Amy Swerdlin, Katherine Wood, "Preference for natural: instrumental and ideational/moral motivations, and the contrast between foods and medicines", em *Appetite*, v. 43, n. 2, 2004, pp. 147-154. ISSN 0195-6663, https://doi.org/10.1016/j.appet.2004.03.005.

[2] J. Haidt, *A mente moralista*, Rio de Janeiro, Ed. Alta Cult, 2020.

[3] Stephanie Alice Baker e Michael James Walsh, 'A mother's intuition: it's real and we have to believe in it': how the maternal is used to promote vaccine refusal on Instagram", em *Information, Communication & Society*, 2022. Doi: 10.1080/1369118X.2021.2021269.

[4] N. Pasternak, "Colar de âmbar para bebês: perigoso e inútil", em *Revista Questão de Ciência*, 12 dez. 2018, disponível em https://www.revistaquestaodeciencia.com.br/artigo/2018/12/12/colar-de-ambar-para-bebes-perigoso-e-inutil, acessado em 09/01/2023.

[5] Jeff Prucher (ed.), *Brave New Worlds: The Oxford Encyclopedia of Science Fiction*. Oxford University Press, New York, 2007.

[6] Paul Rozin, Mark Spranca, Zeev Krieger, Ruth Neuhaus, Darlene Surillo, Amy Swerdlin e Katherine Wood, "Preference for natural: instrumental and ideational/moral motivations, and the contrast between foods and medicines", em *Appetite*, v. 43, n. 2, , pp. 147-154, 2004. ISSN 0195-6663. https://doi.org/10.1016/j.appet.2004.03.005, ref 1.

[7] *Bullshit*, E6 S7, 2009, disponível em https://www.imdb.com/title/tt1484481/, acessado em 11/01/2023.

[8] P. Rozin e E. B. Royzman, "Negativity bias, negativity dominance, and contagion", em *Personality and Social Psychology Review*, v. 5, n. 4, pp. 296-320. https://doi.org/10.1207/S15327957PSPR0504_2.

[9] B. N. Ames, "Identifying environmental chemicals causing mutations and cancer", *Science*, 204(4393):587-93, 11 maio 1979. doi: 10.1126/science.373122. PMID: 373122.

[10] B. N. Ames, M. Profet, L. S. Gold, "Dietary pesticides (99.99% all natural). Proc Natl Acad Sci U S A.", v. 87, n. 19, pp. 7777-81. doi: 10.1073/pnas.87.19.7777. PMID: 2217210; PMCID: PMC54831.

[11] "OECD reaches agreement to abolish unnecessary animal testing", 29 nov. 2000, disponível em https://www.oecd.org/officialdocuments/publicdisplaydocumentpdf/?cote=PAC/COM/NEWS(2000)124&docLanguage=En, acessado em 11/01/2023.

[12] N. Pasternak, "Sim, existe 'concentração segura' de agrotóxicos", em *Revista Questão de Ciência*, 4 out. 2019, acessado em 11/01/2023.

[13] R. Saleh, A. Bearth e M. Siegrist, "Addressing chemophobia: informational versus affect-based approaches", em *Food Chem Toxicol*, v. 140, n. 111390, jun. 2020. doi: 10.1016/j.fct.2020.111390. Epub 2020 Apr 26. PMID: 32348815.

[14] Jon Entine, *Scared to Death: How Chemophobia Threatens Public Health*, New York, American Council on Science and Health, 2011.

[15] R. Saleh, A. Bearth e M. Siegrist, "'Chemophobia' today: consumers' knowledge and perceptions of chemicals", em *Risk Analysis*, 2019, 10.1111/risa.13375.

[16] A. Bearth, L. Miesler e M. Siegrist, "Consumers' risk perception of household cleaning and washing products", em *Risk Analysis*, 2017 Apr, 37(4):647-660. doi: 10.1111/risa.12635. Epub 2016 May 10. PMID: 27163359.

[17] Csupor Kováccs et al., "100 chemical myths: misconceptions, misunderstandings", em *Explanations*, 2011.

[18] Statista, Bayer AG's top pharmaceutical products from 2020 to 2022, based on revenue, disponível em https://www.statista.com/statistics/263787/revenues-of-bayers-top-pharmaceutical-products/, acessado em 11/01/2023.

[19] Knowledge Sourcing. The global aspirin market size is estimated to augment at a CAGR of 2.40%, increasing from US$2.167 billion in 2020 to reach US$2.558 billion by 2027, disponível em https://www.knowledge-sourcing.com/report/global-aspirin-market, acessado em 11/01/2023.

[20] D. Jeffreys, *Aspirin: The Remarkable Story of a Wonder Drug*, London, Bloomsbury USA, 2004.

[21] D. Scheer, C. Benighaus, L. Benighaus, O. Renn, S. Gold, B. Röder, G. F. Böl, "The distinction between risk and hazard: understanding and use in stakeholder communication", em *Risk Anal*, v. 34, n. 7, pp. 1270-85, jul. 2014. doi: 10.1111/risa.12169. Epub 2014 Jan 20. PMID: 24444356.

[22] G. Kabat, *Getting Risk Right: Understanding the Science of Elusive Health Risks*, Columbia, Columbia University Press, 2017.

[23] "Thoughtscapism", em *Risk In Perspective*, 22 fev. 2018, disponível em https://thoughtscapism.com/2018/02/22/risk-in-perspective/, acessado em 11/01/2023.

[24] P. Rozin, M. Spranca, Z. Krieger, R. Neuhaus, D. Surillo, A. Swerdlin e K. Wood ,"Preference for natural: instrumental and ideational/moral motivations, and the contrast between foods and medicines" em *Appetite*, v. 43, n. 2, pp. 147-54, out. 2004 doi: 10.1016/j.appet.2004.03.005.

[25] M. Siegrist, e A. Bearth, "Chemophobia in Europe and reasons for biased risk perceptions", em *Nat. Chem.*, v. 11, pp. 1071-1072, 2019. https://doi.org/10.1038/s41557-019-0377-8.

[26] B. P. Meier e C. M. Lappas, "The influence of safety, efficacy, and medical condition severity on natural versus synthetic drug preference", em *Medical Decision Making.*, v. 36, n. 8, pp.1011-1019, 2016. doi:10.1177/0272989X15621877.

[27] A. Tversky e D. Kahneman, "Judgment under uncertainty – Heuristics and biases", em *Science*, v.185, n. 4157, pp. 1124–1131.

[28] M. L. Finucane, A. Alhakami, P. Slovic e S. M. Johnson, "The affect heuristic in judgments of risks and benefits", em *Journal of Behavioral Decision Making*, v. 13, pp. 1-17, 2000.

[29] P. Slovic, M. L. Finucane, E. Peters e D. G. MacGregor, "Risk as analysis and risk as feelings: some thoughts about affect, reason, risk, and rationality", em *Risk Analysis*, v. 24, n. 2, pp. 311-22, abr. 2004. doi: 10.1111/j.0272-4332.2004.00433.x. PMID: 15078302.

[30] M. Siegrist e B. Sütterlin, "Human and nature-caused hazards: the affect heuristic causes biased decisions", em *Risk Analysis*, v. 34, n. 8, pp. 1482-94, ago. 2014. doi: 10.1111/risa.12179. Epub 2014 Feb 27. PMID: 24576178.

[31] K. Spicer, "Inside the weird – and expensive – world of wellness festivals", em *The Times*, 3 jul. 2022, disponível em https://www.thetimes.co.uk/article/inside-the-weird-and-expensive-world-of-wellness-festivals-sjgjxds9c, acessado em 12/01/2023.

[32] The Global Wellness Institute, disponível em https://globalwellnessinstitute.org/industry-research/2022-global-wellness-economy-country-rankings/, acessado em 12/01/2023.

[33] Business Wire. Analyzing the $1.4 trillion global pharmaceutical industry 2022, ResearchAndMarkets.com, 30 nov. 2022, disponível em https://www.businesswire.com/news/home/20221130005610/en/Analyzing-the-1.4-Trillion-Global-Pharmaceutical-Industry-2022---ResearchAndMarkets.com, acessado em 13/01/2023.

[34] J. E. Gebauer, A. D. Nehrlich, D. Stahlberg, C. Sedikides, A. Hackenschmidt, D. Schick, C. A. Stegmaier, C. C. Windfelder, A. Bruk, e J. Mander, "Mind-body practices and the self: yoga and meditation do not quiet the ego but instead boost self-enhancement", em *Psychological Science*, v. 29, n. 8, pp. 1299-1308. https://doi.org/10.1177/0956797618764621.

[35] R. Vonk, A. Visser, "An exploration of spiritual superiority: The paradox of self-enhancement", em *Eur J Soc Psychol.*, v. 51, pp. 152-165, 2021. https://doi.org/10.1002/ejsp.2721.

[36] S. Callaghan et al., "Feeling good: The future of the $1.5 trillion wellness market", em *McKinsey & Co.*, 8 abr. 2021, disponível em https://www.mckinsey.com/industries/consumer-packaged-goods/our-insights/feeling-good-the-future-of-the-1-5-trillion-wellness-market, acessado em 15/01/2023.

[37] M. Bonner, "Gwyneth Paltrow's net worth is enormous thanks to all things goop", em *Cosmopolitan*, 29 mar. 2023, disponível em https://www.cosmopolitan.com/entertainment/celebs/a40967047/gwyneth-paltrow-net-worth/, acessado em 8/4/2023.

[38] N. Pasternak e C. Orsi, "'Goop Lab' é confusão perigosa e entediante", em *Revista Questão de Ciência*, 27 jan. 2020, disponível em https://www.revistaquestaodeciencia.com.br/resenha/2020/01/27/goop-lab-e-confusao-perigosa-e-entediante, acessado em 15/01/2023.

[39] N. P. R. Gwyneth Paltrow's Goop agrees to pay $145,000 to settle false advertising lawsuit. 7/9/2018, disponível em https://www.npr.org/2018/09/07/645665387/gwyneth-paltrows-goop-agrees-to-pay-145-000-to-settle-false-advertising-lawsuit, acessado em 15/01/2023.

[40] V. McKeever, "Gwyneth Paltrow's Goop threatened with shutdown in the UK", em *CNBC*, 22 maio 2021, disponível em https://www.cnbc.com/2021/05/21/gwyneth-paltrows-goop-threatened-with-shutdown-in-the-uk.html, acessado em 15/01/2023.

[41] T. Brodesser-Akner, "How Goop's haters made Gwyneth Paltrow's company worth $250 million", em *The New York Times*, 25 set. 2018 , disponível em https://www.nytimes.com/2018/07/25/magazine/big-business-gwyneth-paltrow-wellness.html, acessado em 19/01/2023.

[42] R. Paoletta, "NASA calls bullshit on Goop's $120 'bio-frequency healing' sticker packs", em Gizmodo. 22 jun. 2017, disponível em https://gizmodo.com/nasa-calls-bullshit-on-goops-120-bio-frequency-healing-1796309360, acessado em 20/01/2023.

[43] Rina Raphael, *The Gospel of Wellness*, New York, Henry Holt and Co., 2022. Kindle Edition.

[44] B. Wilson, "Why we fell for clean eating", em *The Guardian*, 11 ago. 2017, disponível em https://www.theguardian.com/lifeandstyle/2017/aug/11/why-we-fell-for-clean-eating, acessado em 21/01/2023.

[45] The National Eating Disorders Association (NEDA), disponível em https://www.nationaleatingdisorders.org/learn/by-eating-disorder/other/orthorexia, acessado em 21/01/2023.

[46] Natural News, disponível em https://naturalnews.com, acessado em 22/01/2023.

[47] Institute for Strategic Dialogue. Anatomy of a disinformation empire: investigating naturalnews. 2020, disponível em https://www.isdglobal.org/wp-content/uploads/2020/06/20200620-ISDG-NaturalNews-Briefing-V4.pdf, acessado em 22/01/2023.

[48] Jolivi, disponível em https://www.jolivi.com.br, acessado em 22/01/2023.

[49] Conexão Cérebro, disponível em https://sl.conexaocerebro.com.br/conexc13-ograndelivro/?xpromo=XJ-MEL-SITE-CONEXC13-20190902-X-ARTIGO-ART100-X, acessado em 22/01/2023.

[50] Association of Accredited Naturopathic Medical Colleges, disponível em https://aanmc.org, acessado em 23/01/2023.

[51] Bastyr University of Homeopathic Medicine. AANMC, disponível em https://aanmc.org/naturopathic-schools/bastyr-university-san-diego/#1583532966980-ba660ed0-d082, acessado em 24/01/2023.

[52] Ministério da Saúde. Quais são as PICS?, disponível em https://www.gov.br/saude/pt-br/assuntos/saude-de-a-a-z/p/pics/quais-as-pics, acessado em 27/01/2023.

[53] Centro Educacional INNAP, disponível em https://faculdadeinnap.com.br, acessado em 27/01/2023.

[54] Cruzeiro do Sul. Naturopatia, disponível em https://www.cruzeirodosulvirtual.com.br/pos-graduacao/naturopatia/, acessado em 27/01/2023.

[55] "News Corp Australia Network. Mum dies after rejecting medical treatment in favour of vegan diet", em *The Sun*, 4 jun. 2019 , disponível em https://www.news.com.au/lifestyle/health/health-problems/mum-dies-after-rejecting-medical-treatment-in-favour-of-vegan-diet/news-story/fb5623124d92b8d2ff61914b58aabd63, acessado em 27/01/2023.

[56] U. Blott, "Cancer-stricken mother-of-one turns down NHS treatment in favour of a VEGAN diet as she claims life-saving chemotherapy is like 'poisoning your body'", em *Daily Mail*, 19 maio 2017, disponível em https://www.dailymail.co.uk/femail/article-4521414/Cancer-mum-snubs-treatment-favour-vegan-diet.html, acessado em 8/4/2023.

[57] S. Matthews, "Mother dies from cancer after turning down NHS treatment in favour of a VEGAN diet after she described chemotherapy as being like 'poisoning your body'", em *Daily Mail*, 3 jun. 2019, disponível em https://www.dailymail.co.uk/health/article-7098943/Mother-dies-cancer-turning-NHS-treatment-favour-VEGAN-diet.html, acessado em 3/4/2023.

[58] J. Ainscoth, "No ill will", *ABC*, 6 abr. 2010, disponível em https://www.abc.net.au/news/2010-04-07/33482, acessado em 8/4/2023.

[59] R. L. Siegel, K. D. Miller e A. Jemal, "Cancer statistics, 2019", em *CA A Cancer J Clin*, v. 69, pp. 7-34, 2019. https://doi.org/10.3322/caac.21551.

[60] Skyler B Johnson, Henry S Park, Cary P Gross e James B Yu, "Use of alternative medicine for cancer and its impact on survival", em *Journal of the National Cancer Institute*, v. 110, n. 1, , pp. 121-124, jan. 2018. https://doi.org/10.1093/jnci/djx145.

[61] S. B. Johnson, H. S. Park, C. P. Gross, J. B. Yu, "Complementary medicine, refusal of conventional cancer therapy, and survival among patients with curable cancers", em *JAMA Oncol*. v. 4, n. 10 pp. 1375-1381, 2018. doi:10.1001/jamaoncol.2018.2487.

Capítulo "Curas energéticas"

[1] James L. Oschman, *Energy Medicine: The Scientific Basis*, Amsterdã, Elsevier, 2016.

[2] Energy Medicine University, disponível em https://energymedicineuniversity.org/faculty/oschman.html, acessado em 18/04/2022.

[3] S. Carroll, *The Big Picture*, London, Penguin Random House, 2017.

[4] Disponível em https://citeseerx.ist.psu.edu/viewdoc/download?doi=10.1.1.525.2561&rep=rep1&type=pdf , acessado em 18/04/2022.

[5] NIH Publication 94-066, *Alternative Medicine: Expanding Medical Horizons*, Washington, DC, US Government Printing Office, 1995.

[6] "A Força é o que dá ao Jedi seu poder. É um campo de energia criado por todas as coisas vivas. Envolve-nos e penetra-nos. Mantém a coesão da galáxia". Lucas, George. *Star Wars – A New Hope Script Fac-Simile*, Del Rey/Ballantine, 1998.

[7] L. Rosa, E. Rosa, L. Sarner e S. Barrett, "A close look at therapeutic touch", em *JAMA*, v. 279, n. 13, pp. 1005–1010. doi:10.1001/jama.279.13.1005.

[8] Gordon J. Melton, *Encyclopedia of Religious Phenomena*, Canton, Visible Ink Press, 2008.

[9] L. Thomas (ed.), *The Encyclopedia of Energy Medicine*, Minnesota, Fairview Press, 2010.

[10] Krieger, Dolores. "Therapeutic touch: the imprimatur of nursing", em *American Journal of Nursing*, v. 75, n. 5, pp. 784-787, maio 1975.

[11] K. Frazier (ed.), *The Hundredth Monkey: And Other Paradigms of the Paranormal*, New York, Prometheus Press, 1991.

[12] K. Frazier (ed), *The Hundredth Monkey: And Other Paradigms of the Paranormal*, New York, Prometheus Press, 1991.

[13] M. S. Lee, B. Oh e E. Ernst, "Qigong for healthcare: an overview of systematic reviews", em *JRSM Short Rep*, v. 2, n. 2, p. 7, 2011.

[14] Utiraturo Otehode, "The creation and reemergence of Qigong in China", em A. Yokishiro e D. L. Wank. (eds.), *Making Religion Making the State*, Redwood City, Stanford University Press, 2009.

[15] Utiraturo Otehode, "The creation and reemergence of Qigong in China", em A. Yokishiro e D. L. Wank. (eds.), *Making Religion Making the State*, Redwood City, Stanford University Press, 2009

[16] L. Thomas (ed.), *The Encyclopedia of Energy Medicine*, Minnesota, Fairview Press, 2010.

[17] W. L. Rand, *An Evidence-Based History of Reiki*, International Center for Reiki Training, 2015.

[18] W. L. Rand, *An Evidence-Based History of Reiki*, International Center for Reiki Training, 2015.

[19] W. L. Rand, *An Evidence-Based History of Reiki*, International Center for Reiki Training, 2015.

[20] L. Thomas (ed.), *The Encyclopedia of Energy Medicine*, Minnesota, Fairview Press, 2010.

[21] Política Nacional de Práticas Integrativas e Complementares no SUS, Ministério da Saúde, Secretaria de Atenção à Saúde, Departamento de Atenção Básica, Brasília, Ministério da Saúde, 2006, disponível em https://aps.saude.gov.br/ape/pics/praticasintegrativas , acessado em 16/4/2022.

[22] W. L. Rand, *An Evidence-Based History of Reiki*, International Center for Reiki Training, 2015.

[23] Por exemplo, https://www.reiki.org/content/request-personal-reiki-healing, acessado em 18/04/2022.

[24] Gordon J. Melton, *Encyclopedia of Religious Phenomena*, Canton, Visible Ink Press, 2008.

[25] W. L. Rand, *An Evidence-Based History of Reiki*, International Center for Reiki Training, 2015.

[26] G. Majno, *The Healing Hand*, Cambridge, Harvard University Press, 1975.

[27] L. Kang e Pedersen, N., *Quackery*, New York, Workman Publishing Co., 2017.

[28] L. Kang e Pedersen, N., *Quackery*, New York, Workman Publishing Co., 2017.

[29] Nathan Sivin, *Traditional Medicine in Contemporary China*, Center for Chinese Studies, University of Michigan, 1987.

[30] Citado em D. Mainfort, *The Roots of Qi*, em *Skeptical Inquirer*, v. 10, n. 1, 2000.

[31] Franz Mesmer, *Mesmerism: The Discovery of Animal Magnetism*: English Translation of Mesmer's historic Mémoire sur la découverte du Magnétisme Animal, Eastford, CT, Martino Fine Books, 2019.

[32] G. Casanova, *The Complete Memoirs of Jacques Casanova de Seingalt*, Saint Paul, Wilder Publications, Inc. 2014.

[33] G. Casanova, *The Complete Memoirs of Jacques Casanova de Seingalt*, Saint Paul, Wilder Publications, Inc. 2014.

[34] Stefan Zweig, *Mental Healers: Franz Anton Mesmer, Mary Baker Eddy, Sigmund Freud*, Lexington, Plunkett Lake Press, 2012.

[35] R. Darnton, *Mesmerism and the End of the Enlightenment in France*, Cambridge, Harvard University Press, 1968.

[36] S. J. Gould, "The chain of reason versus the chain of thumbs", em *Bully for Brontosaurus*, WW Norton, 1992.

[37] R. Cavendish (ed.), *Encyclopedia of the Unexplained*, New York, McGraw-Hill, 1974.

[38] C. Swanson, *Life Force, the Scientific Basis*, Tucson, AZ, Poseidia Press, 2016.

[39] S. Normandin e C. T. Wolfe, "Vitalism and the scientific image in post-enlightenment life science,1800-2010", 2013.

[40] William Bechtel e Robert C. Williamson, "Vitalism", em E. Craig (ed.), *Routledge Encyclopedia of Philosophy*, Abingdon, Routledge, 1998.

[41] *Skeptic Magazine*, v. 24, n. 2, 2019.

Capítulo "Modismos de dieta"

[1] D. Cardenas, "Let not thy food be confused with thy medicine: The Hippocratic misquotation", em *e-SPEN Journal*, v. 8, n. 6, 2013, e260-e262. ISSN 2212-8263, https://doi.org/10.1016/j.clnme.2013.10.002.

[2] Allied Market Research. "Weight loss and weight management diet market", disponível em https://www.alliedmarketresearch.com/weight-loss-management-diet-market, acessado em 03/02/2023.

[3] Allied Market Research. Ketogenic diet food market to reach $14.5 billion, globally, by 2031 at 5.9% CAGR, disponível em https://www.prnewswire.com/news-releases/ketogenic-diet-food-market-to-reach-14-5-billion-globally-by-2031-at-5-9-cagr-allied-market-research-301656892.html, acessado em 03/02/2023.

[4] Grand View Research. Dietary supplements market size, share & trends analysis report by ingredient (vitamins, minerals), by form, by application, by end user, by distribution channel, by region, and segment forecasts, 2022-2030 , disponível em https://www.grandviewresearch.com/industry-analysis/dietary-supplements-market, acessado em 05/02/2023.

[5] World Health Organization. *World Obesity Day*, 4 mar. 2022, disponível em https://www.who.int/news/item/04-03-2022-world-obesity-day-2022-accelerating-action-to-stop-obesity, acessado em 13/02/2023.

[6] Ligia Maria Carvalho, *Preferências alimentares de crianças e adolescentes matriculados no ensino fundamental da rede pública da cidade de Bauru: uma análise de fatores ambientais no estudo da obesidade*, Dissertação de Mestrado em Ciências, área de Psicobiologia, Faculdade de Filosofia, Ciências e Letras de Ribeirão Preto – USP, 2005.

[7] N. Tiller, *The Skeptic's Guide to Sports Science: Confronting Myths of the Health and Fitness Industry*, Abingdon, Routledge, 2020. Kindle Edition.

[8] J. Schwarcz, "How is the caloric value of food determined?", Office for Science and Society, McGill University. 6 set. 2018, disponível em https://www.mcgill.ca/oss/article/nutrition/how-caloric-value-food-determined, acessado em 13/02/2023.

[9] R. Dunn, "Science reveals why calorie counts are all wrong", em *Scientific American*, 1 set. 2013, disponível em https://www.scientificamerican.com/article/science-reveals-why-calorie-counts-are-all-wrong/ acessado em 13/02/2023.

[10] Giles Yeo, *Why Calories Don't Count: How We Got The Science of Weight Loss Wrong*, New York, Pegasus Books, 2021. Kindle Edition.

[11] A. Kowaltowski, "Dietas 'low-carb' promovem maior perda de peso?", em *Nexo*, 9 mar. 2022, disponível em https://www.nexojornal.com.br/colunistas/2022/Dietas-'low-carb'-promovem-maior-perda-de-peso, acessado em 13/02/2023.

[12] V. K. Ridaura, J. J. Faith, F. E. Rey, J. Cheng, A. E. Duncan, A. L. Kau, N. W. Griffin, V. Lombard, B. Henrissat, J. R. Bain, M. J. Muehlbauer, O. Ilkayeva, C. F. Semenkovich, K. Funai, D. K. Hayashi, B. J. Lyle, M. C. Martini, L. K. Ursell, J. C. Clemente, W. Van Treuren, W. A. Walters, R. Knight, C. B. Newgard, A. C. Heath, J. I. Gordon, "Gut microbiota from twins discordant for obesity modulate metabolism in mice", em *Science*. v. 341, n. 6150, pp. 1241214, 6 set. 2013. doi: 10.1126/science.1241214. PMID: 24009397; PMCID: PMC3829625.

[13] K. S. W. Leong, T. N. Jayasinghe, B. C. Wilson, J. G. B. Derraik, B. B. Albert, Chiavaroli V, D. M. Svirskis, K. L. Beck, C. A., Conlon Y Jiang, W. Schierding, T. Vatanen, D. J. Holland, J. M. O'Sullivan, W. S. Cutfield, "Effects of fecal microbiome transfer in adolescents with obesity: the gut bugs randomized controlled trial", em *JAMA Netw Open*., v. 3, n. 12, e2030415, dez. 2020. doi: 10.1001/jamanetworkopen.2020.30415. PMID: 33346848; PMCID: PMC7753902.

[14] N. Aldai, , M. de Renobales, L. J. R. Barron e J. K. G. Kramer, "What are the *trans* fatty acids issues in foods after discontinuation of industrially produced *trans* fats? Ruminant products, vegetable oils, and synthetic supplements", em *Eur. J. Lipid Sci. Technol.*, v. 115, pp. 1378-1401, 2013. https://doi.org/10.1002/ejlt.201300072

[15] Alicia Kowaltowski e Fernando Abdulkader, *Where does All That Food Go? How Metabolism Fuels Life*. 2020. Kindle Edition.

[16] Giles Yeo, *Why Calories Don't Count: How We Got the Science of Weight Loss Wrong*, New York, Pegasus Books, 2021. Kindle Edition.

[17] "Keto Products", disponível em https://www.amazon.com/keto-products/s?k=keto+products acessado em 13/02/2023.

[18] Market Research Future. Ketogenic Diet Market Worth USD 15.78 Billion by 2030 Beholding a CAGR of 5.65%. 25 maio 2022, disponível em https://www.globenewswire.com/en/news-release/2022/05/25/2450295/0/en/Ketogenic-Diet-Market-Worth-USD-15-78-Billion-by-2030-Beholding-a-CAGR-of-5-65-Report-by-Market-Research-Future-MRFR.html acessado em 13/02/2023.

[19] C. E. Naude, A. Brand, A. Schoonees, K. A. Nguyen, M. Chaplin e J. Volmink, "Low-carbohydrate versus balanced-carbohydrate diets for reducing weight and cardiovascular risk", em *Cochrane Database of Systematic Reviews* 2022, n. 1. Art. No.: CD013334. DOI: 10.1002/14651858.CD013334.pub2.

[20] Grand View Research. Gluten-Free Products Market Size Worth $13.7 Billion By 2030. Bloomberg, 18 abr. 2022, disponível em https://www.bloomberg.com/press-releases/2022-04-18/gluten-free-products-market-size-worth-13-7-billion-by-2030-grand-view-research-inc, acessado em 15/02/2023.

[21] Tim Spector, *Spoon-Fed: Why Almost Everything We've Been Told About Food Is Wrong*. Vintage Digital Publisher, 2020. Kindle Edition.

[22] C. Sergi, V. Villanacci, e A. Carroccio, "Non-celiac wheat sensitivity: rationality and irrationality of a gluten-free diet in individuals affected with non-celiac disease: a review", em *BMC Gastroenterol* v. 21, n. 5, 2021. https://doi.org/10.1186/s12876-020-01568-6.

[23] M. Proença, "Maioria das pessoas não precisa evitar glúten", em *Revista Questão de Ciência*, 15 jun. 2022, disponível em https://www.revistaquestaodeciencia.com.br/artigo/2022/06/15/maioria-das-pessoas-nao-precisa-evitar-gluten, acessado em 8/4/2023.

[24] H. M. Roager, "Whole grain-rich diet reduces body weight and systemic low-grade inflammation without inducing major changes of the gut microbiome: a randomised cross-over trial", em *Gut* v. 68, pp. 83-93, 2019.

[25] D. Blum, "The Mediterranean diet really is that good for you. here's why", em *The New York Times*. 6 jan. 2023, disponível em https://www.nytimes.com/2023/01/06/well/eat/mediterranean-diet-health.html?smid=tw-share, acessado em 17/02/2023.

[26] Y. Itan, A. Powell, M. A. Beaumont, J. Burger e M. G. Thomas "The Origins of lactase persistence in europe", *PLOS Computational Biology vol. 5*, e1000491, 2009. doi:10.1371/journal.pcbi.1000491.

[27] Tim Spector, *The Diet Myth: Why the Secret to Health and Weight Loss Is Already in Your Gut*. Overlook Press, Peter Mayer Publishers, 2015. Kindle Edition.

[28] Grand View Research. Dietary supplements market size, share & trends analysis report by ingredient (vitamins, minerals), by form, by application, by end user, by distribution channel, by region, and segment forecasts, 2022-2030, disponível em https://www.grandviewresearch.com/industry-analysis/dietary-supplements-market, acessado em 15 fev. 2023.

[29] "Global vitamins market size to hit USD 10.52 billion by 2028 | High demand for functional and nutritionally enriched food products to bolster growth: the brainy insights", *Globe NewsWire*, 22 mar. 2022, disponível em https://www.globenewswire.com/news-release/2022/03/22/2408054/0/en/global-vitamins-market-size-to-hit-usd-10-52-billion-by-2028-high-demand-for-functional-and-nutritionally-enriched-food-products-to-bolster-growth-the-brainy-insights.html, acessado 14/02/2023.

[30] "The Brainy Insights. Global Vitamins Market Size to Hit USD 10.52 billion by 2028 | High demand for functional and nutritionally enriched food products to bolster growth", *Global Newswire*. 22 mar. 2022, disponível em https://www.precedenceresearch.com/superfoods-market, acessado em 17/02/2023.

[31] "Superfoods or superhype?", disponível em https://www.hsph.harvard.edu/nutritionsource/superfoods/, acessado em 17/02/2023.

[32] L. Benedictus, "The truth about superfoods", em *The Guardian*, 29 ago. 2016, disponível em https://www.theguardian.com/lifeandstyle/2016/aug/29/truth-about-superfoods-seaweed-avocado-goji-berries-the-evidence acessado em 16/02/2023.

[33] M. Proença, "Nutrição ortomolecular: a mácula de Pauling", em *Revista Questão de Ciência*, 17 mar. 2022, disponível em https://www.revistaquestaodeciencia.com.br/artigo/2022/03/17/nutricao-ortomolecular-macula-de-pauling, acessado em 27/02/2023.

[34] N. Tiller, *The Skeptic's Guide to Sports Science: Confronting Myths of the Health and Fitness Industry*, Abingdon, Routledge, 2020. Kindle Edition.

[35] The voice of young science, disponível em https://senseaboutscience.org/wp-content/uploads/2017/01/Detox-Dossier.pdf, acessado em 17/02/2023.

[36] J. Bihannon, "I fooled millions into thinking chocolate helps weight loss. Here's how", em Gizmodo, 27 maio 2015, disponível em https://gizmodo.com/i-fooled-millions-into-thinking-chocolate-helps-weight-1707251800, acessado em 17/02/2023.

[37] K. Bhaskaran, I. dos-Santos-Silva et al., "Association of BMI with overall and cause-specific mortality: a population-based cohort study of 3·6 million adults in the UK", *The Lancet Diabetes and Endocrinology*, v 6, n. 12, pp. 944-953, dez. 2018.

[38] O IMC, calculado a partir de uma relação entre peso e altura, é uma medida imperfeita quando aplicada a casos particulares: um atleta pode ter IMC "obeso" por causa da grande massa muscular, por exemplo. Sua principal aplicação é em estudos epidemiológicos, em que peculiaridades individuais acabam diluídas na população geral.

[39] "The economics of thinness", em *The Economist*, 20 dez. 2022, disponível em https://www.economist.com/christmas-specials/2022/12/20/the-economics-of-thinness, acessado em 19/02/2023.

[40] No Brasil, verifica-se fenômeno similar, mas que parece impulsionado pelo aumento da obesidade entre mulheres de baixa renda: https://doi.org/10.1590/S1413-81232011000400027.

Capítulo "Psicanálise e psicomodismos"

[1] Adolf Grünbaum, *Foundations of Psychoanalysis*, Berkeley, University of California Press, 1984.

[2] B., Fordham, T., Sugavanam, K., Edwards, P., Stallard, R., Howard, et al., "The evidence for cognitive behavioural therapy in any condition, population or context: A meta-review of systematic reviews and panoramic meta-analysis", em *Psychological Medicine*, v. 51, n. 1, pp. 21-29, 2021. doi:10.1017/S0033291720005292.

[3] O. Lilienfeld Scott, Jay Lynn Steven e M. Lohr Jeffrey, *Science and Pseudoscience in Clinical Psychology*, New York, Guilford Publications, 2015.

[4] Tomasz Witkowski, Maciej Zatonski, *Psychology Gone Wrong: The Dark Sides of Science and Therapy*, California, BrownWalker Press, 2015.

[5] Bruce E. Wampold e Zac E. Imel, *The Great Psychotherapy Debate (Counseling and Psychotherapy)*, Oxford, Taylor and Francis, 2015.

[6] Bruce E. Wampold e Zac E. Imel, *The Great Psychotherapy Debate (Counseling and Psychotherapy)*, Oxford, Taylor and Francis, 2015.

[7] *The British Journal of Psychiatry*, v. 208, pp. 260-265, 2016. doi: 10.1192/bjp.bp.114.162628.

[8] *Perspect Psychol Sci.*; v. 2, n. 1, pp. 53-70, mar. 2007. doi: 10.1111/j.1745-6916.2007.00029.x.

[9] Tomasz Witkowski, *Psychology Led Astray: Cargo Cult in Science and Therapy*, Califórnia, Brown Walker Press, 2016.

[10] O "problema da demarcação" é o nome dado à questão filosófica de como separar as ciências das pseudo-ciências. Entre os autores que condenam a psicanálise, nesse contexto, encontram-se Karl Popper, Mario Bunge e Frank Cioffi, entre outros. No Brasil, cf. https://revistardp.org.br/revista/article/view/58 , acessado em 27/08/2022.

[11] Adolf Grünbaum, *Foundations of Psychoanalysis*, Berkeley, University of California Press, 1984.

[12] Adolf Grünbaum, *Foundations of Psychoanalysis*, Berkeley, University of California Press, 1984.

[13] Adolf Grünbaum, *Foundations of Psychoanalysis*, Berkeley, University of California Press. 1984.

[14] F. Crews, *Freud: The Making of an Illusion*, New York, Metropolitan Books, 2017.

[15] M. N. Eagle, "Recent developments in psychoanalysis", em R. S. Cohen e L. Laudan (ed.), *Physics, Philosophy and Psychoanalysis*, Dordrecht, D. Reidel Publishing, 1983.

[16] F. Crews, *Freud: The Making of an Illusion*, New York, Metropolitan Books, 2017.

[17] Mikkel Borch-Jacobsen, *Freud's Patients: A Book of Lives*, London, Reaktion Books, 2021.

[18] P. Mahony, *Freud and the Rat Man*, Connecticut/London, Yale University Press, 1986.

[19] H. F. Judson, *The Great Betrayal*, Boston, Harcourt, 2004.

[20] F. J. Sulloway, *Freud: Biologist of the Mind*, Cambridge, Harvard University Press. 1992

[21] M. Borsch-Jacobsen, "Psychoanalysis and pseudoscience: Frank J. Sulloway revisits Freud and his legacy", disponível em. http://www.sulloway.org/Freud&Pseudoscience--2007.pdf, acessado em 30/03/2022.

[22] K. Obholzer, "The Wolf-Man sixty years later", em *Continuum*, 1982.

[23] M. N. Eagle, "Recent developments in psychoanalysis", em R. S. Cohen e L. Laudan (ed.). *Physics, Philosophy and Psychoanalysis*. D. Reidel Publishing. 1983.

[24] Hoje sabe-se que é altamente improvável que o cérebro seja capaz de preservar memórias de eventos ocorridos antes do início do terceiro ano de vida. Cf. C. M. Alberini e A. Travaglia, "Infantile amnesia: a critical period of learning to learn and remember", em *J Neurosci*, v. 37, n. 24, pp. 5783-5795, 14 jun. 2017. doi: 10.1523/JNEUROSCI.0324-17.2017. PMID: 28615475; PMCID: PMC5473198.

[25] H. Otgaar et. al., "The return of the repressed: the persistent and problematic claims of long-forgotten trauma", em *Perspectives on Psychological Science* 2019, v. 14, n. 6, pp. 1072-1095.

[26] https://www.latimes.com/archives/la-xpm-1994-05-14-mn-57614-story.html, acessado em 6/7/2022.

[27] J. E. Mack, "Abduction", em *Scribner*, 1994.

[28] S. Rae, "John Mack", em *The New York Times*, 20 mar. 1994, disponível em https://www.nytimes.com/1994/03/20/magazine/john-mack.html, acessado em 6/7/2022.

[29] Por exemplo, E. Watters e R. Ofshe, *Therapy's Delusions*, New York, Scribner, 1999.

[30] Há um bom resumo em H. F. Judson, *The Great Betrayal*, Boston, Harcourt, 2004.

[31] Leonard Mlodinow, *Subliminar*, São Paulo, Zahar. 2013.

[32] Rosemarie Sponner Sand, *The Unconscious without Freud (Dialog-on-Freud)*, Lanham, Rowman & Littlefield Publishers, 2014.

[33] E. F. Loftus, *The Myth of Repressed Memory*, New York, St. Martin's Press, 1994.

[34] D. L. Greenberg, "President Bush's false [flashbulb] memory of 9/11/01", em. *Appl. Cognit. Psychol.*, v. 18: pp. 363-370. 2004. https://doi.org/10.1002/acp.1016

[35] H. Otgaar et. al., "The return of the repressed: the persistent and problematic claims of long-forgotten trauma", em *Perspectives on Psychological Science*, v. 14, n. 6, pp. 1072-1095, 2019. https://doi.org/10.1177/1745691619862306.

[36] Sigmund Freud, *Freud (1916 -1917) – Obras completas* v. 13, São Paulo, Companhia das Letras, 2014.

[37] Adolf Grünbaum, *Foundations of Psychoanalysis*, Berkeley, University of California Press, 1984.

[38] Adolf Grünbaum, *Foundations of Psychoanalysis*, Berkeley, University of California Press, 1984.

[39] J. Marmor, Therapy as an Educational Process. em J. H. Masserman (ed.), *Psychoanalytic Education*, New York, Grune & Stratton, 1962.

[40] P. Almeida e N. Pasternak, "Falsificação da ciência não deve ter lugar no Judiciário". *Estadão: Gestão, Política e Sociedade*. 8 set. 2021, disponível em https://politica.estadao.com.br/blogs/gestao-politica-e-sociedade/falsificacao-da-ciencia-nao-deve-ter-lugar-no-judiciario/, acessado em 8/5/2023.

[41] B. Hellinger, *A simetria oculta do amor*, São Paulo, Cultrix, 1999.

[42] J. Weinhold, "Possession or representation? The function of dissociation in family constellation therapy", 2011, disponível em https://www.researchgate.net/publication/267330154_Possession_or_representation_The_function_of_dissociation_in_family_constellation_therapy, acessado em 6/9/2022.

[43] J. Schober-Howorka, *Family Constellation and Past Lives*, Kindle Direct Publishing, 2012.

[44] J. Schober-Howorka, *Family Constellation and Past Lives*, Kindle Direct Publishing, 2012.

[45] B. Hellinger *A simetria oculta do amor*, São Paulo, Cultrix, 1999.

[46] "Family constellations, systems, fields and streams. the inner process", disponível em https://www.theinnerprocess.com/family-constellations-systems-fields-and-streams.html, acessado em 6/9/2022.

[47] Disponível em https://www.youtube.com/watch?v=ty5lz9mVezU, acessado em 6/9/2022

[48] S. Blackmore e E. T. Troscianko, *Consciousness, An Introduction*. Abingdon, Routledge, 2018.

[49] I. Rowland, *The Full Facts of Cold Reading*, Edição do Autor, 2008.

[50] Disponível em https://www.hellinger.com/en/family-constellation/, acessado em 6/9/2022.

[51] B. Hellinger e G. Ten Hovel, *Acknowledging What Is: Conversations with Bert Hellinger*, Phoenix, Zeig Tucker & Theisen. 1999.

[52] Portaria 702/2018 do MS, disponível em https://bvsms.saude.gov.br/bvs/saudelegis/gm/2018/prt0702_22_03_2018.html, acessado em 6/9/2022.

[53] B. Gomes, "Mulheres denunciam que Justiça reabre feridas com método que reencena agressões para solucionar conflitos", em *O Globo*. 8 set. 2021 , disponível em https://oglobo.globo.com/brasil/direitos-humanos/mulheres-denunciam-que-justica-reabre-feridas-com-metodo-que-reencena-agressoes-para-solucionar-conflitos-1-25184779, acessado em 6/9/2022.

[54] P. Almeida e N. Pasternak, "Falsificação da ciência não deve ter lugar no Judiciário", em *Estadão: Gestão, Política e Sociedade*. 8 set. 2021 , disponível em https://politica.estadao.com.br/blogs/gestao-politica-e-sociedade/falsificacao-da-ciencia-nao-deve-ter-lugar-no-judiciario/, acessado em 19/02/2023.

[55] Direito Sistêmico, disponível em https://direitosistemicoonline.com.br/dsol acessado em 19/02/2023.

[56] S. O. Lilienfeld, "Psychological treatments that cause harm", em. *Perspect Psychol Sci*. v. 2, n. 1, pp. 53-70, mar. 2007. doi: 10.1111/j.1745-6916.2007.00029.x. PMID: 26151919.

[57] D. V. M. Bishop e J. Swendsen, "Psychoanalysis in the treatment of autism: why is France a cultural outlier?", em *BJPsych Bull*. v. 45, n. 2, pp. 89-93, abr. 2021. doi: 10.1192/bjb.2020.138. PMID: 33327979; PMCID: PMC8111966. Ver também https://theconversation.com/frances-autism-problem-and-its-roots-in-psychoanalysis-94210, acessado em 6/9/2022.

[58] J. Hunsley e G. Di Giulio, (2002). "Dodo bird, phoenix, or urban legend? the question of psychotherapy equivalence", em *The Scientific Review of Mental Health Practice: Objective Investigations of Controversial and Unorthodox Claims in Clinical Psychology, Psychiatry, and Social Work*, v. 1, 1, pp. 11–22. Ver também R., Westmacott e J. Hunsley, "Weighing the evidence for psychotherapy equivalence: Implications for research and practice", *The Behavior Analyst Today*, v. 8, n. 2, pp. 210-225, 2007. https://doi.org/10.1037/h0100614.

Capítulo "Paranormalidade"

[1] D. J. Bem, "Feeling the future: experimental evidence for anomalous retroactive influences on cognition and affect" em *J Pers Soc Psychol*, v. 100, n. 3, pp. 407-25, mar. 2011. doi: 10.1037/a0021524. PMID: 21280961.

[2] J. E. Alcock, "Back from the future: parapsychology and the Bem affair", em *Skeptical Inquirer* v. 35, n 2, mar./abr. 2011.

[3] B. Carey, "Journal's Paper on ESP Expected to Prompt Outrage", em *The New York Times*, 5 jan. 2011, disponível em https://www.nytimes.com/2011/01/06/science/06esp.html?smid=url-share, acessado em 29/09/2022.

[4] D. Rubin, "A premonição sob a luz da ciência", em *IstoÉ*. 4 mar. 2011, disponível em https://istoe.com.br/127023_a+premonicao+sob+a+luz+da+ciencia/, acessado em 29/09/2022.

[5] S. J. Ritchie et. al. "Failing the future: three unsuccessful attempts to replicate Bem's 'retroactive facilitation of recall' effect", em *PLoS ONE* v. 7, n.3: e33423, 2012. doi:10.1371/journal.pone.0033423.

[6] D. Engber, "Daryl Bem proved ESP is real", em *Slate*, 7 jun. 2017, disponível em https://slate.com/health-and-science/2017/06/daryl-bem-proved-esp-is-real-showed-science-is-broken.html, acessado em 29/09/2022.

[7] C. Watt, *Parapsychology (Beginner's Guides)*, London, Oneworld Publications, 2016.

[8] R. Brandon, *The Spiritualists*, New York, Alfred A. Knopf, 1983.

9 R. Wiseman, *Deception and Self-Deception*, New York, Prometheus Books, 1997.

10 M. Polidoro, *Secrets of Psychics*, New York, Prometheus Books, 2003.

11 S. Freud, *Três Ensaios sobre a Teoria da Sexualidade*, São Paulo, Companhia das Letras, 2016.

12 H. F. Ellenberger, *The Discovery of the Unconscious*. New York, Basic Books, 1970.

13 S. A. Rueda, *Diabolical Possession and the Case Behind The Exorcist*, North Carolina, McFarland & Company, Inc., Publishers, 2018.

14 R. Bartholomew e J. Nickell, *American Hauntings: The True Stories behind Hollywood's Scariest Movies: from The Exorcist to The Conjuring*, ABC-CLIO, 2015.

15 J. B. Rhine, *Extra-Sensory Perception*, Wellesley, Branden Books, 2014.

16 J. B. Rhine, *Extra-Sensory Perception*. Massachusetts, Branden Books, 2014.

17 P. Kurtz, (ed.), *A Skeptic's Handbook of Parapsychology*, New York, Prometheus Books, 1985.

18 M. Gardner, *The Whys of a Philosphical Scrivener*, New York, St. Martin's Griffin, 1999.

19 L. Zusne, e W. Jones, *Anomalistic Psychology: A Study of Extraordinary Phenomena of Behavior and Experience*, London, Psychology Press, 2014.

20 National Research Council 1988. Enhancing Human Performance: Issues, Theories, and Techniques. Washington, DC, The National Academies Press. https://doi.org/10.17226/1025.

21 M. A. Maier et. al., "Intentional observer effects on quantum randomness: a bayesian analysis reveals evidence against micro-psychokinesis", em *Front Psychol*, v. 9, n. .379, 21 mar. 2028. doi: 10.3389/fpsyg.2018.00379. PMID: 29619001; PMCID: PMC5872141.

22 D. F. Marks e J. Colwell, "The psychic staring effect", em *Skeptical Inquirer*, v. 24, n. 5, set./out. 2000.

23 P. Kurtz, (ed.), *A Skeptic's Handbook of Parapsychology*, New York, Prometheus Books, 1985.

24 David F. Marks, *Psychology and the Paranormal*, New York, SAGE Publications, 2020.

25 Press Association, "Uri Geller promises to stop Brexit using telepathy", em *The Guardian*, 22 mar. 2019, disponível em https://www.theguardian.com/politics/2019/mar/22/uri-geller-promises-to-stop-brexit-using-telepathy, acessado em 02/10/2022.

26 B. Davis, "Uri Geller warns Putin: 'Your nukes are no match for my mind power'", em *The Evening Standard*, 3 ago. 2022, disponível em https://www.standard.co.uk/news/world/uri-geller-warns-putin-your-nukes-are-no-match-for-my-mind-b1016503.html, acessado em 02/10/2022.

27 R., Targ e H. Puthoff, "Information transmission under conditions of sensory shielding", em *Nature* v. 251, pp. 602,607, 1974. https://doi.org/10.1038/251602a0.

28 J. Margolis, *The Secret Life of Uri Geller*, Oxford, Osprey Publishing, 2013.

29 J. Randi, *The Truth About Uri Geller*, JREF, 2011.

30 "The magican and the think tank", em *Time Magazine*, 12 mar. 1973, disponível em https://web.archive.org/web/20071113223740/http://www.time.com/time/magazine/article/0,9171,944639,00.html?promoid=googlep, acessado em 02/10/2022.

31 "Investigating the paranormal", em *Nature* v. 251, pp. 559-560, 1974. https://doi.org/10.1038/251559a0.

32 B. Rensberger, "Physicists test telepathy in a 'cheat proof' setting", em *The New York Times*, 22 dez. 1974, disponível em https://www.nytimes.com/1974/10/22/archives/physicists-test-telepathy-in-a-cheatproof-setting-random-selection.html?searchResultPosition=2, acessado em 02/10/2022.

33 Para quem estiver curioso, o segmento está disponível no YouTube: https://www.youtube.com/watch?v=zD7OgAdCObs, acessado em 06/04/2023.

34 J. Randi, *Flim-Flam!*, Falls Church, Virginia, James Randi Educational Foundation, 1982.

35 A história do projeto já foi contada diversas vezes na literatura. Para um bom resumo do caso, do ponto de vista de uma pesquisadora do paranormal, cf. C. Watt, *Parapsychology (Beginner's Guides)*, London, Oneworld Publications, 2016.

36 J. Randi, "The Project Alpha Experiment: Part 1 the first two years", em *Skeptical Inquirer* v 7, n. 4, 1983.

37 R. Brandon, *The Spiritualists*, New York, Alfred A. Knopf, 1983.

38 M. Bunge, *Scientific Realism: Selected Essays of Mario Bunge*, New York, Prometheus Books. 2001.

39 M. Pigliucci, *Nonsense on Stilts*, Chicago, University of Chicago Press, 2018.

40 R. L. Park, *Voodoo Science*. Oxford, Oxford University Press, 2000.

41 A. S. Reber e J. E. Alcock, "Searching for the impossible: parapsychology's elusive quest", *American Psychologist*, v. 75, n. 3, pp. 391-399, 2020; http://dx.doi.org/10.1037/amp0000486.

42 R. Bartholomew e J. Nickell, American Hauntings: the true Stories behind Hollywood's scariest movies: from The Exorcist to The Conjuring. ABC-CLIO, 2015.

43 V. J. Stenger, *Physics and Psychics: The Search for a World Beyond the Senses*, New York, Prometheus Books, 1990.

44 P. Diaconis e F. Mosteller, "Methods for studying coincidences", em *Journal of the American Statistical Association December 1989*, v. 84, n. 408, Applications & Case Studies, disponível em https://www.stat.berkeley.edu/~aldous/157/Papers/diaconis_mosteller.pdf, acessado em 02/10/2022.

[45] B. Herlin, et. al. "Evidence that non-dreamers do dream: a REM sleep behavior disorder model", em *J Sleep Res*, v. 24, pp. 602-609, 2015. https://doi.org/10.1111/jsr.12323.

[46] Pirâmide etária. IBGE Educa, disponível em https://educa.ibge.gov.br/jovens/conheca-o-brasil/populacao/18318-piramide-etaria.html, acessado em 02/10/2022.

[47] R. Truffi, "Depoimento de João de Deus tem curto-circuito, falha no computador e até policial atropelado", em *O Estado de S. Paulo*. 17 dez. 2018, disponível em https://brasil.estadao.com.br/noticias/geral,depoimento-de-joao-de-deus-tem-curto-circuito-falha-no-computador-e-ate-policial-atropelado,70002649660, acessado em 02/10/2022.

Capítulo "Discos voadores"

[1] Senado Federal, Notas Taquigráficas, disponível em https://www25.senado.leg.br/web/atividade/notas-taquigraficas/-/notas/s/25017, acessado em 27/10/2022.

[2] "UFO", na raiz da palavra "ufologia", é a sigla em inglês para "*unidentified flying object*", expressão equivalente à representada em português por "óvni".

[3] Por exemplo: Rodolpho Gauthier Cardoso dos Santos, *A invenção dos discos voadores*, São Paulo, Alameda Casa Editorial, 2015.

[4] J. Vallee, e C. Aubeck, *Wonders in the Sky*, London, Penguin Publishing Group, 2009.

[5] D. H. Menzel, *The World of Flying Saucers A Scientific Examination of a Major Myth of the Space Age*, Otb Ebook Publishing, 2022.

[6] E. U. Condon, *Scientific Study of Unidentified Flying Objects*, Appendix A., Boston, EP Dutton & Co., 1969.

[7] Richard Toronto, *War over Lemuria*, North Carolina, McFarland & Company, Inc., Publishers, 2013.

[8] D. H. Menzel, *The World of Flying Saucers A Scientific Examination of a Major Myth of the Space Age*. Otbebookpublishing, 2022.

[9] K. Arnold, e R., Palmer, *The Coming of the Saucers*, CreateSpace Independent Publishing Platform, 2014 (1952),

[10] J. Clark, *The UFO Encyclopedia*, Michigan, Omnigraphics, 2018.

[11] Arquivo Nacional. Resumo estatístico de ocorrências de objetos voadores não identificados (OVNIs) entre os anos de 1954 e 2000. BR DFANBSB ARX.0.0.710 – Dossiê.

[12] K. Frazier, B. Karr e J. Nickell (ed.), *The UFO Invasion*, New York, Prometheus Books, 1997.

[13] Senado Federal, Notas Taquigráficas, disponível em https://www25.senado.leg.br/web/atividade/notas-taquigraficas/-/notas/s/25017, acessado em 27/10/2022.

[14] R. G. C. Santos, *A invenção dos discos voadores*, São Paulo, Alameda Casa Editorial, 2015.

[15] "Fotógrafo de Trindade admite truque em entrevista" em *Ceticismo Aberto*, 17 ago. 2010, disponível em https://www.ceticismoaberto.com/ufologia/3690/fotgrafo-de-trindade-admite-truque-em-entrevista, acessado em 17/10/2022.

[16] D. Clarke, *How UFOs Conquered the World*, London, Aurum. 2015.

[17] D. Clarke, *How UFOs Conquered the World*, London, Aurum. 2015.

[18] D. L. Schacter, *The Seven Sins of Memory: How the Mind Forgets and Remembers*, Boston, Houghton Mifflin Harcourt, 2002.

[19] E.U. Condon, *Scientific Study of Unidentified Flying Objects*. Appendix A. Boston, EP Dutton & Co., 1969.

[20] G. Lewis-Krauss, "How the Pentagon Started Taking UFOs Seriously", em *The New Yorker*, 30 abr. 2021, disponível em https://www.newyorker.com/magazine/2021/05/10/how-the-pentagon-started-taking-ufos-seriously, acessado em 17/10/2022.

[21] H. Cooper, et al. "Glowing auras and 'black money': The Pentagon's mysterious U.F.O. program", em *The New York Times*. 16 dez. 2017, disponível em https://www.nytimes.com/2017/12/16/us/politics/pentagon-program-ufo-harry-reid.html, acessado em 17/10/2022.

[22] M. West, Gimbal UFO – A New Analysis. Metabunk.org, disponível em https://www.metabunk.org/threads/gimbal-ufo-a-new-analysis.12333/, acessado em 17/10/2022.

[23] J. E. Barnes, "At house hearing, videos of unexplained aerial sightings and a push for answers", em *The New York Times*. 17 mar. 2022, disponível em https://www.nytimes.com/2022/05/17/us/politics/congress-ufo-hearing.html?searchResultPosition=4, acessado em 17/10/2022.

[24] J. E. Barnes, "Many military U.F.O. reports are just foreign spying or airborne trash", em *The New York Times*. 28 out. 2022, disponível em https://www.nytimes.com/2022/10/28/us/politics/ufo-military-reports.html, acessado em 4/11/2022.

[25] C. Kube, e C. E. Lee, Chinese spy balloon gathered intelligence from sensitive U.S. military sites, despite U.S. efforts to block it. *NBC News*. 3 abr. 2023, disponível em https://www.nbcnews.com/politics/national-security/china-spy-balloon-collected-intelligence-us-military-bases-rcna77155, acessado em 6/4/2023.

[26] J. R. Lewis (ed.). *The Gods Have Landed*. Albany, SUNY Press. 1995.
[27] M. Prado, "O que é a "data limite", atribuída a uma profecia de Chico Xavier?", em *Veja São Paulo*. 19 jul. 2019 , disponível em https://vejasp.abril.com.br/cidades/data-limite-chico-xavier/, acessado em 27/10/2022.
[28] Censo IBGE: Religião, disponível em https://cidades.ibge.gov.br/brasil/pesquisa/23/22107, acessado em 27/10/2022.
[29] A. Kardec, *O Livro Dos Espíritos*, São José do Rio Preto, Virtude Livros. 2012.
[30] C. W. Williamson, *The Saucers Speak: Calling All Occupants of Interplanetary Craft*, Global Communications, 2012.
[31] D. Denzler, *The Lure of the Edge: Scientific Passions, Religious Beliefs, and the Pursuit of UFOs*. Berkeley, University of California Press, 2001.
[32] O. C. Huguenin, *Discos voadores: dos mundos subterrâneos para os céus*, Rio de Janeiro, Irmãos Di Giorgio, 1956.
[33] Senado Federal, Notas Taquigráficas, disponível em https://www25.senado.leg.br/web/atividade/notas-taquigraficas/-/notas/s/25017, acessado em 27/10/2022.
[34] *Skeptical Inquirer*. v. 45, n. 5, set./out. 2021.

Capítulo "Pseudoarqueologia e deuses astronautas"

[1] C. Hale, *Himmler's Crusade*, London, Transworld, 2004.
[2] E. Kurlander, *Hitler's Monsters: A Supernatural History of the Third Reich*, Connecticut/London, Yale University Press, 2017.
[3] C. Hale, *Himmler's Crusade*, London, Transworld, 2004.
[4] C. Hale, *Himmler's Crusade*, London, Transworld, 2004.
[5] Disponível em http://objdigital.bn.br/acervo_digital/div_manuscritos/cmc_ms495/mss_01_4_001.pdf, acessado em 08/11/2022.
[6] J. Langer, "A Cidade Perdida da Bahia: mito e arqueologia no Brasil Império", em *Rev. Bras. Hist*. v. 22, n. 43, 2002, disponível em https://doi.org/10.1590/S0102-01882002000100008, acessado em 08/11/2022.
[7] J. Langer, "A Cidade Perdida da Bahia: mito e arqueologia no Brasil Império", em *Rev. Bras. Hist*. v. 22, n. 43, 2002, disponível em https://doi.org/10.1590/S0102-01882002000100008, acessado em 08/11/2022.
[8] J. Langer, *As cidades imaginárias do Brasil*. Governo do Estado do Paraná. 1997.
[9] J. Colavito, *Theosophy on Ancient Astronauts*. JasonColavito.com, 2012.
[10] H. P. Blavatsky, *The Secret Doctrine*. Digireads.com Publishing, 2017 (*A doutrina secreta*, São Paulo, Pensamento, 2012).
[11] C. Fort, *The Complete Books of Charles Fort*. Dover. 1974. (*O livro dos danados*, São Paulo, Hemus, 2001.)
[12] J. Colavito, *The Cult of Alien Gods*, New York, Prometheus Books, 2005.
[13] G. C. McIntosh, *The Piri Reis Map of 1513*, Georgia, University of Georgia Press, 2000.
[14] L. Pauwels, e J. Bergier, *The Morning of the Magicians*, New York, Stein & Day, 1963. (*O despertar dos mágicos*, Rio de Janeiro, Beretrand Brasil, 1996).
[15] E. Däniken, *Eram os deuses astronautas?*, São Paulo, Melhoramentos. 2018.
[16] C. Berlitz, *Atlantis: The Eighth Continent*, London, Lume Books, 2022.
[17] *Revelações Pré-Históricas*, Netflix, 2022.
[18] C. H. Hapgood, *Maps of the Ancient Sea Kings: Evidence of Advanced Civilization in the Ice Age*, Chilton, 1966.
[19] J. Colavito, *The Legends of the Pyramids*, Bloomington, Red Lightning Books, 2021.
[20] K. Feder, *Frauds, Myths and Mysteries*, New York, McGraw-Hill, 2014.
[21] F. Goulart, "Pesquisadores desvendam mistério em torno das pirâmides do Egito", em *O Globo*, 3 maio 2014, disponível em https://oglobo.globo.com/brasil/pesquisadores-desvendam-misterio-em-torno-das-piramides-do-egito-12374340, acessada em 20/11/2022.
[22] A. Fall et. al., "Sliding Friction on Wet and Dry Sand", em *Phys. Rev. Lett*. v. 112, 175502, 2014.
[23] B. Brier, *How to Build a Pyramid. Archaeology*, maio/jun. 2007, disponível em https://archive.archaeology.org/0705/etc/pyramid.html, acessado em 20/11/2022.
[24] Erich Daniken, *Chariots of the Gods*, London, Penguin Publishing Group, 1999.
[25] R. W. Sussman, *The Myth of Race*, Cambridge, Harvard University Press, 2014.
[26] S. M. Rafferty, *Misanthropology*, Abingdon, Routledge, 2022.
[27] S. Deb, "Those mythological men and their sacred, supersonic flying temples". *The New Republic*. 14 maio 2015, disponível em https://newrepublic.com/article/121792/those-mythological-men-and-their-sacred-supersonic-flying-temples, acessado em 4/12/2022.
[28] M. Rahman, "Indian prime minister claims genetic science existed in ancient times". *The Guardian*. 28/10/2014, disponível em https://www.theguardian.com/world/2014/oct/28/indian-prime-minister-genetic-science-existed-ancient-times, acessado em 4/12/2022.

[29] K. A. Bard, *An Introduction to the Archaeology of Ancient Egypt*, New Jersey, Willey Blackwell, 2015.
[30] S. M. Rafferty, *Misanthropology*, Abingdon, Routledge. 2022
[31] K. L. Feder, *Encyclopedia of Dubious Archeology*, Greenwood, 2010.

Capítulo "Antroposofia"

[1] B. Pierro, Guido Carlos Levi, "Reação inesperada". *Revista Pesquisa Fapesp*, maio 2016, disponível em https://revistapesquisa.fapesp.br/entrevista-guido-carlos-levi/, acessado em 9/5/2022.
[2] R. Steiner, "The Mission of the Individual Folk Souls. The Evolution of Races and Civilization", em *The Rudolph Steiner Archive*, 10 jun. 1910, disponível em https://rsarchive.org/Lectures/GA121/English/RSP1970/19100610p02.html, acessado em 9/5/2022.
[3] R. Steiner, "Universe, Earth and Man, Lecture VI", em *The Rudolph Steiner Archive*, 10 ago., 1908, disponível em https://rsarchive.org/Lectures/GA105/English/HC1931/19080810p01.html, acessado em 9/5/2022.
[4] Colin Wilson, *Rudolf Steiner: The Man and His Vision*, London, Aeon Books, 2005.
[5] Gary Lachman, *Rudolf Steiner: An Introduction to His Life and Work*, London, Penguin, 2007.
[6] Stewart C. Easton, *Man and World in Light of Anthroposophy*, Hudson, The Anthroposophic Press, 1982.
[7] R. Steiner, "Health and Illness. The Eye; Colour of the Hair", em *The Rudolph Steiner Archive*, 13 dez. 1922, disponível em https://rsarchive.org/Lectures/GA348/English/AP1981/19221213p01.html, acessado em 9/5/2022.
[8] R. Steiner, "The Occult Significance of the Blood", em *The Rudolf Steiner Archive*, 25 dez. 1906, disponível em https://rsarchive.org/Lectures/OccBld_index.html, acessado em 9/5/2022.
[9] C. U. M. Smith, "Charles Darwin, the Origin of Consciousness, and Panpsychism" em *Journal of the History of Biology* v. 11, pp. 245-267, 1978. https://doi.org/10.1007/BF00389301.
[10] Colin Kidd, *The Forging of Races*, Cambridge, Cambridge University Press, 2006.
[11] Peter Staudenmaier, "Between occultism and nazism", em *Brill*, 2014.
[12] Colin Kidd, *The Forging of Races*, Cambridge, Cambridge University Press, 2006.
[13] Eric Kurlander, *Hitler's Monsters*, Connecticut/London, Yale University Press, 2017.
[14] R. Steiner, "Colour and the human races", em *The Rudolf Steiner Archive*, 3 mar. 1923, disponível em https://rsarchive.org/Lectures/GA349/English/UNK1969/19230303v01.html, acessado em 9/5/2022
[15] Peter Staudenmaier, "Between occultism and nazism", em *Brill*, 2014
[16] Peter Staudenmaier, "Between occultism and nazism", em *Brill*, 2014.
[17] Albert Speer, *Inside the Third Reich*, London, Weidenfeld & Nicholson, 2015.
[18] Eric Kurlander, *Hitler's Monsters*. Connecticut/London, Yale University Press, 2017.
[19] Citado em Peter Staudenmaier, "Between occultism and nazism", *Brill*, 2014.
[20] Peter Staudenmaier, "Between occultism and nazism", em *Brill*, 2014.
[21] Peter Staudenmaier, "Between occultism and nazism", em *Brill*, 2014.
[22] Rudolf Steiner e Ita Wegman, *Extending Practical Medicine*. Forest Row, Rudolf Steiner Press, 1996.
[23] Sven Ove Hanson, "Is Anthroposophy a Science?". *Conceptus* XXV (1991), n. 64, pp. 37-49, disponível em http://www.waldorfcritics.org/articles/Hansson.html, acessado em 10/5/2022.
[24] Colin Wilson, *Rudolf Steiner: The Man and His Vision*, London, Aeon Books, 2005.
[25] R. Steiner, "Karmic relationships VIII. Lecture III" em *The Rudolf Steiner Archive*, 21 ago. 1924, disponível em https://rsarchive.org/Lectures/GA240/English/RSP1975/19240821v01.html, acessado em 10/05/2022
[26] B. David, "Review of King Arthur: The making of the legend, by Nicholas J. Higham", em *Comitatus: A Journal of Medieval and Renaissance Studies*, v. 50, 2019, pp. 221-222. Project MUSE, doi:10.1353/cjm.2019.0021, disponível em https://muse.jhu.edu/article/734087, acessado em 10/5/2022.
[27] Peter Staudenmaier, "Between occultism and nazism", em *Brill*. 2014.
[28] Rudolf Steiner e Ita Wegman, *Extending Practical Medicine*, Forest Row, Rudolf Steiner Press, 1996.
[29] Stewart C. Easton, *Man and World in Light of Anthroposophy*, Hudson, The Anthroposophic Press, 1982.
[30] Stewart C. Easton, *Man and World in Light of Anthroposophy*, Hudson, The Anthroposophic Press, 1982.
[31] Rudolf Steiner e Ita Wegman, *Extending Practical Medicine*, Forest Row, Rudolf Steiner Press, 1996.
[32] Rudolf Steiner, *Vaccination in the Work of Rudolf Steiner*, Londmont, Aelzina Books, 2021.
[33] Rudolf Steiner, *Vaccination in the Work of Rudolf Steiner*, Londmont, Aelzina Books, 2021.
[34] G. C. Levi, *Recusa de vacinas: causas e consequências*. Segmento Farma Editores, 2013, disponível em https://sbim.org.br/images/books/15487-recusa-de-vacinas_miolo-final-131021.pdf, acessado em 23/05/2022.
[35] I. A. Benevides et al., A posição da Associação Brasileira de Medicina Antroposófica em relação ao Calendário Nacional de Vacinação do Ministério da Saúde. *Arte Médica Ampliada*, v. 33, n. 4, out./nov./dez. 2013, disponível em https://bit.ly/3lAMiUz, acessado em 23/05/2022.
[36] Stewart C. Easton, *Man and World in Light of Anthroposophy*, Hudson, The Anthroposophic Press, 1982.

[37] Stewart C. Easton, *Man and World in Light of Anthroposophy*, Hudson, The Anthroposophic Press, 1982.

[38] Stewart C. Easton, *Man and World in Light of Anthroposophy*. Hudson, The Anthroposophic Press. 1982

[39] Para mais detalhes sobre plantio orgânico, confira *Ciência no cotidiano*, de Natalia Pasternak e Carlos Orsi, Editora Contexto, 2020.

[40] "Comunidade antivacina está por trás do maior surto de catapora em décadas em Estado americano, aponta investigação", BBC News Brasil, 28 nov. 2018, disponível em https://www.bbc.com/portuguese/geral-46272988, acessado em 23/05/2022.

[41] P. Oltermann, "Ginger root and meteorite dust: the Steiner 'Covid cures' offered in Germany", em *The Guardian*, 10 jan. 2021, disponível em https://www.theguardian.com/world/2021/jan/10/ginger-root-and-meteorite-dust-the-steiner-covid-cures-offered-in-germany, acessado em 23/05/2022.

[42] "The true nature of Steiner (Waldorf) education. Mystical barmpottery at taxpayers' expense", em *DC's Improbable Science*, 6 out. 2010, disponível em http://www.dcscience.net/2010/10/06/the-true-nature-of-steiner-waldorf-education-mystical-barmpottery-at-taxpayers-expense-part-1/, acessado em 23/05/2022.

[43] P. Staudenmaier, "Anthroposophist spiritual racism: Uehli", disponível em http://www.waldorfcritics.org/articles/Anthroposophist_Spiritual_Racism_Uehli.htm, acessado em 23/05/2022.

[44] Waldorf Watch, disponível em https://sites.google.com/site/waldorfwatch/cautionary-tales, acessado em 23/05/2022.

[45] "Justiça manda Escola Waldorf, no Recife, afastar funcionários que se recusam a se vacinar contra Covid". em G1, 11 abr. 2022, disponível em https://g1.globo.com/pe/pernambuco/noticia/2022/04/11/justica-manda-escola-waldorf-no-recife-afastar-funcionarios-que-se-recusam-a-se-vacinar-contra-covid.ghtml, acessado em 22/05/2022.

[46] R. Steiner, "Spiritual soul instructions and observation of the world", em *The Rudolf Steiner Archive*, 30 maio 1904, disponível em https://rsarchive.org/Lectures/GA052/English/eLib2013/19040530p01.html, acessado em 8/04/2023.

[47] Walter Benjamin, "Light from obscurantists", em *Selected Writings*, Part 2 vol. 2. Belknap Press, 1999.

[48] Siegfried Kracauer, "Those who wait", em *The Mass Ornament*, Cambridge, Harvard University Press, 1995.

[49] Franz Kafka, *Diaries, 1910-1923 (The Schocken Kafka Library)*, New York, Knopf Doubleday Publishing Group.

[50] Anti-racism Statement. 7/9/2021, disponível em https://www.steinerwaldorf.org/anti-racism-statement/, acessado em 23/05/2022.

Capítulo "Poder quântico e pensamento positivo"

[1] M. Yamashita, "O Universo não liga para suas intenções", em *Revista Questão de Ciência*, 14 jul. 2022, disponível em https://revistaquestaodeciencia.com.br/artigo/2022/07/14/o-universo-nao-liga-para-suas-intencoes, acessado em 6/4/2023.

[2] S. A. Vyse, *Believing in Magic*, Oxford, Oxford University Press, 2014.

[3] B. Malinowski, *Magic, Science and Religion*, Virginia, Read Books, 2013.

[4] M. Moreira, et al., "Filha é presa acusada de roubar da mãe R$ 725 mi, incluindo quadro de Tarsila", em *Folha de S.Paulo*, 10 ago. 2022, disponível em https://www1.folha.uol.com.br/cotidiano/2022/08/filha-e-presa-por-roubar-700-milhoes-e-quadro-de-tarsila-do-amaral-da-mae.shtml, acessado em 16/09/2022.

[5] W. W. Atkinson, *The Kyballion: The Definitive Edition*, London, Tarcher/Penguin, 2008.

[6] W. W. Atkinson, *The Complete Works*, e-artnow, 2016.

[7] R. Byrne, *O segredo*, Rio de Janeiro, Sextante, 2015.

[8] W. W. Atkinson, "Dynamic thought", em *The Complete Works*, e-artnow, 2016.

[9] A. Goswami, *The Self-Aware Universe*, London, Penguin Publishing Group, 1995.

[10] D. Chopra, *Quantum Healing*, New York, Random House Publishing Group, 1989.

[11] S. Hawking, *Uma breve história do tempo*, Rio de Janeiro, Intrínseca, 1996.

[12] S. Hawking, *Uma breve história do tempo*, Rio de Janeiro, Intrínseca, 1996.

[13] Por exemplo: https://trans4mind.com/counterpoint/index-meditation-eastern/ponte1.html, acessado em 6/4/2023.

[14] Magus Zeta, *Quantum Sorcery Basics: Theory and Practice*, ebook, 2013.

[15] D. Chopra, *Quantum Healing*, New York, Random House Publishing Group, 1989.

[16] J. Handsteiner et al. Cosmic bell test: measurement settings from Milky Way Stars. *Phys. Rev. Lett.* v. 118, 060401, disponível em https://journals.aps.org/prl/abstract/10.1103/PhysRevLett.118.060401, acessado em 16/09/2022.

[17] O que essa desigualdade diz ou representa não vem exatamente ao caso aqui: ela trata de correlações entre propriedades de partículas – se uma partícula tem uma determinada propriedade A, qual a probabilidade de outra partícula, criada no mesmo instante, ter uma certa propriedade B?

[18] Cf., por exemplo, o ensaio de J. Gordon Melton "The Contactees: A Survey", em J. R. Lewis, *The Gods Have Landed*, Albany, SUNY Press, 1995.
[19] C. W. Leadbeater, *A Textbook of Theosophy*, Nova Delhi, Prabhat Prakashan, s.d.
[20] C. W. Leadbeater, *A Textbook of Theosophy*, Nova Delhi, Prabhat Prakashan, s.d.
[21] T. Flournoy, *From India to The Planet Mars*, New York, Harper & Brothers, 1900.
[22] E. Ourives, *Como cocriamos nossa realidade*, Edição da Autora, s.d.
[23] H. B. Kappes e G. Oettingen, "Positive fantasies about idealized futures sap energy", em *Journal of Experimental Social Psychology I*, v. 47, n. 4, pp. 719-729. jul. 2011. https://doi.org/10.1016/j.jesp.2011.02.003.
[24] N. Macrynikola et. al., "Positive future-oriented fantasies and depressive symptoms: Indirect relationship through brooding", em *Consciousness and Cognition*, v. 51, 2017, pp. 1-9, ISSN 1053-8100, https://doi.org/10.1016/j.concog.2017.02.013.
[25] A. Cheema e R. Bagchi, "The Effect of Goal Visualization on Goal Pursuit: Implications for Consumers and Managers", em *Journal of Marketing*, v. 75, n. 2, pp. 109-123, 2011, doi:10.1509/jm.75.2.109.
[26] J. Borton, E. Casey "Suppression of Negative Self-Referent Thoughts: A Field Study", em *Self and Identity*, v. 5, n.3, pp. 230-246, 2006. doi: 10.1080/15298860600654749.
[27] B. Ehrenreich, *Sorria: como a promoção incansável do pensamento positivo enfraqueceu a América*, Rio de Janeiro, Record, 2013.
[28] A história foi bem documentada na imprensa da época, nos EUA. Um resumo recente foi publicado pela revista britânica *Fortean Times*, n. 409, set 2021.
[29] N. Hill, *Quem pensa enriquece*, Porto Alegre, CDG Edições e Publicações, 2017.
[30] N. Hill, *Quem pensa enriquece*, Porto Alegre, CDG Edições e Publicações, 2017.
[31] J. Godwin, *The Theosophical Enlightenment*, Albany, SUNY Press, 1994.
[32] N. Hill, *Quem pensa enriquece*, Porto Alegre, CDG Edições e Publicações, 2017.
[33] W. W. Atkinson, "Thought vibration or the law of attraction in the thought world", *The Complete Works of William Walker*, e-artnow, 2016.
[34] M. Novak, "The untold story of Napoleon Hill, the greatest self-help scammer of all time", em Gizmodo, 6 dez. 2016, disponível em https://gizmodo.com/the-untold-story-of-napoleon-hill-the-greatest-self-he-1789385645, acessado em 19/09/2022.
[35] N. Hill, *Quem pensa enriquece*, Porto Alegre, CDG Edições e Publicações, 2017.
[36] N. Hill e R. Cornwell, *Think and Grow Rich*, The Mindpower Press, 2016.
[37] N. Hill, *Quem pensa enriquece*, Porto Alegre, CDG Edições e Publicações, 2017.
[38] T. Robbins, *Unlimited Power*, New York, Free Press, 1986. (*Poder sem limites*, Rio de Janeiro, BestSeller, 2017).

Epílogo

[1] Martin Gardner, *Fads e Fallacies in the Name of Science*, New York, Dover Books, 1952.
[2] S. Barrett, "Be wary of 'alternative', 'complementary', and 'integrative'", em *Health Methods*, 17 abr. 2022, disponível em https://quackwatch.org/related/altwary/ acessado em 14/03/2023.
[3] M. Foulcault, *The Archaeology of Knowledge*, New York, Vintage Books, 2010.
[4] T. Kuhn, *The Essential Tension*, Chicago, University of Chicago Press, 1977.

Os autores

Natalia Pasternak é microbiologista, professora de Ciência e Políticas Públicas na Universidade de Colúmbia (EUA) e presidente do Instituto Questão de Ciência (IQC). É colunista do jornal *O Globo*, da rádio CBN e da revista *The Skeptic* (Reino Unido). Foi nomeada uma das 100 mulheres mais influentes do mundo pela BBC em 2021, agraciada com o prêmio Jabuti em 2021 pela obra *Ciência no cotidiano* (Editora Contexto) em coautoria com Carlos Orsi, e com o prêmio Balles para promoção de ceticismo e pensamento crítico em 2022.

Carlos Orsi é jornalista, escritor, editor-chefe da *Revista Questão de Ciência* e diretor do Instituto Questão de Ciência (IQC). Autor de diversos livros de comunicação de ciência, escreve também ficção científica e mistério. Recebeu o prêmio Jabuti em 2021 na categoria ciência, foi editor de ciência do grupo Estado na internet, colunista da revista *Galileu* e do *Jornal da Unicamp*.

GRÁFICA PAYM
Tel. [11] 4392-3344
paym@graficapaym.com.br